"十二五"职业教育国家规划教材

经全国职业教育教材审定委员会审定

化 工 制 图

第三版

季阳萍　主　编

陈秀萍　副主编

熊放明　主　审

U0319230

化学工业出版社

·北京·

本书是根据教育部高等学校工程图学指导委员会 2010 年制订的"普通高等学校工程图学课程教学基本要求"及近几年新颁布的国家标准，结合编者多年来化工制图课程教学改革和课程建设经验，参考国内其他同类教材，以优化制图教学内容为目标，在第二版的基础上修订而成的。

　　本版对教材的体系、内容进行了有效调整，增加了实践性和操作性内容。

　　教材除绪论外共有八章，主要内容有制图的基本知识与技能，点、直线、平面的投影、立体及其表面交线的投影、组合体、机件常用的表达方法、零件图、标准件与常用件、装配图、课程测绘及展开图等。

　　本教材可作为高职高专、成人高校化工类各专业的教材，也可供工程技术人员参考。

图书在版编目（CIP）数据

化工制图/季阳萍主编. —3 版. —北京：化学工业
出版社，2014.8（2018.7 重印）
"十二五"职业教育国家规划教材
ISBN 978-7-122-20850-7

Ⅰ.①化… Ⅱ.①季… Ⅲ.①化工机械-机械制图-
高等职业教育-教材 Ⅳ.①TQ050.2

中国版本图书馆 CIP 数据核字（2014）第 116847 号

责任编辑：旷英姿 韩庆利　　　　　　　　　　装帧设计：史利平
责任校对：徐贞珍

出版发行：化学工业出版社（北京市东城区青年湖南街 13 号　邮政编码 100011）
印　　装：三河市延风印装有限公司
787mm×1092mm　1/16　印张 16½　字数 403 千字　　2018 年 7 月北京第 3 版第 2 次印刷

购书咨询：010-64518888（传真：010-64519686）　　售后服务：010-64518899
网　　址：http://www.cip.com.cn
凡购买本书，如有缺损质量问题，本社销售中心负责调换。

定　　价：32.00 元　　　　　　　　　　　　　　　　版权所有　违者必究

前言
Preface

　　本教材自 2007 年第一版、第二版出版后，历经两版修订，成为图学精品教材，受到使用者和专家的好评，2009 年获"第九届中国石油和化学工业优秀教材二等奖"。近两年来，随着高新技术的发展和对工程技术人才能力需求的提高，要求制图教学工作从内容到形式都要不断地得到创新与发展，本教材也要随之得到相应的修正和改进。本书根据高等职业教育教学要求及近几年新颁布的国家标准，并总结近年来的教学改革经验及参考国内其他同类教材，以优化制图教学内容为目标，在第二版的基础上修订而成。

　　本版教材着眼于适应各种不同对象。全国最早的煤炭、化工类部属中专院校就有几十所，现大多变更为各类的职业技术院校了，选本科教材太深，课时达不到；选中专教材联系到实际的图例太少，达不到要求。本版《化工制图》完全能满足并适用于煤炭、石油、化工类高职院校用书需要。随着科技的发展，校企联合办学已成趋势，新版教材适合近专业企业每年的在职培训用书需要。

　　第三版教材由在教学第一线的教师，总结多年的实践与教学经验精心编著，完全能满足相关专业师生的各种教学需求。本书由太原科技大学季阳萍主编并统稿，吉林工业职业技术学院陈秀萍副主编，湖南化工职业技术学院熊放明主审。具体编写分工如下：季阳萍编写第一章，第五章第三、第四、第六、第七、第八节，第八章及附录；陈秀萍编写第二、第四章；太原科技大学吕安吉编写第三章；湖南化工职业技术学院曹咏梅编写第五章第一、第二、第五节；兰州石化职业技术学院田义编写第六、第七章。另外配套的《化工制图习题集》，对每章节知识点的掌握起到了练习和巩固的作用。为方便教学，本书配有电子课件。

　　由于编者水平有限，书中难免存在不足和疏漏，敬请批评指正。

编　者
2014 年 1 月

第一版前言

Preface

本教材是根据最新国家标准编写的，适用于高职高专院校以及成人高等院校化工类各专业的制图教学，也可供其他相近专业的工程技术人员参考使用。

本教材广泛吸收了近年来国内高职高专制图教学的改革经验，力求贯彻理论联系实际和少而精的原则，突出画图、看图能力的培养。书中所选之图均来自教学第一线教师多年教学经验之作，图例明显，代表性强。在内容设置上力求使基础理论部分以应用为目的，以必需、够用为度，以讲清概念、强化应用为重点，专业部分强化了化工行业和生产的针对性和实用性，强化了实践教学。在结构上力求做到画图和读图相结合；画图与尺寸标注相结合；正投影图与轴测图相结合；手工制图和CAD绘图相结合，便于教学和自学。

在内容安排上，第一章至第三章为基础理论知识和基本画法，第四章、第五章为机械图的绘制与识读，第六章至第八章为化工设备和化工工艺的专业类制图；第九章为计算机绘图，适应了多数院校在课时安排上以讲完机械图后再开展计算机绘图的实际。

本教材由季阳萍统稿并任主编。季阳萍编写第一章、第八章；陈秀萍编写第二章、第四章；吕安吉编写第三章、第九章；曹咏梅编写第五章；田义编写第六章、第七章。另外，还编写了与本教材配套使用的《化工制图习题集》，同时予以出版。本教材由熊放明担任主审，陶冶教授对书稿提出了许多宝贵意见，对提高教材质量帮助很大，在此一并表示感谢。

由于编者水平有限，书中难免存在缺点，敬请批评指正。

编　者
2007 年 5 月

第二版前言
Preface

  本教材是在第一版的基础上，根据教育部 2005 年制定的"普通高等院校工程图学课程教学基本要求"，结合当前我国高等职业院校本课程的学时数都有所压缩、计算机绘图等新内容需要加强的实际状况，为化工类专业的学生学习化工生产与科研领域有关的图样，形成能看懂一般化工设备图和具备绘制简单的零件图及工艺流程图的能力，也为教师们教授化工制图课程、化工技术人员考核相关内容提供教、学、用皆宜的素材。为了适应这一需求，在编写过程中，我们从教学实践出发，注重图示原理和方法等内容在阐述上的优化组合，并以使用为目的，突出化工设备图和工艺图的通用性和典型性，并注重与机械制图基本原理的有机结合和融会贯通。

  本教材有以下特点。

  通俗——教材语言流畅，深入浅出，容易读懂。以实例说明问题，在应用实例中掌握理论，使学生轻松掌握所学知识技能，达到事半功倍的效果。

  精炼——本教材选材精炼，详细而不冗长，简略得当。着眼于学生必须掌握的新技术、新方法，为老师提供良好的教学内容，使之能详细讲、讲透彻、讲到位。

  先进——本教材所选内容是当今的新技术、新方法、新标准。使学生在掌握经典的技术和方法之后，可用教材中的新技术、新方法、新标准去解决化工设计中的图示表达问题，为学生毕业后顺利进入化工领域工作打下坚实的基础。

  适用——第一版使用近两年来，我们注重搜集该版本在教学实践中的反馈信息和来自生产第一线的需求，在本教材中加入了几种椭圆封头的画法、常见交线的画法，选用了最新版本的 AutoCAD 2009，增强了教材的适用性，缩短了学与用的距离。

  为方便教学，本书配有电子教案。

  本教材由季阳萍主编并统稿。季阳萍编写第一章、第八章及附录；陈秀萍编写第二章、第四章；吕安吉编写第三章、第九章；曹咏梅编写第五章；田义编写第六章、第七章。本教材由熊放明担任主审，陶冶教授对书稿提出许多宝贵意见，对提高教材质量帮助很大，在此一并表示感谢。

  由于编者水平有限，书中难免存在不足之处，敬请批评指正。

编　者

2009 年 5 月

目录
Contents

绪论

一、 本学科的研究对象、 目标和任务

本课程是一门既有严密的科学理论又有较强的实践性的重要技术基础课，是工科院校化工类专业的"共同语言"。文字和图形是人们进行交流的主要方式，而在工程界表达零件的形状主要靠图样。

在现代工业生产中，机器、仪器、设备的设计，都是依靠图样进行的。设计部门通过图样表达设计思想，而制造部门通过图样进行加工、装配和检验，因此，图样常被称为工程界的"技术语言"。这种语言广泛用于机械、建筑、国防等各个领域，因此，工程技术人员都必须掌握这种语言。也就是说，现代的工程技术人员都必须具备手工绘图、计算机绘图和读图的能力。

本课程主要研究用正投影法和根据国家标准绘制工程图样的理论和方法。其目的是培养学生制图、读图和图解的能力。本课程的内容有：制图的基本知识，投影制图，机械制图和化工制图四部分。总的任务是：

① 研究正投影制图的基本理论；
② 培养绘制和阅读机械图样及化工图样的能力；
③ 培养和发展空间想象能力和空间思维能力；
④ 培养严肃认真的工作态度、耐心细致的工作作风和科学的工作方法。

学生学完本课程之后，应达到如下要求：

① 掌握正投影的基本理论和方法，掌握轴测投影的基本画法；
② 能正确地使用绘图工具和仪器，掌握用仪器和徒手作图的技能，懂得查阅有关手册和国家标准；
③ 能正确地阅读和绘制一般机器和化工设备的零件图和装配图，所绘图样应做到投影正确，视图选择与配置恰当，尺寸标注清晰、完全、基本合理，字体工整，图面整洁，符合国家标准。

二、 学习方法

化工制图是一门实践性很强的专业技术基础课。在学习过程中，应掌握基本概念、基本理论和基本方法，在此基础上由浅入深地进行绘图和读图实践，通过不断地照物画图，由图想物，多画、多读、多想，逐步提高空间想象和分析能力。要把整个学习过程当做学习和贯彻《技术制图》、《机械制图》国家标准的过程，养成严格执行相关手册标准的习惯，早日成为高素质人才。

学生在学完本课程以后，还应在后续的生产实习、课程作业、课程设计和毕业设计中继续培养和提高绘图和读图能力，并使所绘的图样逐步达到满足生产图的要求。

第一章
制图的基本知识

第一节　国家标准关于制图的基本规定

图样是现代工业生产中的重要技术文件，是人们表达和交流技术思想、组织生产与施工的重要工具，是工程技术人员的"语言"。因此，图样的绘制必须严格遵守统一的规范，这个统一的规范就是国家质量监督检验检疫总局制订的一系列有关《技术制图》与《机械制图》的国家标准，简称国标，用 GB 或 GB/T 表示。本节将对该标准中有关图纸幅面、格式、比例、字体、图线以及尺寸标注等做一简要介绍。

一、图纸幅面及格式（GB/T 14689—2008）

GB/T 14689—2008 中，GB 为"国标"的汉语拼音第一个字母，"T"为推荐执行，"14689"为该标准编号，"2008"指该标准是 2008 年颁布的。

1. 图幅

为了便于绘制、使用和管理，GB/T 14689—2008 中规定了各种图纸幅面尺寸，见表1-1所列。

表 1-1　图纸基本幅面　　　　　　　　　　　　　　　　单位：mm

幅面代号	A0	A1	A2	A3	A4
$B \times L$	841×1189	594×841	420×594	297×420	210×297
c	10			5	
a	25				
e	20		10		

注：在 CAD 绘图中对图纸有加长加宽的要求时，应按基本幅面的短边 B 成整数倍增加。

2. 图框格式

在图纸上用粗实线画出图框，其格式分为留有装订边和无装订边两种，如图 1-1 和图 1-2 所示。

注意：

① 同一产品的图样只能采用同一种格式；

② 一般 A3 幅面横装，A4 幅面竖装。

3. 标题栏（GB/T 10609.1—2008）

每张技术图样中均应画出标题栏，其位置一般在图纸的右下角。GB"标题栏"中推荐的标题栏的内容、格式和尺寸如图 1-3 所示。

4. 其他附加符号

为了在阅读、管理、复制和缩微摄影图样时定位方便，图框线上还可以绘制一些附加符号，如对中符号、方向符号等。

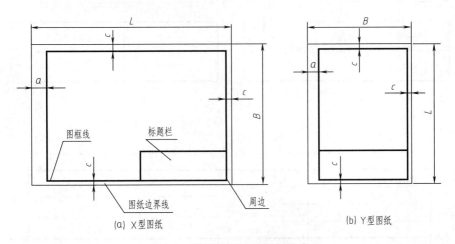

(a) X型图纸   (b) Y型图纸

图 1-1　带有装订边的图框格式

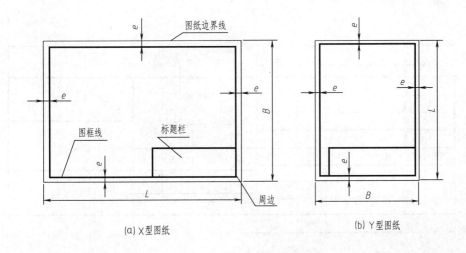

(a) X型图纸   (b) Y型图纸

图 1-2　不带装订边的图框格式

对中符号是画在图纸各边的中点处，用粗实线绘制，从纸边界开始伸入图框内约 5mm，其位置误差应小于 0.5mm，遇到标题栏时，可省略不画。方向符号是为了明确绘图和看图的图纸方向，在图纸下边的对中符号处画出一个方向符号，如图 1-4 所示。

二、比例（GB/T 14690—1993）

比例为图形与其实物相应要素的线性尺寸之比。比例符号为"："，比例按其比值大小可分为如下几种。

（1）原值比例　比值为 1 的比例，即 1：1；图形与其实物大小相等。

（2）放大比例　比值大于 1 的比例，如 2：1 图形是其实物大小的两倍。

（3）缩小比例　比值小于 1 的比例，如 1：2 图形是其实物大小的一半。

比例一般注写在标题栏中，必要时也可注写在视图下方或右侧。比例不可随意选取，应按表 1-2 选取。

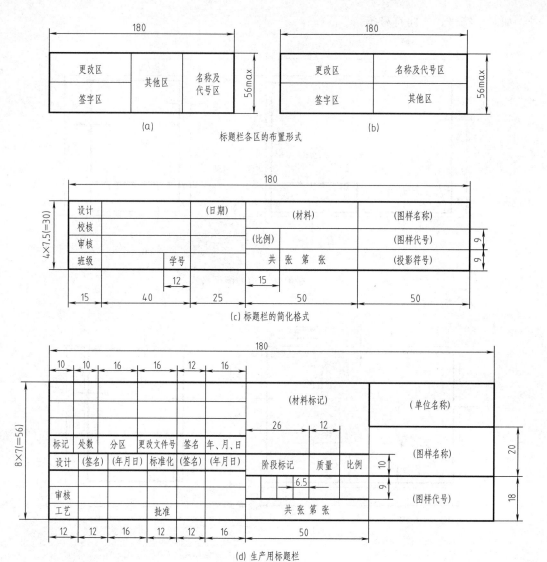

图 1-3　标题栏

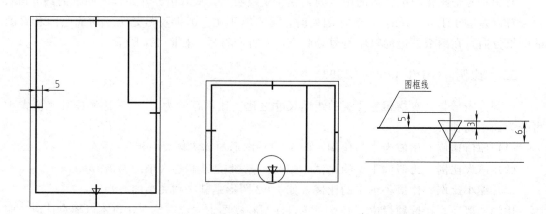

图 1-4　对中符号和方向符号

表 1-2 比例

种　类	第一系列		第二系列			
原值比例	1∶1		1∶1			
放大比例	2∶1　5∶1　1×10^n∶1 2×10^n∶1　5×10^n∶1		2.5∶1　　4∶1 2.5×10^n∶1　　4×10^n∶1			
缩小比例	1∶2　1∶5　1∶10 1∶2×10^n　1∶5×10^n 1∶1×10^n		1∶1.5　1∶2.5　1∶3　1∶4 1∶6　1∶1.5×10^n　1∶2.5×10^n 1∶3×10^n　1∶4×10^n　1∶6×10^n			

注：1. 无论放大或缩小，标注尺寸时都必须标注机件的实际尺寸。

2. 优先选择第一系列。

三、 字体 （GB/T 14691—1993）

在图样中除了表示物体形状的图形外，还必须用文字、数字和字母表示物体的大小及技术要求等内容。图样中书写的字体必须做到：字体工整、笔画清楚、间隔均匀、排列整齐。

1. 字体的高度

字体的高度（用 h 表示）即字体的号数，其公称尺寸（mm）系列为：1.8、2.5、3.5、5、7、10、14、20。如需要书写更大的字，其字体高度应按 $\sqrt{2}$ 的比率递增。

2. 字体的书写

汉字应采用我国正式公布推广的简化字，并写成长仿宋体。数字和字母可写成直体和斜体，斜体字的字头向右倾斜，与水平基准线成 75°。

（1）汉字示例

字体工整 笔画清楚 间隔均匀 排列整齐

长仿宋体的书写要领：横平竖直、注意起落、结构匀称、填满方格

（2）字母示例

ABCDEFGHIJKLMNOPQ

abcdefghijklmnopq

（3）数字示例

0123456789

（4）罗马数字示例

I II III IV V VI VII VIII IX X

3. 字体的综合举例

$$\phi20^{+0.010}_{-0.023} \qquad 7°^{+1°}_{-2°} \qquad \frac{3}{5}$$

$$10Js5(\pm0.003) \qquad M24\text{-}6h$$

$$\phi25\frac{H6}{m5} \qquad \frac{II}{2:1} \qquad \frac{A}{5:1}$$

$$\sqrt{Ra6.3} \qquad R8 \quad 5\% \qquad \sqrt{3.50}$$

四、图线（GB/T 4457.4—2002）

1. 图线型式及应用

在机械图样中采用粗、细两种线宽，它们之间的比例为 2∶1，在绘制机械图样时，建议采用表 1-3 中的 8 种图线，粗实线的宽度 b 根据图形的大小和复杂程度而定。图形小且复杂时 b 应取小些；图形大且简单时 b 应取大些。机械图样中的 b 为 $0.7\sim2$mm。图线应用举例如图 1-5 所示。

表 1-3　机械制图常用图线（GB 4457.4—2002）

图线代码	图线名称	图线型式	图线宽度	主要用途
01.2	粗实线	——————— A	b	可见轮廓线
01.1	细实线	——————— B	约 $b/2$	尺寸线、尺寸界线、剖面线、引出线、重合断面的轮廓线
	波浪线	∿∿∿∿ C	约 $b/2$	机件断裂处的外界线、视图与局部剖视图的分界线
	双折线	—⟍⟋—— D	约 $b/2$	断裂处的边界线
02.1	虚线	– – – 2~6 – F	约 $b/2$	不可见轮廓线
04.1	细点划线	—·—3—15~30—· G	约 $b/2$	轴线、对称中心线、轨迹线
04.2	粗点划线	——·——·—— J	b	有特殊要求的线或表面的表示线
05.1	双点划线	—··—··— K	约 $b/2$	极限位置的轮廓线、相邻辅助零件的轮廓线、假想投影轮廓线、中断线

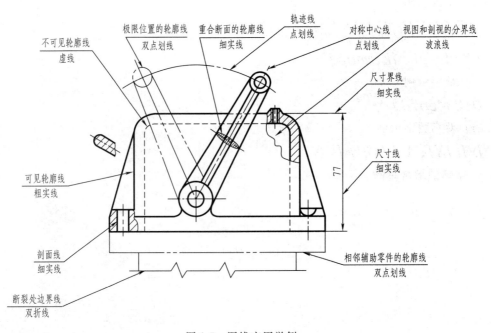

图 1-5　图线应用举例

注意：在同一张图样中，同类图线的宽度应一致，并保持线型均匀，颜色深浅一致。

2. 图线的画法

① 画圆首先要用垂直相交的两条点划线确定圆心，圆心处应为线段相交。如图 1-6(a) 所示。

② 在较小的图形上画点划线有困难时，可用细实线代替，如图 1-6(b) 所示。

③ 点划线、虚线与其他图线相交时都应是线段相交，不能交在空隙处，如图 1-6(c) B 处所示。当虚线处在粗实线的延长线上时，应先留空隙，再画虚线的短线，如图 1-6(c) A 处所示。

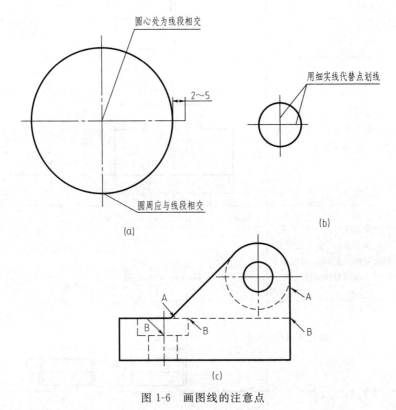

图 1-6　画图线的注意点

五、尺寸标注 （GB/T 4458.4—2003）

零件图中的图形只能表达零件的形状，而零件各部分的真实大小及相对位置必须通过标注尺寸来确定。

在生产中，依据尺寸数字来制造零件。在画图过程中，一张图上往往要标注几十个、上百个尺寸数字。数字标错一个，整个零件就可能报废。可见尺寸标注是制图中一项极其重要的工作，必须认真、细致，以免给生产带来不必要的困难和损失，标注尺寸时必须按国家标准的规定标注。在零件图上，标注尺寸的基本要求如下：

正确——所标尺寸要符合国家标准的规定。

完全——所标尺寸要齐全、不遗漏、不重复。

合理——所标尺寸既要保证设计要求，又能适合加工、装配、测量等生产工艺。

清晰——所标尺寸的布局要整齐清晰，便于阅读。

尺寸标注的基本规则　见表 1-4 所示。

表 1-4 尺寸标注的基本规则

项目	说 明	图 例
总则	完整的尺寸由四个基本要素组成： (1)尺寸界线(细实线) (2)尺寸线(细实线) (3)尺寸数字 (4)箭头	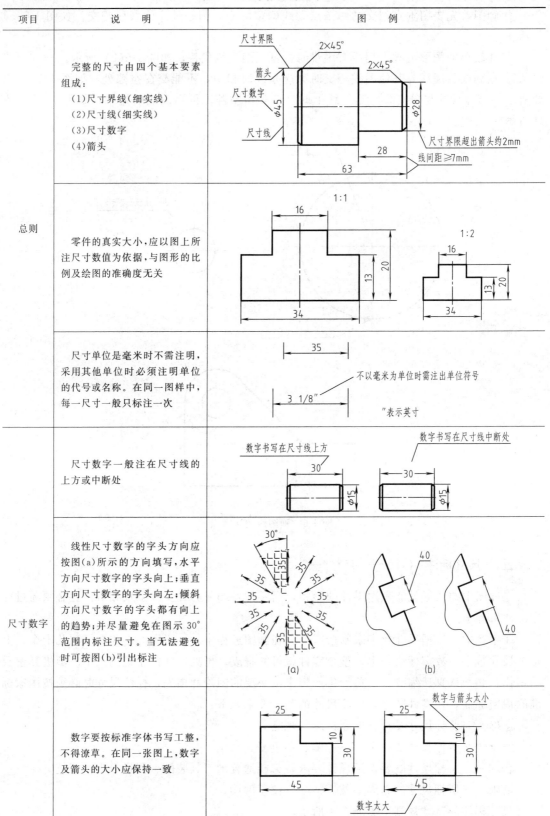
总则	零件的真实大小，应以图上所注尺寸数值为依据，与图形的比例及绘图的准确度无关	
总则	尺寸单位是毫米时不需注明，采用其他单位时必须注明单位的代号或名称。在同一图样中，每一尺寸一般只标注一次	
尺寸数字	尺寸数字一般注在尺寸线的上方或中断处	
尺寸数字	线性尺寸数字的字头方向应按图(a)所示的方向填写，水平方向尺寸数字的字头向上；垂直方向尺寸数字的字头向左；倾斜方向尺寸数字的字头都有向上的趋势；并尽量避免在图示 30°范围内标注尺寸。当无法避免时可按图(b)引出标注	
尺寸数字	数字要按标准字体书写工整，不得潦草。在同一张图上，数字及箭头的大小应保持一致	

续表

项目	说　明	图　例
尺寸数字	数字不可被任何图线所通过。当不可避免时,必须把图线断开	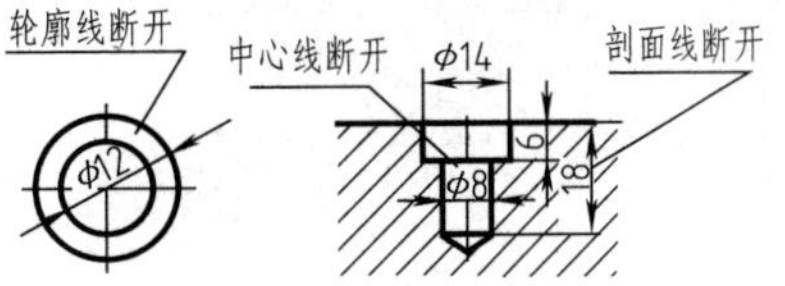 轮廓线断开　中心线断开　φ14　剖面线断开 φ12　φ8
尺寸线	尺寸线必须用细实线单独画出。轮廓线、中心线或它们的延长线均不可作尺寸线使用 标注直线尺寸时,尺寸必须与所标注的线段平行	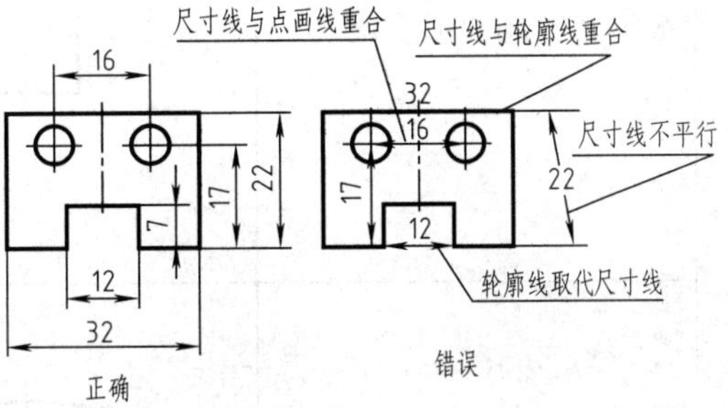 尺寸线与点画线重合　尺寸线与轮廓线重合 16　32　16 17　22　17　22　尺寸线不平行 12　7　12 32　轮廓线取代尺寸线 正确　错误
尺寸界线	尺寸界线用细实线绘制,也可以利用点画线[图(a)]或轮廓线[图(b)]作尺寸界线 尺寸界线应与尺寸线垂直。当尺寸界线过于贴近轮廓线时,允许倾斜画出 在光滑过渡处标注尺寸时,必须用细实线将轮廓线延长,从它们的交点引出尺寸界线	φ100　φ14　φ8 点画线作尺寸界线　轮廓线作尺寸界线 (a)　(b) φ14　从交点处引出尺寸界限 φ22　10　18
箭头	在尺寸线的两端都带有箭头以示尺寸的起始和终止,箭头的尖端应与尺寸界线接触,不得超出或留有空隙;箭头的尖端应为实心,不能画成空心	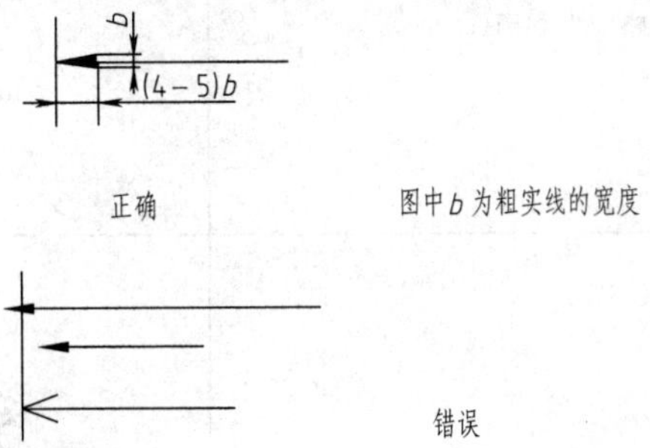 b　(4-5)b 正确　图中b为粗实线的宽度 错误
直径与半径	标注直径尺寸时,应在尺寸数字前加注符号"φ",标注半径尺寸时,加注符号"R"	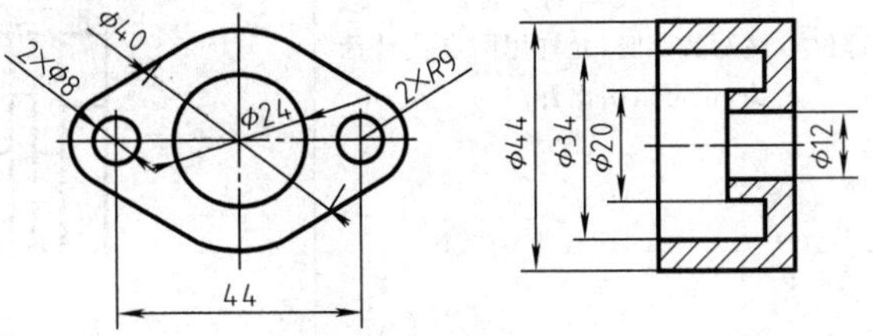 2×φ8　φ40　2×R9　φ24 44 φ44　φ34　φ20　φ12

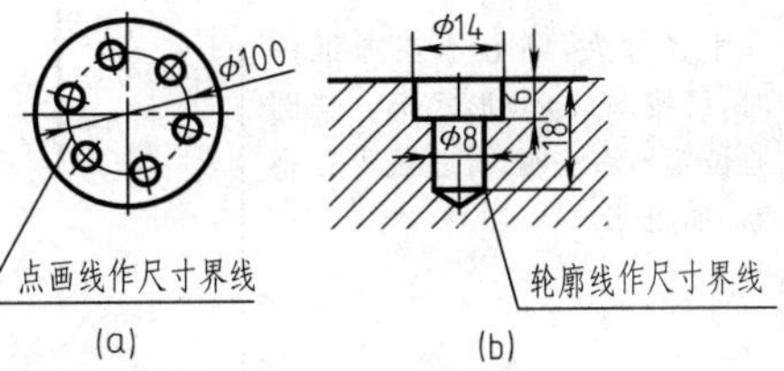

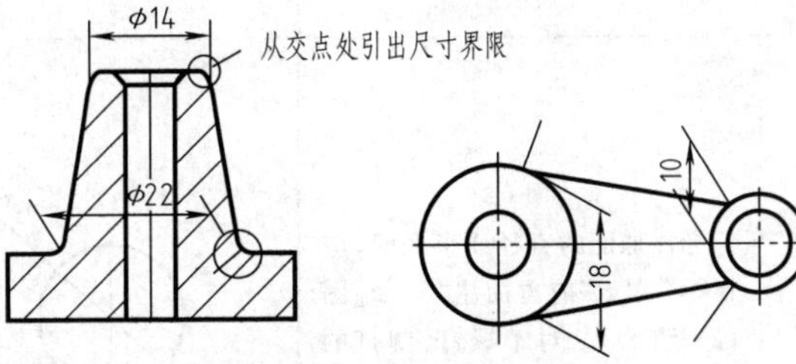

项目	说　明	图　例
直径与半径	半径尺寸必须注在投影是圆弧处，且尺寸线应通过圆心	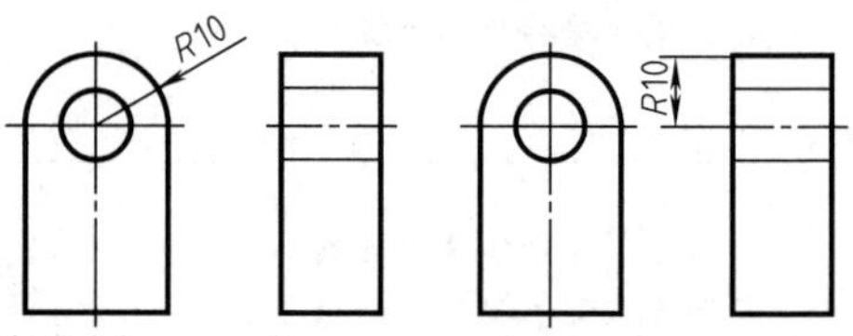 正确　　　　　错误
	半径过大，圆心不在图纸内时，可按图（a）的形式标。若圆心位置不需注明，尺寸线可以中断，如图（b）	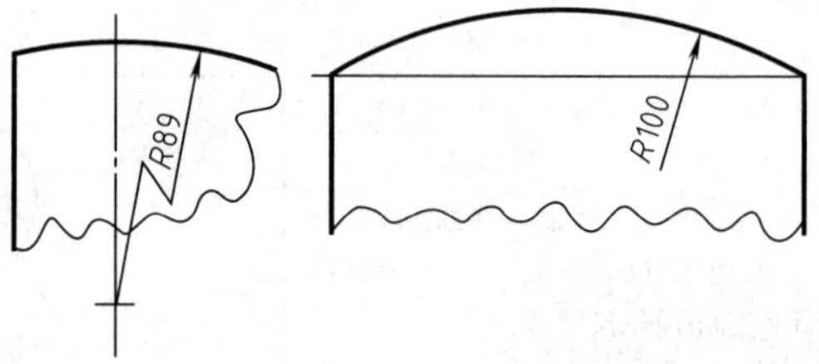 （a）　　　　　　　（b）
	标注球面的直径或半径时，应在"φ"或"R"前再加注"S"如［图（a）及（b）］。对于螺钉、铆钉的头部，轴及手柄的端部，允许省略"S"，如图（c）	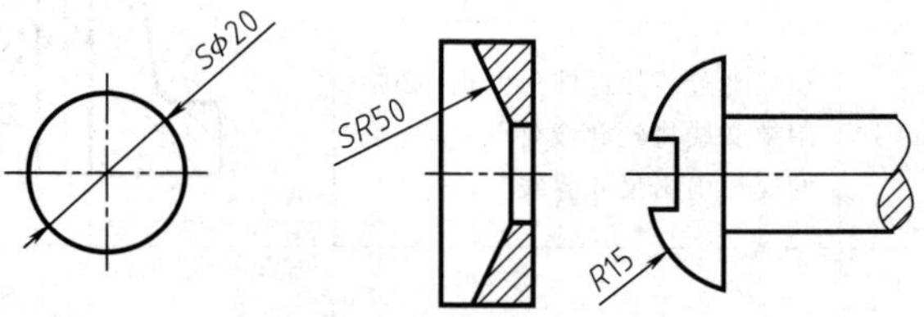 （a）　　　　（b）　　　　（c）
狭小部位	在没有足够的位置画箭头或注写数字时，允许用圆点代替箭头，也可以引出标注	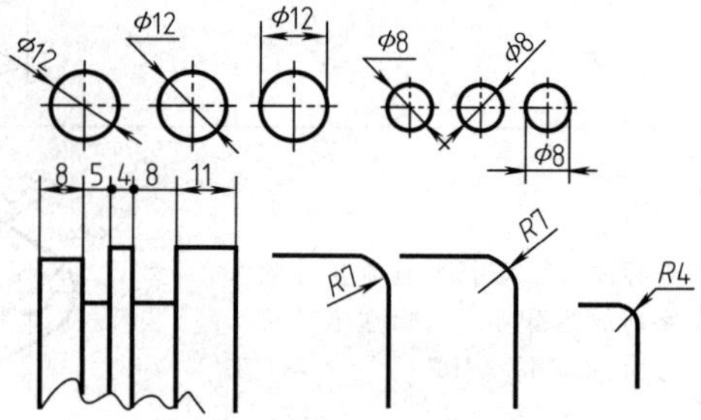

项 目	说　明	图　例
角度	角度的尺寸数字一律水平填写 　　角度的尺寸数字应写在尺寸线的中断处,必要时允许写在外面,或引出标注 　　角度的尺寸界线必须沿径向引出	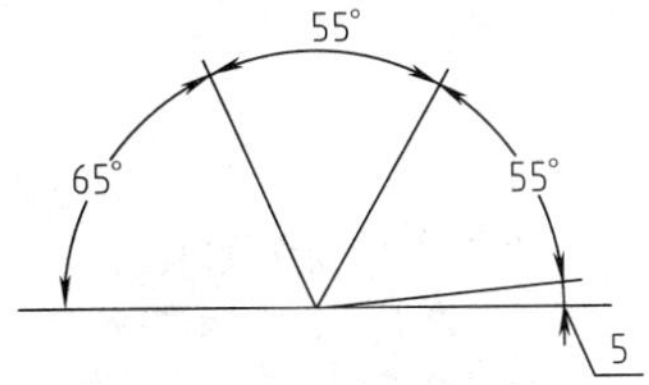 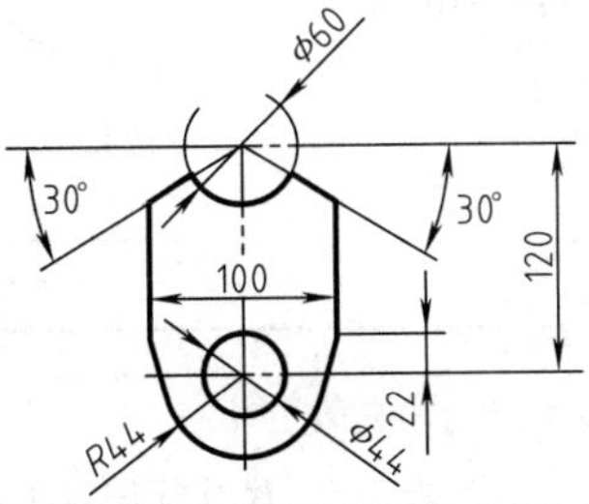
弧长及弦长	标注弧长时,应在尺寸数字上加符号"⌒" 　　弧长的尺寸界线应平行于该弧的垂直平分线,见图(a)。当弧长较大时,尺寸界线可改用径向引出,见图(b)	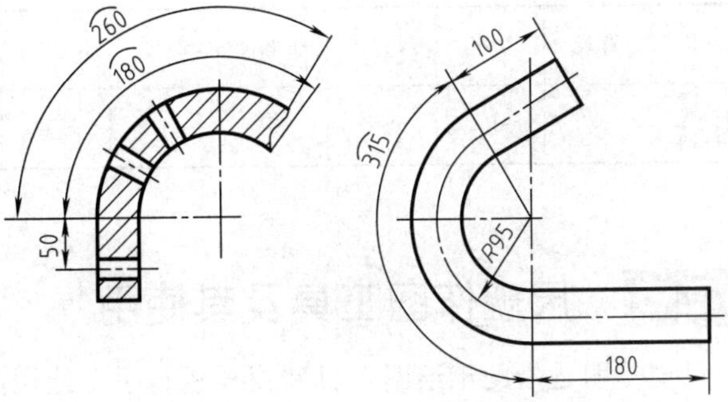
均布的孔	均匀分布的孔,可按图(a)及(b)所示标注	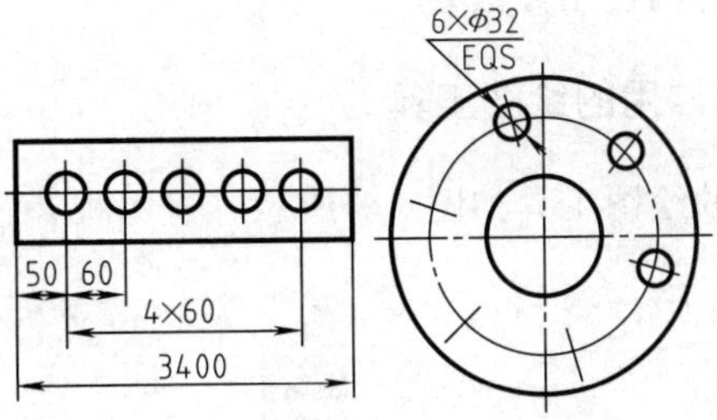
对称图形	当图形具有对称中心线时,分布在对称中心线两边的相同结构要素,仅标注其中的一组要素尺寸	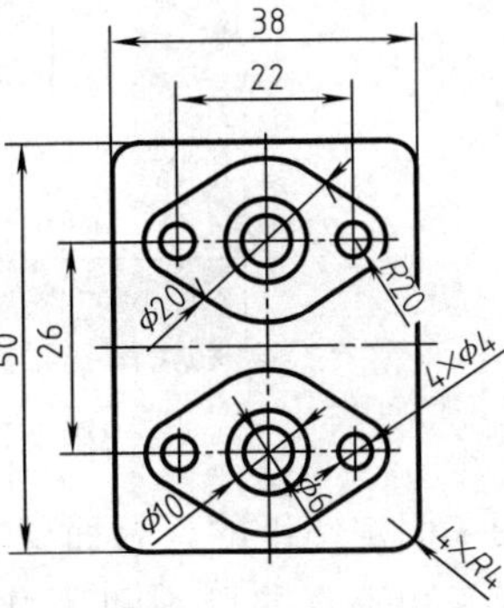

续表

项目	说　　明	图　　例
对称图形	当对称机件的图形只画出一半或略大于一半时,尺寸线应略超过对称中心线或断裂处的边界,此时仅在尺寸线的一端画出箭头	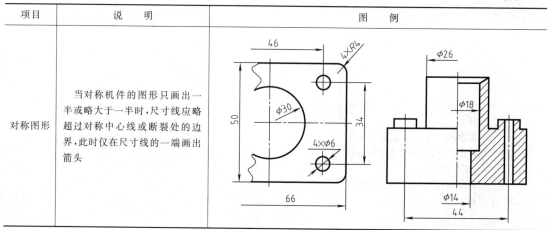

尺寸标注常用符号及缩写词见表 1-5。

表 1-5　尺寸标注常用符号及缩写词

名　称	直径	半径	球直径	球半径	厚度	正方形	45°倒角	深度	沉孔或锪平	埋头孔	均匀分布
符号或缩写词	φ	R	Sφ	SR	t	□	C	▼	⊔	∨	EQS

第二节　尺规作图工具及其使用

尺规作图是借助于绘图工具和仪器进行手工绘图的一种绘图方法,它是计算机绘图的基础,因此掌握正确的使用绘图工具和仪器的方法,是提高绘图质量和效率的前提。本节将简要介绍它们的使用方法。

一、常用的绘图工具

常用的绘图工具如图 1-7 所示,有图板、丁字尺、三角板。

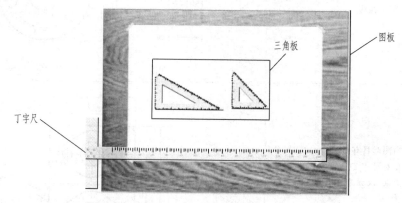

图 1-7　常用的绘图工具

① 图板是用来固定图纸的,板面要求平整光滑,左侧为导向边。

② 丁字尺由互相垂直的尺头和尺身两部分组成,使用时,尺头紧靠图板左侧导向边,

推动丁字尺上、下移动,主要用来画水平线。

③ 三角板与丁字尺配合使用,可画垂直线、倾斜线和常用的特殊角度。

二、 常用的绘图仪器

常用的绘图仪器有圆规、分规、比例尺、曲线板、铅笔等。

圆规的正确使用如图 1-8 所示,分规的正确使用如图 1-9 所示。

铅笔在绘制底图和加深加粗底图时使用,以 H 和 B 来区分其软硬程度,绘图时常使用 2H、HB、2B 三种,铅笔应削成如图 1-10 所示。

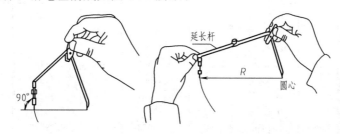

图 1-8 圆规的正确使用

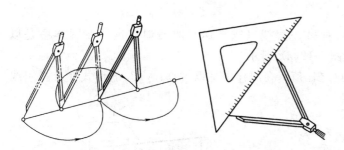

图 1-9 分规的正确使用

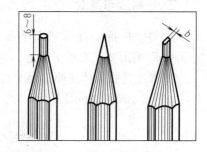

图 1-10 铅笔的削法

第三节 几何作图

机件的轮廓形状虽有多种多样,但都是由各种基本的几何图形所组成。因此,绘图前应首先掌握常见几何图形的作图原理、作图方法以及尺寸与图形间相互依存的关系。

一、 圆周的等分

① 用 45°三角板和丁字尺配合可直接将圆周进行四、八等分;用 30°、60°三角板和丁字尺配合可直接将圆周进行三、六、十二等分。

② 如果机件上均匀分布了若干个孔即对圆周进行任意的等分,可采用查表的方法。如图 1-11 所示,圆周的直径为 D,圆内接正多边形的边长为 a,则有下列关系:

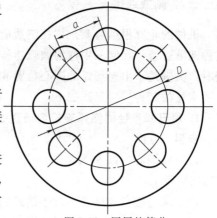

图 1-11 圆周的等分

$$a = KD$$

式中　K——等分系数，可从表 1-6 中查得。

【例 1-1】　在直径为 1000mm 的塔盘上钻 24 个等距离的小孔，求两小孔的中心距？

解　当等分数为 24 时，从表 1-6 中查得 $K = 0.13053$，所以有：

$$a = KD = 0.13053 \times 1000 = 130.53 \ (\text{mm})$$

表 1-6　等分系数

等分数 n	等分系数 K	等分数 n	等分系数 K	等分数 n	等分系数 K	等分数 n	等分系数 K	等分数 n	等分系数 K
1	0.00000	9	0.31202	17	0.18375	25	0.12533	33	0.09506
2	1.00000	10	0.30902	18	0.17365	26	0.12054	34	0.09227
3	0.86003	11	0.28173	19	0.16159	27	0.11609	35	0.08964
4	0.70711	12	0.25782	20	0.15643	28	0.11196	36	0.08716
5	0.58779	13	0.23932	21	0.14904	29	0.10812	37	0.08481
6	0.50000	14	0.22252	22	0.14231	30	0.10453	38	0.08258
7	0.43388	15	0.20791	23	0.13617	31	0.10117	39	0.08047
8	0.33268	16	0.19509	24	0.13053	32	0.09802	40	0.07846

二、斜度与锥度

① 斜度是指一直线（或平面）对另一直线（或平面）的倾斜程度。在图样中是以"$\angle 1 : n$"的形式注在指引线上，如图 1-12(a) 所示。

② 锥度是指锥体底圆直径与高度之比值。在图样中是以"$\lhd 1 : n$"的形式注在指引线上，如图 1-12(b) 所示。

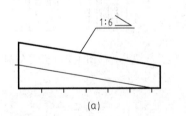

图 1-12　斜度与锥度的画法

三、圆弧连接

机件的轮廓根据需要，往往制造成从一条直线（或曲线）很圆滑地过渡到另一条直线，这种圆滑过渡，在制图中称为圆弧连接。圆弧连接时，连接弧的半径是已知的，进行线段连接时，关键是求出连接弧的圆心位置和连接点的位置。

常见的三种连接形式如下。

1. 用已知半径的圆弧连接两条直线

步骤

（1）求圆心　以 R 为距离分别作两已知直线的平行线，交点即为连接弧的圆心，如图 1-13(a) 所示。

（2）求连接点的位置　过连接弧的圆心分别作两已知直线的垂线，如图 1-13(b) 所示。

（3）光滑连接　以连接弧的圆心为圆心，R 为半径画弧即得，如图 1-13(c) 所示。

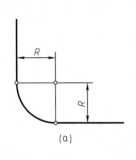
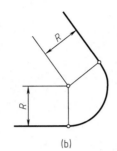
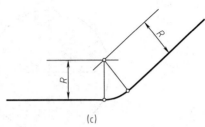

图 1-13 用已知半径的圆弧去连接两直线

2. 用已知半径的圆弧连接两段圆弧

步骤

（1）**求圆心** 分别以 O_1、O_2 为圆心，$R+R_1$、$R+R_2$ 为半径画弧，交点 O 即为连接弧的圆心。

（2）**求连接点的位置** 连 OO_1、OO_2，它们与已知弧的交点即为连接点。

（3）**光滑连接** 以连接弧的圆心为圆心，R 为半径画弧即得，如图 1-14 所示。

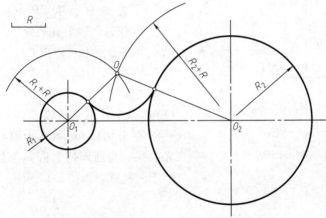

图 1-14 用已知半径的圆弧去连接两段圆弧

3. 用已知半径的圆弧去连接一条直线和一段圆弧

它的作图步骤综合以上两种形式步骤，连接弧的圆心可由以 R 为距离作已知直线的平行线同以半径为 $R+R_1$ 的圆弧相交而得。如图 1-15 所示。

四、 工程上常见的平面曲线

零件的轮廓除了直线和圆弧外，有时也遇到一些非圆曲线，如椭圆形封头。下面介绍两种画椭圆的方法。

1. 同心圆法（已知长短轴 AB 和 CD）

同心圆法做椭圆的步骤如下。

① 任作射线 OE，与以长轴为直径的大圆交于 E，与以短轴为直径的小圆交于 F。

② 过 E 作平行于短轴的直线 EP，过 F 作平行于长轴的直线 FP。

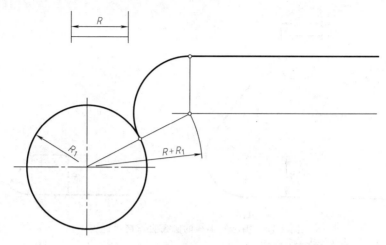

图 1-15 用已知半径的圆弧去连接一直线和一圆弧

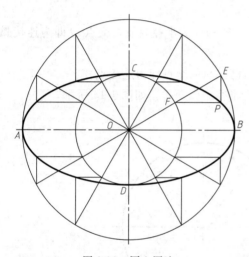

图 1-16 同心圆法

③ 它们的交点 P 即为椭圆上的点。用上述方法求出一系列的点后，再用曲线板圆滑相连便得椭圆，如图 1-16 所示。

2. 四心圆法（已知长短轴 AB 和 CD）

四心圆法画椭圆的步骤如下。

① 连接 AC，取 $CP = OA - OC$。

② 作 AP 的垂直平分线，交两轴于 O_3、O_1 两点，并分别取对称点 O_4、O_2。

③ 分别以 O_1、O_2 为圆心，$R_1 = O_1C$ 为半径画弧交于 O_1O_3、O_1O_4 的延长线于 E、F，交 O_2O_4、O_2O_3 的延长线于 G、H。

④ 分别以 O_3、O_4 为圆心，$R_2 = O_4G$ 为半径画弧，与前面所画圆弧连接，即近似地得到所求的椭圆，如图 1-17 所示。

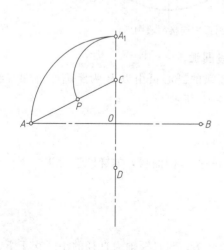

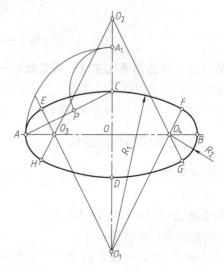

图 1-17 四心圆法

第四节 平面图形的画法

应用几何作图的方法画平面图形时，必须对平面图形的尺寸、线段间的相对位置和连接关系进行分析，以确定平面图形是否能画出以及确定画图的步骤。

一、尺寸分析

（1）定形尺寸 即确定线段的长度、圆弧的半径（直径）和角度大小的尺寸。如图 1-18 曲柄 $\phi34$、$\phi17$、$\phi10$、$R10$、$R5$ 等。

（2）定位尺寸 即确定各线段之间相对位置的尺寸。如图 1-18 曲柄 90、45、26、38、$R60$ 等。

二、线段分析

（1）已知线段 具有两个定位尺寸的圆弧，即可直接作图的线段。如图 1-18 曲柄 $\phi34$、$\phi17$、$\phi10$、$R10$、$R5$ 等。

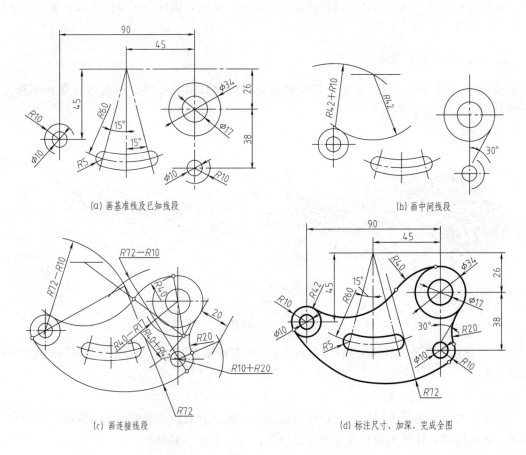

(a) 画基准线及已知线段

(b) 画中间线段

(c) 画连接线段

(d) 标注尺寸、加深、完成全图

图 1-18 曲柄

（2）中间线段 具有一个定位尺寸的圆弧，如图 1-18 曲柄 $R42$、30°。

（3）连接线段 没有定位尺寸的圆弧。如图 1-18 曲柄 $R40$、$R20$。

三、 作图步骤

① 选定图幅，确定作图比例，固定图纸。

② 用 2H 铅笔作底稿图，画边框线、标题栏。

③ 确定全图的基准，画出已知线段，如图 1-18 曲柄（a）。

④ 画出中间线段，如图 1-18 曲柄（b）。

⑤ 画出连接线段，如图 1-18 曲柄（c），先把具有一个"相切"几何条件的连接弧画出，再把有两个"相切"几何条件的连接弧画出。

⑥ 标注尺寸，加深、加粗完成全图。如图 1-18 曲柄（d）。

第五节　徒手绘图的方法

一、 徒手绘图的概念

徒手绘图是一种不用绘图仪器而按目测比例徒手画出的图样，这类图就是通常所称的草图。这类图主要用于现场测绘、设计方案讨论或技术交流，因此，工程技术人员必须具备徒手绘图的能力。

二、 徒手绘图的要求

① 运笔力求自然，画线要稳，图线要清晰。画较长的直线时，手腕不宜靠在图纸上。如图 1-19(a) 所示。

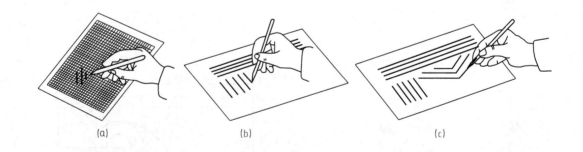

图 1-19　运笔

② 目测尺寸要准，各部分比例匀称，最好在方格纸上练习，以便控制图线的平直和图形的大小。

③ 绘图速度要快，标注尺寸无误，草图并不是潦草图。

画水平线时，为了方便运笔，可将图纸微微左倾，自左向右画线；画垂线时，自上向下画线；画斜线时，使所画的斜线正好处于顺手方向。如图 1-19(b)、(c) 所示。

徒手画圆时，先画出两条点划线以确定圆心。当画小圆时，在中心线上按半径目测定出四点，然后徒手连点；当画大圆时，过圆心增画两条 45° 的斜线再定四个等半径点，然后过这八点画圆。如图 1-20(a)、(b)、(c) 所示。

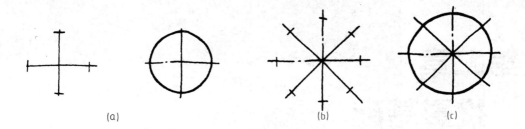

图 1-20 徒手画圆

第二章

投影基础

第一节 正投影法

一、投影的概念

物体在阳光或灯光的照射下，会在地面或墙壁上出现该物体的影子，这是常见的投影现象。人们根据这一现象进行了科学总结，提出了投影法。

所谓投影法，就是投射线通过物体，向选定的面投射，并在该面上得到物体图形的方法。

按投影法所得到的图形，称为投影。得到投影的面，称为投影面。如图 2-1 所示。

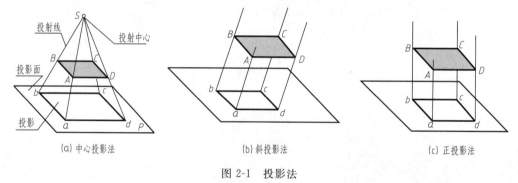

图 2-1　投影法

二、投影法的分类

投影法分为中心投影法和平行投影法两种。

1. 中心投影法

投射线汇交一点的投影法，称为中心投影法。如图 2-1(a) 所示。

2. 平行投影法

投射线互相平行的投影法，称为平行投影法。

根据投射线是否与投影面垂直，将平行投影法分为斜投影法和正投影法。

（1）斜投影法　投射线与投影面倾斜的平行投影法称为斜投影法。斜投影法中得到的图形称为斜投影。如图 2-1(b) 所示。

（2）正投影法　投射线与投影面垂直的平行投影法称为正投影法。正投影法中得到的图形称为正投影。如图 2-1(c) 所示。

由于正投影法作出的图形能真实反映物体的大小，度量性好，因此成为绘制工程图样的主要方法。

三、 正投影的基本性质

1. 真实性

当直线或平面与投影面平行时，直线的投影反映实长，平面的投影反映实形。如图 2-2 (a) 所示。

2. 积聚性

当直线或平面与投影面垂直时，直线的投影积聚成一点，平面的投影积聚成一条直线。如图 2-2(b) 所示。

3. 类似性

当直线或平面与投影面倾斜时，直线的投影长度变短、平面的投影面积变小，但投影的形状仍与原来的形状相类似。如图 2-2(c) 所示。

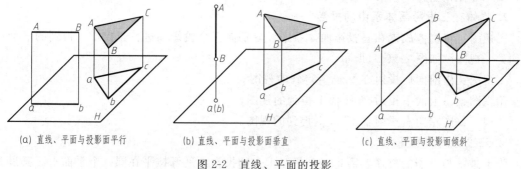

(a) 直线、平面与投影面平行   (b) 直线、平面与投影面垂直   (c) 直线、平面与投影面倾斜

图 2-2　直线、平面的投影

第二节　物体的三视图

一、 三视图的形成

用正投影法绘制的物体的图形，称为视图。通常情况下一个视图不能准确确定物体的空

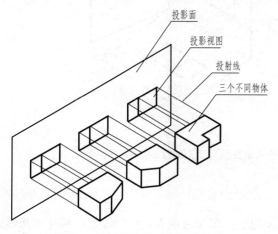

图 2-3　不同物体得到相同的视图

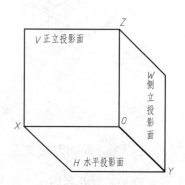

图 2-4　三投影面体系

间形状，如图 2-3 所示。为了完整地表达物体的形状，可从几个不同方向对物体进行投射，这样在不同的投影面上得到的几个视图，互相补充，就可把物体表达清楚，通常用三个视图来表达。

1. 三投影面体系

通常选用三个互相垂直的投影面构成三投影面体系，如图 2-4 所示。

正立投影面：简称正面，用 V 表示。

水平投影面：简称水平面，用 H 表示。

侧立投影面：简称侧面，用 W 表示。

两个投影面的交线，称为投影轴。

OX 轴（简称 X 轴）：V 面和 H 面的交线，可度量物体长度方向的尺寸。

OY 轴（简称 Y 轴）：W 面和 H 面的交线，可度量物体宽度方向的尺寸。

OZ 轴（简称 Z 轴）：W 面和 V 面的交线，可度量物体高度方向的尺寸。

投影轴互相垂直，其交点称为原点。

2. 物体在三投影面体系中的投影

三视图：将物体放置在三投影面体系中，分别向三个投影面进行正投影，得到的三个视图称为三视图。如图 2-5(a) 所示。

主视图：由前向后投射在 V 面上得到的视图。

俯视图：由上向下投射在 H 面上得到的视图。

左视图：由左向右投射在 W 面上得到的视图。

3. 三投影面的展开

为了画图与看图的方便，需将三个相互垂直的投影面展开摊平在同一个平面上。其展开方法是：正面（V 面）不动，水平面（H 面）绕 OX 轴向下旋转 90°，侧面（W 面）绕 OZ 轴向右旋转 90°；分别旋转到与正面处在同一平面上，如图 2-5(b) 和图 2-6 所示。

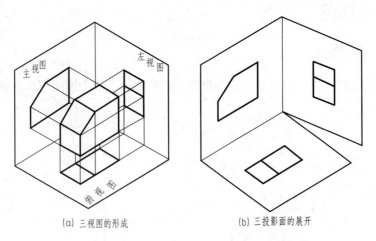

(a) 三视图的形成　　　　　　　(b) 三投影面的展开

图 2-5　物体在三个相互垂直投影面上的投影

二、 三视图之间的对应关系

将投影面旋转展开到同一平面上后，物体的三视图就表现为规则的配置，相互之间形成了一定的对应关系。

1. 位置关系

以主视图为基准，俯视图放置在它的正下方，左视图放置在它的正右方（图 2-6）。画物体的三视图时，要严格按此位置关系进行配置。

2. 尺寸关系

物体有长、宽、高三个方向的尺寸，每个视图都反映物体两个方向的尺寸：主视图反映物体的长度和高度，俯视图反映物体的长度和宽度，左视图反映物体的宽度和高度。由于三视图反映的是同一个物体，所以相邻两个视图在同一个方向上的尺寸必定相等。

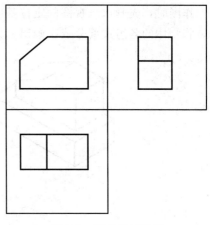

图 2-6　摊平的三视图

主视图、俯视图同时反映物体的左右长度，相等且对正；

主视图、左视图同时反映物体的上下高度，相等且平齐；

俯视图、左视图同时反映物体的前后宽度，宽度就相等。

三视图之间"长对正、高平齐、宽相等"的"三等"关系，就是三视图的投影规律，对于物体的整体或局部都是如此。这是绘图、读图的依据，要严格遵循。如图 2-7 所示。

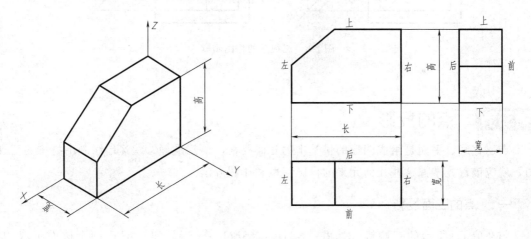

图 2-7　三视图之间的对应关系

3. 方位关系

物体有上、下、左、右、前、后六个方位。主视图反映物体的上、下和左、右方位；俯视图反映物体的左、右和前、后方位；左视图反映物体的前、后和上、下方位。

由俯视图和左视图所反映的宽相等，以及前后位置关系，初学者容易搞错，这是 H、W 两投影面在展开摊平时按不同的方向转过 90° 的缘故。应该注意在俯视图、左视图中，靠近主视图的一面，表示物体的后面，远离主视图的一面，表示物体的前面，如图 2-7 所示。

三、 三视图的作图方法和步骤

根据物体或轴测图画三视图时，首先应分析其结构形状，放正物体，使其主要面与投影面平行，确定主视图的投影方向。主视图应尽量反映物体的主要特征。

作图时，先画出三视图的定位基准线，然后根据"长对正、高平齐、宽相等"的投影规律，将物体的各组成部分依次画出。如图 2-8 所示。

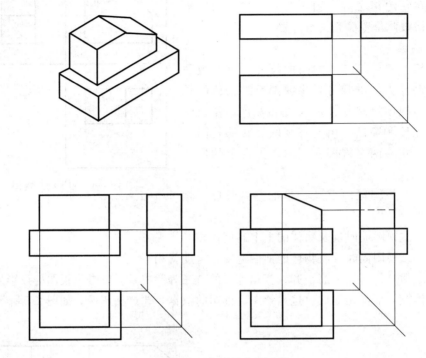

图 2-8　三视图的作图步骤

第三节　点的投影

点、直线、平面是组成图形的最基本的几何要素，要想准确、快速地绘制出物体的三视图，就应该首先掌握这些几何元素的投影特性和作图方法。

一、 点的三面投影

图 2-9(a) 所示的三棱锥，是由 △SAB、△SBC、△SAC 和 △ABC 四个棱面组成的，各棱面分别交于 SA、SB、SC 等，各棱线汇交于 A、B、C、S 四个顶点。显然，点是最基

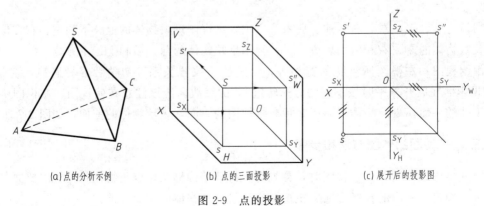

(a) 点的分析示例　　　　(b) 点的三面投影　　　　(c) 展开后的投影图

图 2-9　点的投影

本的几何元素，下面分析锥顶 S 的投影规律。

如图 2-9(b) 所示，过 S 点分别向 H、V、W 面作投射线，得到的三个垂足 s、s' 和 s'' 就是点 S 在三个投影面上的投影。

图 2-9(c) 是投影面展开后的投影图，由投影图可以看出，点的投影有如下规律：

① 点的 V 面投影与 H 面投影的连线垂直于 OX 轴，即 $s's \perp OX$；

② 点的 V 面投影与 W 面投影的连线垂直于 OZ 轴，即 $s's'' \perp OZ$；

③ 点的 H 面投影至 OX 轴的距离等于其 W 面投影至 OZ 轴的距离，即 $ss_X = s''s_Z$。

【例 2-1】　已知点 A 的 V 面投影 a' 与 W 面投影 a''，求作 H 面投影 a。如图 2-10(a) 所示。

分析

根据点的投影规律可知，$a'a \perp OX$，过 a' 作 OX 轴的垂线 $a'a_X$，所求 a 必在 $a'a_X$ 的延长线上，由 $a''a_Z = aa_X$，可确定 a 的位置。

作图

(1) 过 a' 作直线使 $a'a_X \perp OX$ 并延长。如图 2-10(b) 所示。

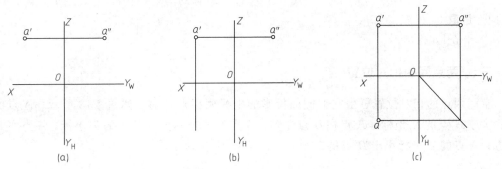

图 2-10　根据点的两面投影求第三面投影

(2) 量取 $a''a_Z = aa_X$，求得 a。也可利用 45° 线作图，如图 2-10(c) 所示。

二、 点的投影与直角坐标

如图 2-11 所示。如果将三个投影面作为坐标面，投影轴作为坐标轴，O 为坐标原点，则空间点 S 到三个投影面的距离即是 S 点的坐标。

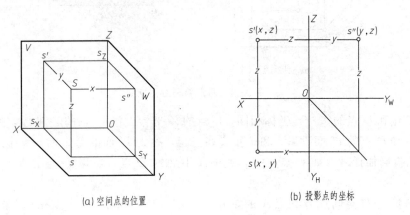

(a) 空间点的位置　　　　(b) 投影点的坐标

图 2-11　点的投影与直角坐标的关系

点到 W 面的距离　　$Ss''=s's_Z=ss_Y=Os_X=S$ 点的 x 坐标；

点到 V 面的距离　　$Ss'=ss_X=s''s_Z=Os_Y=S$ 点的 y 坐标；

点到 H 面的距离　　$Ss=s's_X=s''s_Y=Os_Z=S$ 点的 z 坐标。

空间一点的位置可由该点的坐标（x，y，z）确定。如图 2-11 所示。S 点三面投影坐标

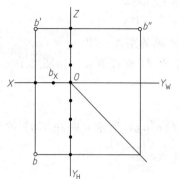

分别为 $s(x, y)$，$s'(x, z)$，$s''(y, z)$。任一投影都由其中的两个坐标确定，所以一点的两个投影就包含了确定该点空间位置的三个坐标，即确定了点的空间位置。

【例 2-2】 已知空间点 B（20，40，30）。求作 B 点的三面投影。

分析

已知空间点的三个坐标，便可作出该点的两个投影，再求作另一个投影。如图 2-12 所示。

作图

① 在 OX 轴上向左量取 20，得 b_X。

② 过 b_X 作 OX 轴的垂线，在此垂线上向下量取 40 得

图 2-12　根据点的坐标作投影图

b；向上量取 30 得 b'。

③ 由 b，b' 作出 b''。

三、 两点间的相对位置

空间两点的相对位置可由它们同面投影的坐标大小来判别。如图 2-13 所示，A 点的 X 坐标大于 B 点的 X 坐标，A 点在 B 点左侧；A 点的 Y 坐标大于 B 点的 Y 坐标，A 点在 B 点前方；A 点的 Z 坐标小于 B 点的 Z 坐标，A 点在 B 点下方。

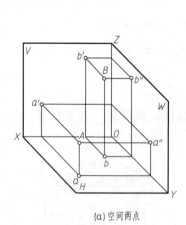

(a) 空间两点　　　　　　　　(b) 两点的投影图

图 2-13　两点的相对位置

如果 C 点和 D 点的 X、Y 坐标相同，C 点的 Z 坐标大于 D 点的 Z 坐标，如图 2-14 所示，则 C 点和 D 点的 H 面投影 c 和 d 重合在一起，称为 H 面的重影点。重影点在标注时，将不可见的投影加括号，如 C 点在上，遮住了下面的 D 点，所以 D 点的水平投影用（d）表示。

【例 2-3】 已知空间点 B 在点 A 的左方 10mm，前方 8mm，下方 15mm，求作 B 点的三面投影。如图 2-15 所示。

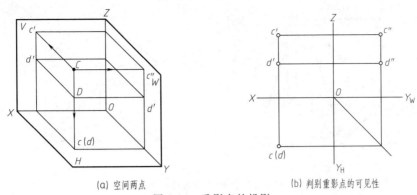

(a) 空间两点　　　　　　　　　　(b) 判别重影点的可见性

图 2-14　重影点的投影

分析

根据左右关系看 X 坐标、前后关系看 Y 坐标、上下关系看 Z 坐标可知：B 点 X 坐标比 A 点大 10mm，Y 坐标比 A 点大 8mm，Z 坐标比 A 点小 15mm。

作图

① 在 OX 轴上从 a_X 向左量取 10，得 b_X，在 OY_H 轴上从 a_U 向前量取 8，得 b_{YH}，在 OZ 轴上从 a_Z 向下量取 15，得 b_Z。

② 分别过 b_X、b_{YH}、b_Z 作 OX、OY_H、OZ 轴的垂线，得 b、b'。

③ 由 b、b' 作出 b''。

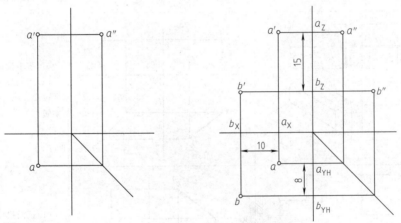

图 2-15　根据方位关系求点的投影

第四节　直线的投影

一、直线的三面投影

直线的投影一般仍为直线，其各面投影即为直线上两端点的同面投影的连线。如图2-16 所示，直线 AB 的三面投影 ab、$a'b'$、$a''b''$ 均为直线。求作 AB 的三面投影时，先分别作出 A、B 两端点的三面投影，然后将其同面投影连接起来，就是直线 AB 的三面投影。

直线按其与投影面的相对位置不同可分为三种：投影面平行线、投影面垂直线、一般位置直线。前两种称为特殊位置直线。

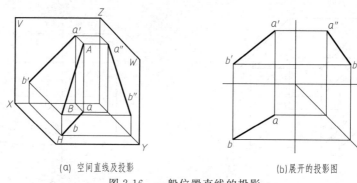

（a）空间直线及投影　　　　　　　　（b）展开的投影图

图 2-16　一般位置直线的投影

　　与三个投影面都处于倾斜位置的直线，称为一般位置直线。一般位置直线的投影如图 2-16 所示，其各面投影都与投影轴倾斜，各面投影的长度均小于实长。

　　下面介绍特殊位置直线的投影及投影特性。

二、 特殊位置直线的投影

1. 投影面平行线

　　指平行于一个投影面，与另外两个投影面倾斜的直线，称为投影面平行线，见表 2-1 所列。

表 2-1　投影面平行线

类型	三 视 图	投 影 图	投 影 特 性
水平线			（1）水平投影 ab 反映实长 （2）正面投影 $a'b'$ // OX，侧面投影 $a''b''$ // OY_W，都不反映实长
正平线			（1）正面投影 $a'b'$ 反映实长 （2）水平投影 ab // OX，侧面投影 $a''b''$ // OZ，都不反映实长
侧平线			（1）侧面投影 $a''b''$ 反映实长 （2）正面投影 $a'b'$ // OZ，水平投影 ab // OY_H，都不反映实长

投影面平行线又可分为以下三种：

水平线　平行于 H 面并与 V、W 面倾斜的直线；

正平线　平行于 V 面并与 H、W 面倾斜的直线；

侧平线　平行于 W 面并与 H、V 面倾斜的直线。

投影面平行线的投影特性：

在直线所平行的投影面上，其投影反映实长并倾斜于投影轴，另外两个投影分别平行于相应投影轴，且小于实长。

2. 投影面垂直线

垂直于一个投影面的直线，称为投影面垂直线，见表 2-2 所列。投影面垂直线也有三种位置：

铅垂线，垂直于 H 面，与 V、W 面平行的直线；

正垂线，垂直于 V 面，与 H、W 面平行的直线；

侧垂线，垂直于 W 面，与 H、V 面平行的直线。

投影面垂直线的投影特性：在所垂直的投影面上，其投影积聚成一点；另外两个投影分别垂直于相应的投影轴，且反映实长。

表 2-2　投影面垂直线

类型	三视图	投影图	投影特性
铅垂线	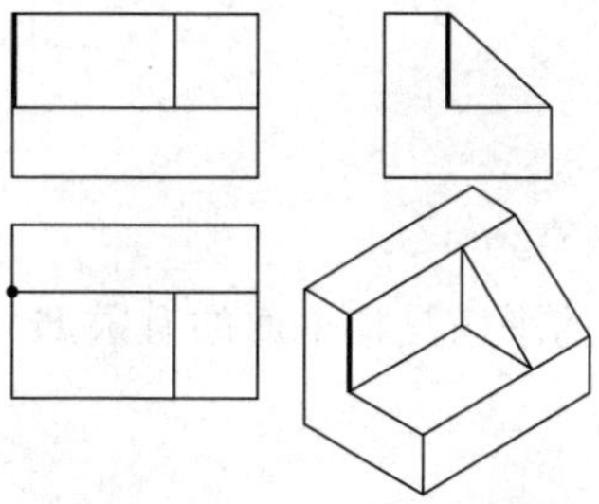	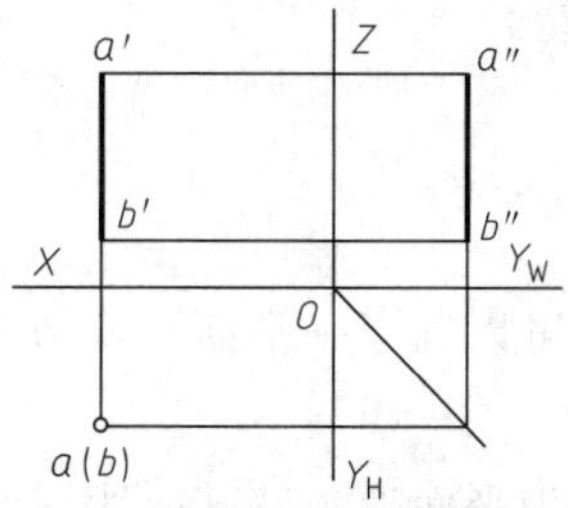	(1) 水平投影积聚成一点 a (b) (2) 正面投影 $a'b' \perp OX$，侧面投影 $a''b'' \perp OY_W$，都反映实长
正垂线	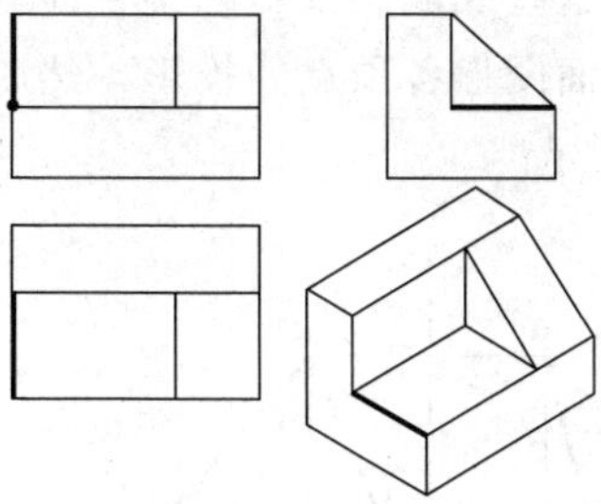	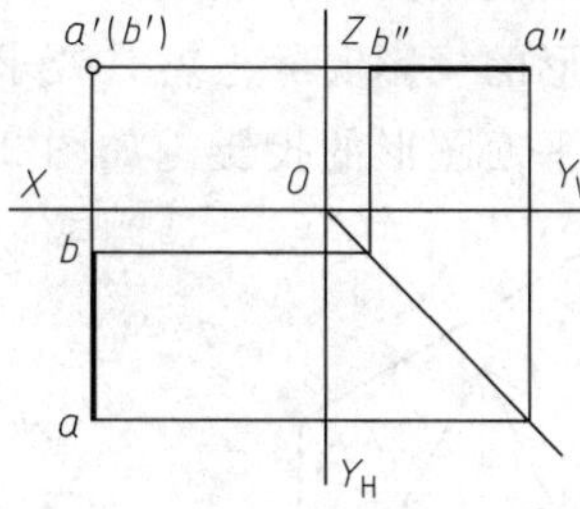	(1) 正面投影积聚成一点 $a'(b')$ (2) 水平投影 $ab \perp OX$，侧面投影 $a''b'' \perp OZ$，都反映实长
侧垂线	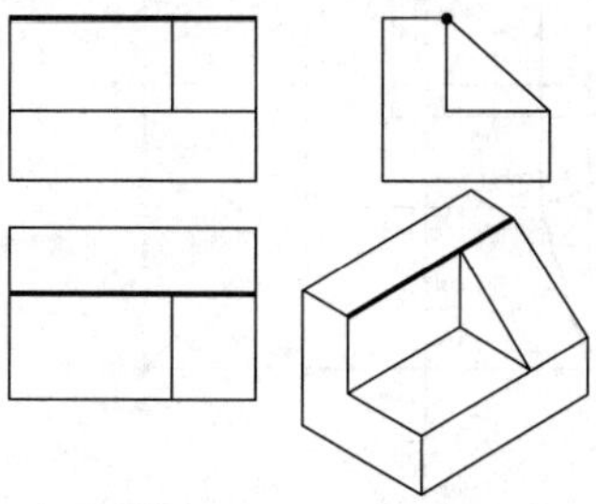	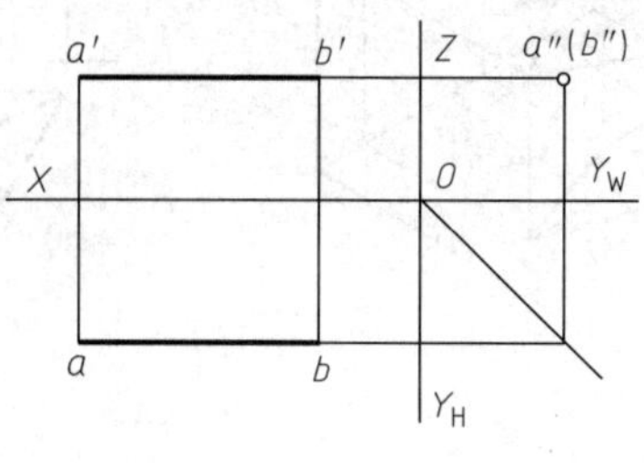	(1) 侧面投影积聚成一点 $a''(b'')$ (2) 水平投影 $ab \perp OY_H$，正面投影 $a'b' \perp OZ$，都反映实长

三、 直线上的点

直线上点的投影必在该直线的同面投影上，且点分线段长度之比等于其投影长度之比。如图 2-17 所示，直线 AB 上点 S 的投影 s、s'、s'' 分别落在 ab、$a'b'$、$a''b''$ 上，且符合点的投影规律。同时 $AS : SB = a's' : s'b' = a''s'' : s''b''$。

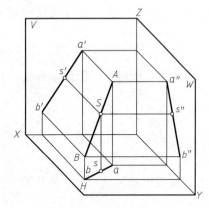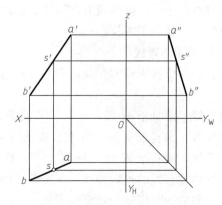

图 2-17　直线上的点的投影

第五节　平面的投影

一、 平面的三面投影

不在同一直线上的三点可以确定一平面，本节所研究的平面是指平面的有限部分，即平面图形。

平面图形的投影一般仍为平面形，特殊时为一直线。

一个平面图形是由一些线段及其交点组成的，因此，这些线段的投影的集合即为该平面图形的投影。求一个平面图形的投影实际上就是要求出平面图形各顶点的投影，然后将各点的同面投影顺次连接，即为平面图形的投影。如图 2-18 所示。

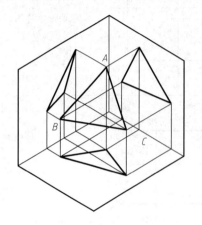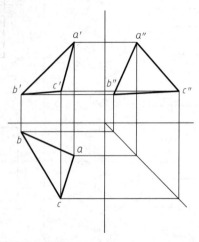

图 2-18　一般位置平面的投影

平面按其与投影面的相对位置不同也有三种：投影面平行面、投影面垂直面、一般位置平面。前两种称为特殊位置平面。

与三个投影面都倾斜的平面，称为一般位置平面。如图 2-18 所示，$\triangle ABC$ 与 V、H、W 都倾斜，所以在三个投影面上的投影都不反映平面实形，均为缩小的类似形。

下面介绍特殊位置平面的投影及投影特性。

二、 特殊位置平面的投影

1. 投影面平行面

平行于一个投影面同时垂直于其他两个投影面的平面，称为投影面平行面，见表 2-3 所列。投影面平行面有三种位置：

水平面，平行于 H 面，垂直于 V、W 面的平面；

正平面，平行于 V 面，垂直于 H、W 面的平面；

侧平面，平行于 W 面，垂直于 V、H 面的平面。

投影面平行面的投影特性：在所平行的投影面上，其投影反映实形；另外两个投影积聚成直线且分别平行于相应的投影轴。

2. 投影面垂直面

垂直于一个投影面同时与其他两个投影面倾斜的平面，称为投影面垂直面，见表 2-4 所

表 2-3 投影面平行面

类型	三 视 图	投 影 图	投 影 特 性
水平面	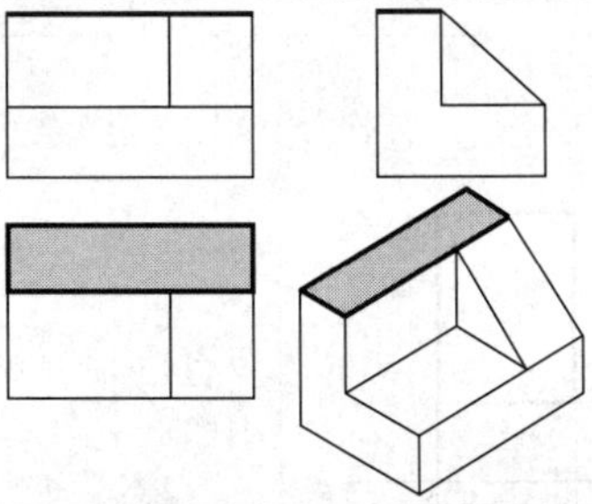	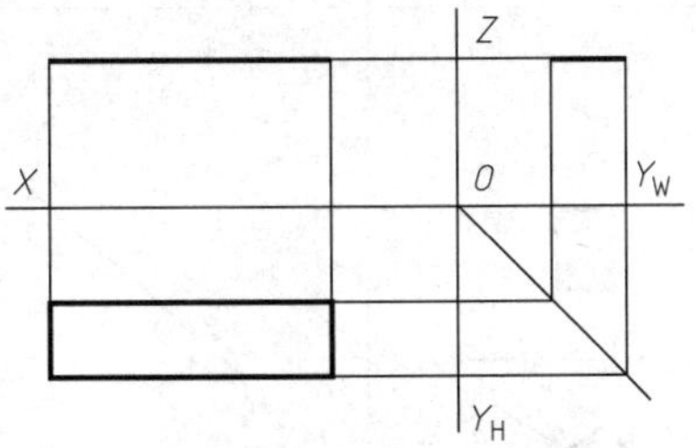	(1)水平投影反映实形 (2)正面投影积聚成直线且平行于 OX,侧面投影积聚成直线且平行于 OY_W
正平面	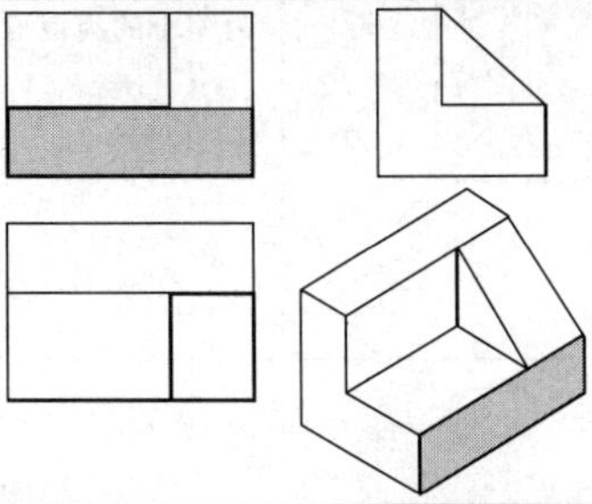	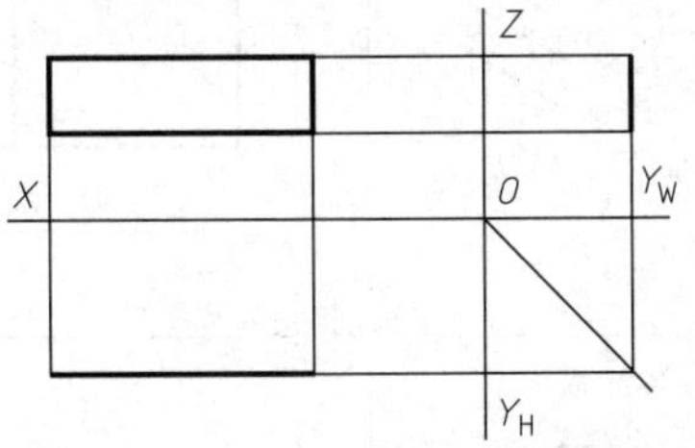	(1)正面投影反映实形 (2)水平投影积聚成直线且平行于 OX,侧面投影积聚成直线且平行于 OZ
侧平面	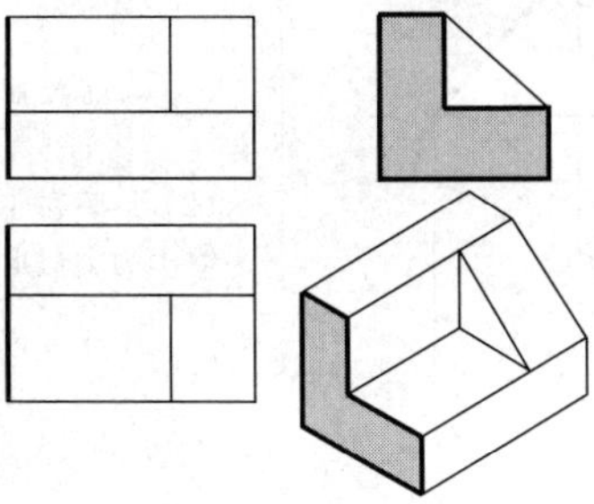	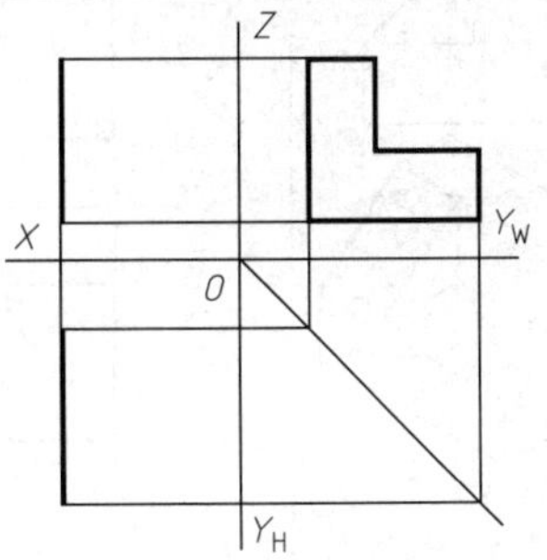	(1)侧面投影反映实形 (2)水平投影积聚成直线且平行于 OY_H,正面投影积聚成直线且平行于 OZ

列。投影面垂直面也有三种位置：

　　铅垂面，垂直于 H 面，与 V、W 面倾斜的平面；

　　正垂面，垂直于 V 面，与 H、W 面倾斜的平面；

　　侧垂面，垂直于 W 面，与 H、V 面倾斜的平面。

　　投影面垂直面的投影特性：在所垂直的投影面上，其投影积聚成一倾斜的直线，另外两个投影均为缩小的类似形。

表 2-4　投影面垂直面

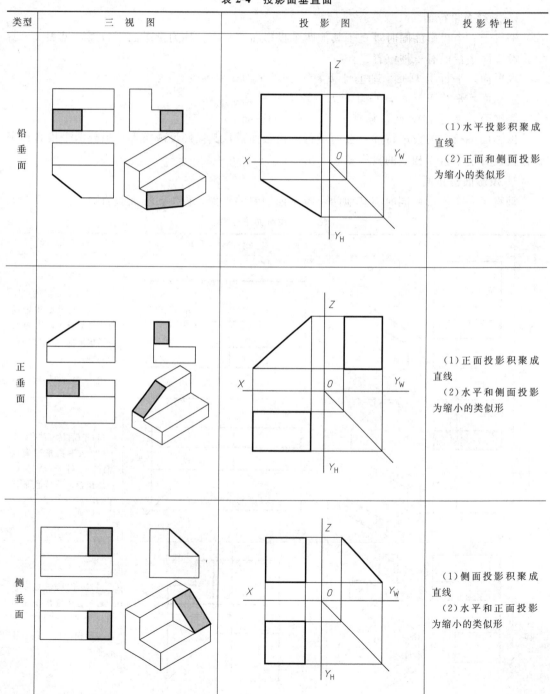

类型	三视图	投影图	投影特性
铅垂面			（1）水平投影积聚成直线 （2）正面和侧面投影为缩小的类似形
正垂面			（1）正面投影积聚成直线 （2）水平和侧面投影为缩小的类似形
侧垂面			（1）侧面投影积聚成直线 （2）水平和正面投影为缩小的类似形

三、平面上的直线和点

1. 平面上的直线

直线在平面上的几何条件：直线通过平面上的两点或直线通过平面上的一点，且平行于平面上的任一直线。

【例 2-4】　已知平面 ABC 上的直线 EF 的正面投影，求其水平投影 ef。如图 2-19 所示。

分析

因为直线 EF 在平面 ABC 内，延长 EF，与平面 ABC 的边 AB、AC 分别相交于 M、N；直线 EF 是直线 MN 的一部分，其水平投影 ef 必在直线 MN 的水平投影 mn 上。

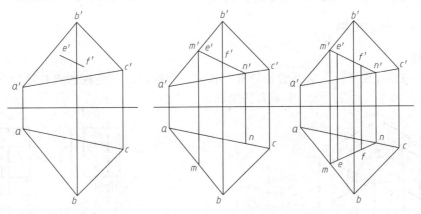

图 2-19　求平面上直线的投影

作图

① 延长 $e'f'$ 与 $a'b'$、$a'c'$ 相交于 m'、n'，由 m'、n' 求得 m、n。

② 连接 mn，由 e'、f' 求得 ef。

2. 平面上的点

点在平面上的几何条件：点在平面内的任一直线上，则点在此平面上。

在平面上取点，应先过点在平面上作一辅助线，然后在辅助线上取点。

【例 2-5】　已知平面 ABC 上的点 E 的水平投影 e，求点的正面投影 e'。如图 2-20 所示。

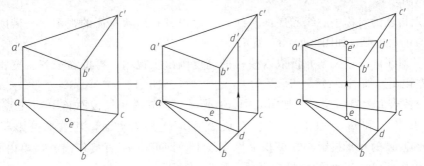

图 2-20　求平面上点的投影

分析

因为点 E 在平面 ABC 上，过点 E 在平面上作一条辅助线 AD，则点 E 的投影必在直线

AD 的同面投影上。

作图

① 连 *ae* 并延长，交 *bc* 于点 *d*，由 *d* 求得 *d'*。

② 连接 *a'd'*，由 *e* 求得 *e'*。

第六节 基本体的投影

任何机件，无论形状多么复杂，都可以看成是由基本体按一定方式组合而成的。基本体分为平面体和曲面体两类。每个表面都是平面的立体称为平面体，如棱柱、棱锥；表面至少有一个曲面的立体称为曲面体，如回转体圆柱、圆锥、圆球、圆环等。

一、平面体的投影

1. 棱柱

棱柱的棱线互相平行。常见的棱柱有三棱柱、四棱柱、五棱柱和六棱柱等。下面以图 2-21(a) 所示的正六棱柱为例，分析其投影和作图方法。

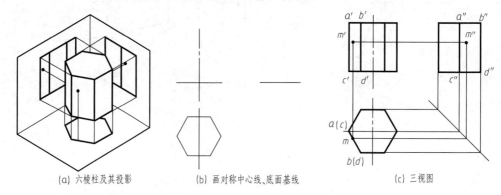

(a) 六棱柱及其投影　　(b) 画对称中心线、底面基线　　(c) 三视图

图 2-21　正六棱柱三视图的作图步骤

（1）投影分析　图示正六棱柱，上、下底面为六边形，平行于水平面，前后棱面为矩形，平行于正面，另外四个棱面垂直于水平面。在这种位置下，顶面和底面的水平投影重合，并反映实形，六个棱面的水平投影积聚为六边形的六条边。

（2）作图步骤

① 作六棱柱的对称中心线和底面基线，并画出具有形状特征的视图——借助辅助圆作出俯视图的正六边形，如图 2-21(b) 所示。

② 按长对正的投影关系并量取六棱柱的高度画出主视图，再按高平齐、宽相等的投影关系画出左视图，如图 2-21(c) 所示。

（3）棱柱表面上点的投影　如图 2-21(c) 所示，已知六棱柱棱面 *ABCD* 上点 *M* 的正面投影 *m'*，求作 *m* 和 *m''*。由于点 *M* 所在棱面 *ABCD* 是铅垂面，其水平投影积聚成直线 *abcd*，因此点 *M* 的水平投影必在该积聚性直线上，即可由 *m'* 直接作出 *m*，再由 *m'* 和 *m* 作出 *m''*。因为棱面 *ABCD* 的侧面投影可见，所以 *m''* 可见。

2. 棱锥

棱锥的棱线交于一点。常见的棱锥有三棱锥、四棱锥、五棱锥等。下面以图 2-22 所示的正三棱锥为例，分析其投影特性和作图方法。

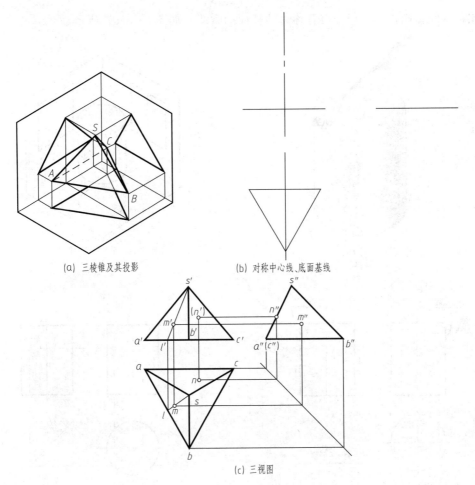

(a) 三棱锥及其投影　　　(b) 对称中心线、底面基线

(c) 三视图

图 2-22　正三棱锥三视图的作图步骤

（1）投影分析　图示正三棱锥，底面为正三角形，平行于水平面，其水平投影反映实形。三个侧面为等腰三角形，侧面 SAC 垂直于 W 面，另外两个侧面均与三个投影面倾斜。

（2）作图步骤

① 作三棱锥的对称中心线和底面基线，先画出底面俯视图的三角形。如图 2-22(b) 所示。

② 根据三棱锥的高度定出锥顶 S 的投影位置，由于是正三棱锥，所以锥顶 S 的水平投影位于底面三角形水平投影的中心上，在主、俯视图中分别用直线连接锥顶和底面三个顶点的投影，即得三条棱线的投影。

③ 棱锥底面的侧面投影积聚为直线 $a''(c'')b''$，侧面 SAC 积聚为直线 $s''a''(c'')$，另外的两个侧面 SAB 和 SBC 的投影重合。

（3）棱锥表面上点的投影　如图 2-22(c) 所示，已知三棱锥棱面 SAB 上点 M 的正面投影 m'，求作 m 和 m''。利用辅助线法由 s' 过 m' 作辅助线 $s'l'$，再由 $s'l'$ 作出 sl，并在 sl 上定出 m，根据 M 点的两面投影求出 m''。由于平面 SAB 的水平投影可见，所以 m 可见，平面 SAB 的侧面投影可见，所以 m'' 也可见。

二、 回转体的投影

1. 圆柱

圆柱体由圆柱面与上、下两底面围成。圆柱面可看作由一条直母线绕平行于它的轴线回转而成。母线在圆柱面上任一位置称为圆柱面的素线。如图 2-23(a) 所示。

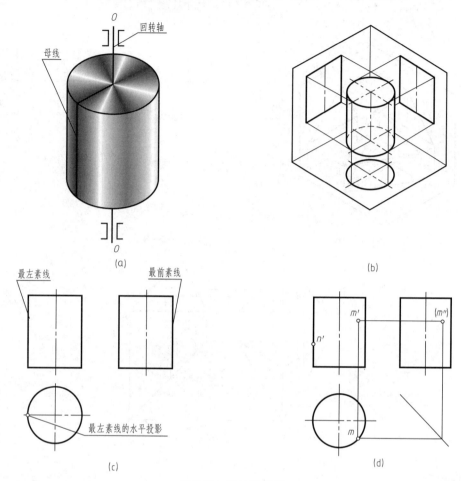

图 2-23　圆柱的投影

（1）投影分析　如图 2-23(b) 所示，圆柱轴线垂直于水平面，圆柱上、下面的水平投影反映实形，正面和侧面投影为矩形。圆柱面的水平投影积聚为一圆周，与上、下面的水平投影重合。在正面投影中，矩形的两条竖线分别是圆柱面最左、最右素线的投影，也是圆柱面前、后分界的转向轮廓线。在侧面投影中，矩形的两条竖线分别是圆柱面最前、最后素线的投影，也是圆柱面左、右分界的转向轮廓线。

（2）作图方法　画圆柱体的三视图时，先画各投影的中心线、轴线、底面基准线，再画圆柱面投影具有积聚性圆的俯视图，然后根据圆柱体的高度画出另外两个视图，如图 2-23(c) 所示。

（3）圆柱体表面上点的投影　如图 2-23(d) 所示，已知圆柱面上点 M 的正面投影 m'，求作 m 和 m''。

根据圆柱面水平投影的积聚性可先作出 m，由于 m' 是可见的，则点 M 必在前半圆柱面上，m 必在水平投影圆的前半圆周上。再按投影关系作出 m''。由于 M 点在右半圆柱面上，所以 (m'') 不可见。

若已知圆柱面上点 N 的正面投影 (n')，怎样求作 n 和 n'' 以及判别可见性，请读者自行分析。

2. 圆锥

圆锥由圆锥面和底面围成。圆锥面可看作由与轴线斜交的直母线绕轴线回转而成。母线在圆锥面上任意位置称为圆锥面的素线。如图 2-24（a）所示。

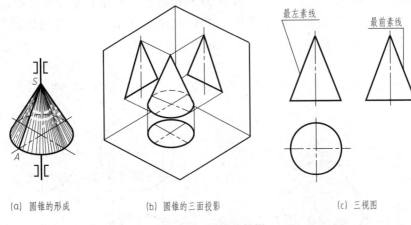

(a) 圆锥的形成　　　　(b) 圆锥的三面投影　　　　(c) 三视图

图 2-24　圆锥的投影

（1）投影分析　如图 2-24（b）所示，圆锥轴线垂直于水平面。锥底面平行于水平面，水平投影反映实形，正面和侧面投影积聚成直线。圆锥面的三个投影都没有积聚性，其水平投影与底面的水平投影重合。在正面投影中，三角形的两腰分别是圆锥面最左、最右素线的投影，也是圆锥面前、后分界的转向轮廓线。侧面投影中的三角形的两腰分别是圆锥最前、最后素线的投影，也是圆锥面左、右分界的转向轮廓线。

（2）作图方法　画圆锥的三视图时，先画各投影的中心线、轴线、底面基准线，再画底面圆的各投影，然后画出锥顶的投影和等腰三角形，完成圆锥的三视图。如图 2-24（c）所示。

（3）圆锥表面上点的投影　如图 2-25 所示，已知圆锥表面上点 M 的正面投影 m'，求作 m 和 m''。

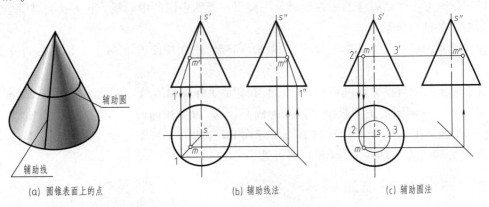

(a) 圆锥表面上的点　　　(b) 辅助线法　　　(c) 辅助圆法

图 2-25　圆锥表面点的投影

分析

根据 M 点的位置及可见性，可确定点 M 在左前部分锥面上，点 M 的三面投影均为可见。

作图

① 辅助线法。如图 2-25(a) 所示，过锥顶 S 和点 M 作辅助线 $S1$，在正面投影中连接 s' m'，并延长与底面圆相交于 $1'$，作出 $s1$ 和 $s''1''$，再由点在直线上的投影关系作出 m 和 m''。如图 2-25(b) 所示。

② 辅助圆法。如图 2-25(a) 所示，过点 M 在圆锥面上作垂直于圆锥轴线的水平辅助圆，点 M 的各投影必在该圆的同面投影上。如图 2-25(c) 所示，过 m' 作圆锥轴线的垂直辅助圆的水平投影。由 m' 求得 m、再由 m'、m 求得 m''。

3. 圆球

圆球的表面可看作由一条圆母线绕其直径回转而成。如图 2-26(a) 所示。

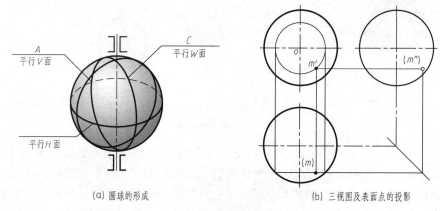

(a) 圆球的形成　　　　　(b) 三视图及表面点的投影

图 2-26　圆球的投影

（1）投影分析　如图 2-26(b) 所示，圆球的三个视图是大小相等的三个圆，圆的直径与球的直径相等。但这三个圆是圆球上平行于相应投影面的三个不同位置的最大轮廓圆。正面投影的轮廓圆是前、后两半球面可见与不可见的分界线，是平行于 V 面的最大圆的投影；水平投影的轮廓圆是上、下两半球面可见与不可见的分界线，是平行于 H 面的最大圆的投影；侧面投影的轮廓圆是左、右半球面可见与不可见的分界线，是平行于 W 面的最大圆的投影。

（2）作图方法　画圆球的三视图时，先画出三视图中圆的中心线，再画出与球等直径的圆。如图 2-26(b) 所示。

（3）圆球表面上点的投影　如图 2-26(b) 所示，已知球面上点 M 的正面投影 m'，求 m 和 m''。

由于球面的三面投影都没有积聚性，且在球面上作不出直线，因此必须利用辅助圆法求解。过 m' 作正平面圆的正面投影（以 o 为圆心，om' 为半径画圆），再作出其水平投影。在该圆的水平投影上求得 m，由于 M 在下半球面上，所以 (m) 不可见。再由 m'、(m) 求得 m''。由于点 M 在左半球面上，(m'') 不可见。

三、 基本体的尺寸标注

任何机器零件都是依据图样中的尺寸进行加工的，因此，图样中必须正确地标注出尺寸。基本体的尺寸注法是各种复杂零件尺寸标注的基础。

1. 平面立体的尺寸注法

平面立体一般应标注长、宽、高三个方向的尺寸。

标注正方形尺寸时，可采用简化注法，即在正方形边长尺寸数字前加注"□"符号，如图 2-27 所示。

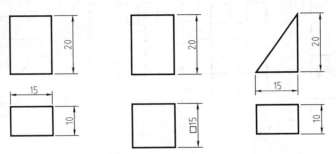

图 2-27 平面立体的尺寸注法（一）

正棱柱、正棱锥除标注高度尺寸外，一般应标注其底的外接圆直径，但也可根据需要注成其他形式，如图 2-28 所示。

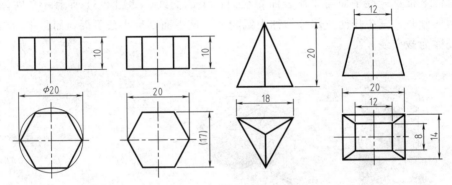

图 2-28 平面立体的尺寸注法（二）

2. 回转体的尺寸注法

圆柱、圆锥、圆台应标注底圆直径和高度尺寸。圆柱、圆锥、圆台的直径尺寸前加注"ϕ"，圆球在直径尺寸前加注"$S\phi$"，当把尺寸集中标注在非圆视图上时，只用一个视图即可表示清楚它们的形状和大小，如图 2-29 所示。

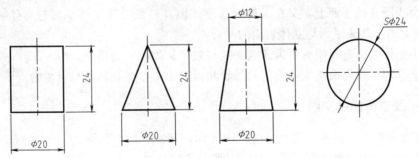

图 2-29 回转体的尺寸注法

3. 带切口的几何体的尺寸注法

带切口的几何体，除注出几何体的尺寸外，还应注出确定切口位置的尺寸；带凹槽的几何体除注出几何体的尺寸外，还应注出槽的定形尺寸和定位尺寸。如图 2-30 所示。

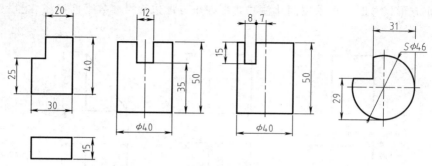

图 2-30 带切口的几何体的尺寸注法

第七节 基本体表面的交线

在机件上常见一些平面与立体表面相交而产生的交线，如图 2-31 所示。当立体被平面截断成两部分时，其中任何一部分均称为截断体，该平面则称为截平面，而截平面与立体表面的交线称为截交线。

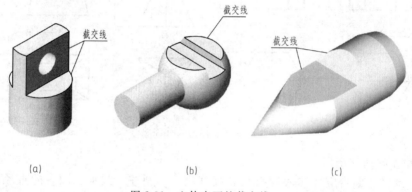

(a)   (b)   (c)

图 2-31 立体表面的截交线

截交线具有下列性质。

① 截交线既在截平面上，又在立体表面上，因此，截交线是截平面与立体表面的共有线，截交线上的点是截平面与立体表面的共有点。

② 由于立体表面是封闭的，因此截交线一般是封闭的平面图形。

③ 截交线的形状取决于立体表面的形状和截平面与立体表面的相对位置。

一、平面立体的截交线

截平面截切平面立体所形成的交线为封闭的平面多边形，该多边形的每一条边是截平面与立体棱面或顶、底面相交而形成的交线。根据截交线的性质，求截交线可归结为求截平面与立体表面共有点、共有线的问题。

【例 2-6】 求作斜截六棱柱的投影，如图 2-32 所示。

分析

如图 2-32(a) 所示，六棱柱被正垂面截切，所形成的截交线为六边形。六边形的六个顶点分别为六条棱线与截平面的交点。因此，只要求出截交线六个顶点的投影，然后依次连接

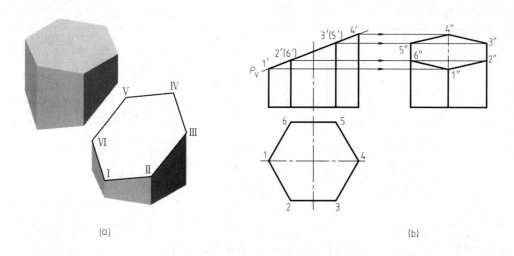

图 2-32　六棱柱的截交线

各点的同面投影，即得截交线投影。因为六棱柱的各个棱面都平行或垂直于相应的投影面，所以这些平面的投影都具有积聚性，可直接利用积聚性作图。

作图

① 在正面投影中找出 P_V 与六棱柱棱线的交点 $1'$、$2'$、$3'$、$4'$、$5'$、$6'$。

② 作出上述各点的侧面投影 $1''$、$2''$、$3''$、$4''$、$5''$、$6''$和水平投影 1、2、3、4、5、6。

③ 依次连接各点的同面投影，即得截交线的三面投影。

④ 判断可见性，由于六棱柱最右棱线被截平面和最左棱线遮挡，其侧面投影不可见，在截平面侧面投影范围内应画成虚线。如图 2-32(b) 所示。

二、　曲面立体的截交线

截平面截切曲面立体所形成的交线一般是由曲线或曲线与直线组成的封闭的平面图形。作图时，需先求出一系列共有点的投影，然后依次光滑连接起来，即得截交线的投影。

1. 圆柱体的截交线

圆柱被平面截切时，根据截平面与圆柱轴线的相对位置，其截交线有三种不同的形状，见表 2-5 所列。

表 2-5　圆柱被平面截切的截交线

截平面位置	与轴线平行	与轴线垂直	与轴线倾斜
轴测图			

续表

截平面位置	与轴线平行	与轴线垂直	与轴线倾斜
投影图	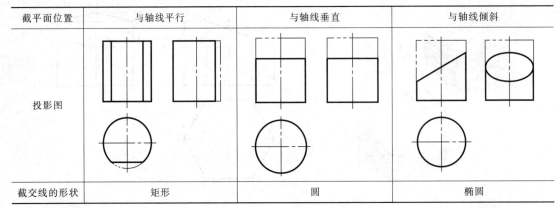		
截交线的形状	矩形	圆	椭圆

【例 2-7】 求作正垂面截切圆柱体的投影，如图 2-33 所示。

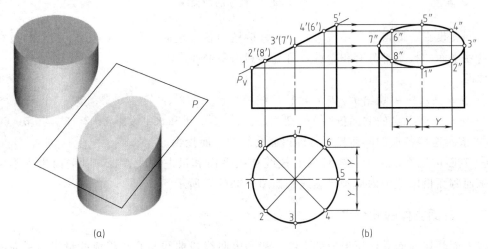

图 2-33 圆柱斜切的截交线

分析

如图 2-33(a) 所示，圆柱被正垂面截切，截交线为椭圆，因截平面为正垂面，故截交线的正面投影积聚为一直线，截交线的水平投影与圆柱的水平投影重合为一圆，截交线的侧面投影为椭圆，故只需求出截交线的侧面投影。

作图

① 求特殊点　特殊点是指截交线上的最高、最低、最前、最后、最左、最右点。它们通常是截平面与回转体上的特殊位置素线的交点，先求出特殊点以确定截交线投影的大致范围，对作图是很有利的。从图中可知截交线上的最低点 Ⅰ 和最高点 Ⅴ，分别是最左素线和最右素线与截平面的交点（也是截交线上最左点和最右点）。截交线上的最前点 Ⅲ 和最后点 Ⅶ 分别是最前素线和最后素线与截平面的交点。由此作出 Ⅰ、Ⅲ、Ⅴ、Ⅶ 四点的正面投影 $1'$、$3'$、$5'$、$7'$ 和水平投影 1、3、5、7，根据投影关系求出其侧面投影 $1''$、$3''$、$5''$、$7''$，该四点也是椭圆长轴和短轴四个端点的投影。

② 求一般点　为了准确地画出椭圆，还必须在特殊点之间求出适量的一般点。如图 2-33(b) 所示找 Ⅱ、Ⅳ、Ⅵ、Ⅷ 四个对称点，根据水平投影 2、4、6、8 和正面投影 $2'$、$4'$、$(6')$、$(8')$ 可求出侧面投影 $2''$、$4''$、$6''$、$8''$。

③ 将所求各点的同面投影依次光滑连接起来，即为所求截交线的投影（椭圆），如图 2-33（b）所示。

【**例 2-8**】 求作中间开槽圆柱体的投影，如图 2-34 所示。

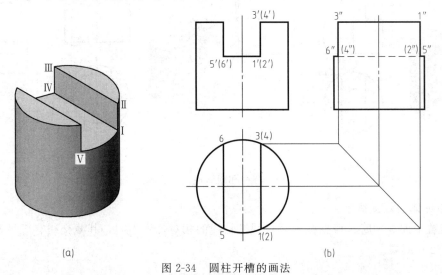

图 2-34 圆柱开槽的画法

分析

如图 2-34（a）所示，圆柱被一个水平面和两个侧平面组合切割，因此，可根据截断面投影具有积聚性和真实性作图。

作图时，应注意两点。

① 因圆柱最前、最后素线在开槽部位均被切去一段，故侧面投影的外形轮廓线，在开槽部位向内"收缩"，其收缩程度与槽宽有关。

② 注意区分槽底侧面投影的可见性，槽底是由两段直线和两段圆弧构成的平面图形，其侧面投影积聚成的直线，中间部分（5″6″）是不可见的，应画成虚线，如图 2-34（b）所示。

圆筒开槽，不仅外表面出现表面交线，其内表面亦会出现表面交线。作图时，内表面的交线也应该求出，其作图方法、步骤与求外表面交线的方法、步骤完全相同，只是内表面的交线不可见，用虚线表示，如图 2-35 所示。

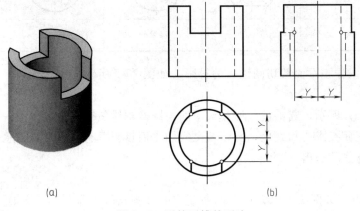

图 2-35 圆筒开槽的画法

如图 2-36 所示是圆柱和圆筒的另一种截切形式，作图方法不再赘述。

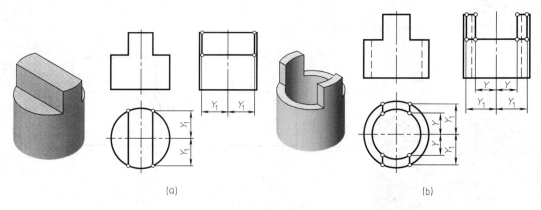

(a)   (b)

图 2-36   圆柱和圆筒截交线的画法

2. 圆锥体的截交线

圆锥被平面截切时，根据截平面对圆锥轴线的相对位置不同，其截交线有五种不同的形状，见表 2-6 所列。

表 2-6   圆锥的截交线

截平面的位置	与轴线垂直	过圆锥顶点	平行于任一素线	与轴线倾斜	与轴线平行
轴测图					
投影图					
截交线的形状	圆	等腰三角形	抛物线	椭圆	双曲线

【例 2-9】   求作正垂面截切圆锥体的投影，如图 2-37 所示。

分析

如图 2-37(a) 所示，圆锥被截切其截平面与圆锥轴线斜交，截交线为一椭圆。因截平面为正垂面，其正面投影有积聚性，所以截交线的正面投影具有积聚性，其水平投影和侧面投影仍为椭圆，需作图求出。

作图

① 求特殊点   如图 2-37(b) 所示，截交线的椭圆长轴 I Ⅲ 平行于 V 面，短轴 Ⅱ Ⅳ 垂直于 V 面，I、Ⅲ 两点的正面投影 1′、3′ 位于圆锥的正面投影的外形轮廓线上，并由此可求出

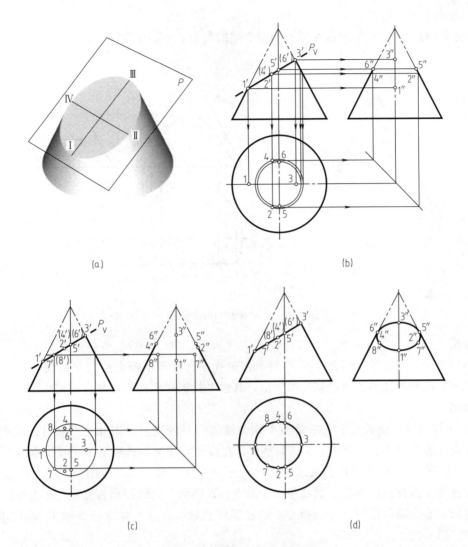

图 2-37 圆锥斜切的截交线

其水平投影 1、3 及侧面投影 1″、3″。Ⅱ、Ⅳ两点的正面投影位于 $1'3'$ 的中点处，并重影为一点 $2'(4')$。为了作出Ⅱ、Ⅳ的其他投影，可在圆锥表面上过Ⅱ、Ⅳ两点作一平行于水平投影面的圆，并画出该圆的三面投影，则Ⅱ、Ⅳ的投影必在该圆的同面投影上，因此即可求出 2、4 和 2″、4″。

正面投影中 $1'3'$ 与轴线的交点 $5'(6')$ 即为截交线与圆锥最前、最后素线的交点Ⅴ、Ⅵ的正面投影，由 $5'(6')$ 作水平线与圆锥侧面投影外形轮廓线相交得 5″、6″，进而可求得水平投影 5、6。

② 求一般点 一般点可用辅助圆法求出，如图 2-37(c) 所示，在正面投影上 $1'3'$ 范围内，适当位置作一水平线与圆锥正面投影的外形轮廓线相交于两点，以该两点间的距离为直径，在水平投影上以圆锥底圆圆心为圆心作圆，然后自正面投影水平线与 P_V 的交点向下作垂线与所作的圆相交，其交点 7、8 即为截交线上的点Ⅶ、Ⅷ的水平投影，其正面投影 $7'$ $(8')$ 与 P_V 重合。根据 $7'$、7 与 $8'$、8 求得 7″、8″。

③ 依次光滑地连接各点的同面投影，即可得到截交线的水平投影及侧面投影，如图 2-

37(d) 所示。

【例 2-10】 求作正平面截切圆锥的截交线的投影，如图 2-38 所示。

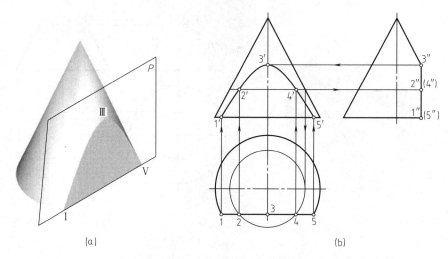

图 2-38 正平面截切圆锥的截交线

分析

如图 2-38(a) 所示，因截平面 P 与圆锥轴线平行，所以截交线为双曲线。又因截平面为正平面，故双曲线的正面投影反映实形，其水平投影和侧面投影具有积聚性。

作图

① 求特殊点 最低点Ⅰ、Ⅴ是截平面与圆锥底圆的交点，其水平投影 1、5 可直接求出，并由此可求得 $1'$、$5'$ 及 $1''$、$5''$。最高点Ⅲ在最前素线上，故根据 $3''$ 可直接求出 3 和 $3'$。

② 求一般点 可用辅助圆法求出，即在正面投影 $3'$ 和 $1'$、$5'$ 范围内，适当位置作一水平线与圆锥正面投影的外形轮廓线相交于两点，以该两点间的距离为直径，在水平投影上以圆锥底圆圆心为圆心作圆，它与截交线的积聚性投影（直线）相交于 2 和 4，据此求出 $2'$、$4'$ 及 $2''$、$4''$。

③ 依次光滑连接各点的正面投影，如图 2-38(b) 所示。

3. 圆球的截交线

平面截切圆球，不论截平面与圆球的相对位置如何，其截交线都是圆，而其投影则根据截平面对投影面的相对位置不同而不同。当截平面平行于某一投影面时，则截交线在该投影面上的投影为圆，在另外两投影面上的投影积聚为直线；当截平面垂直于投影面时，截交线在该投影面上积聚为一直线，另外两投影为椭圆；当截平面相对于投影面为一般位置时，则截交线的三个投影均为椭圆。

【例 2-11】 求作开槽半圆球的投影，如图 2-39 所示。

分析

如图 2-39(a) 所示，由于半圆球被两个对称的侧平面和一个水平面截切，所以两个侧平面与球面的截交线各为一段平行于侧面的圆弧，而水平面与球面的截交线为两段水平的圆弧，两个侧平面与水平面之间的两条交线均为正垂线。

作图

首先画出完整半圆球的三面投影，再根据槽宽和槽深尺寸依次画出正面、水平面和侧面

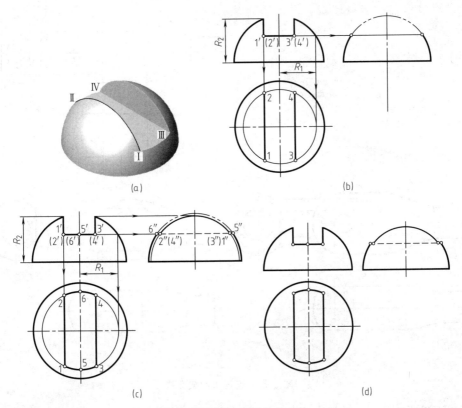

图 2-39　半圆球开槽的截交线

投影。作图的关键在于确定圆弧半径 R_1 和 R_2，具体做法如图 2-39(b)、(c) 所示。

作图时应注意以下两点。

① 因半圆球上平行侧面的圆素线被切去一部分，所以因开槽而产生的轮廓线（弓形面的圆弧线）在侧面的投影向内"收缩"，其圆弧半径如图 2-39(c) 所示。显然，槽越宽、半径 R_2 越小；槽越窄，半径 R_2 越大。

② 注意区分槽底侧面投影的可见性，因与圆柱槽底投影的分析方法相同，故不再赘述。

三、综合举例

实际机件常由几个回转体组合而成，求这类机件的截交线时，只要分清构成机件的各回转体的形状、截平面与被截切的各回转体的相对位置，就可弄清每个回转体上截交线的形状及各段截交线之间的关系。然后逐个求出截交线的投影，并将各段截交线连接起来，即可完成作图。

【例 2-12】　求作连杆头的投影，如图 2-40 所示。

分析

如图 2-40(a) 所示，连杆头是由同轴的小圆柱、圆锥台、大圆柱及半球组成，并且前、后被两个与轴线对称的正平面截切，所产生的截交线是由双曲线（平面与圆锥台的截交线）、两条平行直线（平面与圆柱面的截交线）、及半个圆（平面与圆球的截交线）组成的封闭平面图形。由于截平面是正平面，所以整个截交线的水平投影和侧面投影积聚为直线，因此只需求出截交线的正面投影即可。

作图

① 求特殊点　根据水平投影和侧面投影，可求得截交线上Ⅰ、Ⅱ、Ⅲ、Ⅳ、Ⅴ五个特

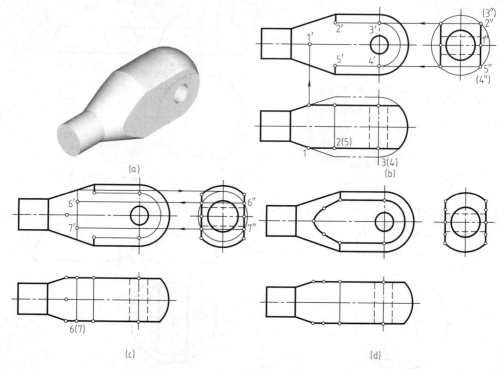

图 2-40　连杆头的截交线

殊点的正面投影 $1'$、$2'$、$3'$、$4'$、$5'$。

② 求一般点　用辅助圆法求出一般 Ⅵ、Ⅶ 的正面投影 $6'$、$7'$。

③ 将各点的正面投影依次光滑地连接起来，即为所求截交线的正面投影，如图 2-40(d) 所示。

第八节　轴测投影（GB/T 4458.3—2013）

正投影图准确、完整地表达了物体的真实形状，且作图简单，但缺乏立体感。因此，工程上常采用富有立体感的轴测图作为辅助图样。

一、轴测投影的基本知识

1. 基本概念

（1）轴测投影　将物体连同其直角坐标系，沿不平行于任一坐标面的方向，用平行投影法将其投射在单一投影面上所得到的图形，称为轴测投影（或轴测图）。如图 2-41(a) 所示，单一投影面 P 称为轴测投影面。

将投影结果摆正后，如图 2-41(b) 所示。由于轴测投影能同时反映出物体的长、宽、高三个方向的形状，所以具有立体感。

（2）轴测轴　空间直角坐标系中的三根直角坐标轴 OX、OY、OZ 在轴测投影面上的投影 O_1X_1、O_1Y_1、O_1Z_1，称为轴测轴。

（3）轴间角　轴测投影中，任意两根直角坐标轴在轴测投影面上的投影之间的夹角，称为轴间角。

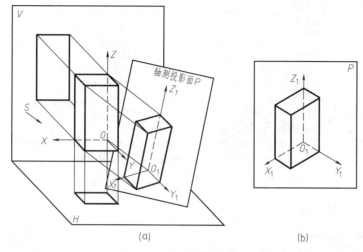

图 2-41　轴测投影的形成

（4）**轴向伸缩系数**　直角坐标轴的轴测投影的单位长度与相应直角坐标轴上的单位长度的比值，称为轴向伸缩系数。OX、OY、OZ 轴上的轴向伸缩系数分别用 $p1$、$q1$、$r1$ 表示。为了便于绘图，常把轴向伸缩系数简化，分别用 p、q、r 表示。

2. 轴测图的基本性质

① 物体上与坐标轴平行的线段，它的轴测投影必与相应的轴测轴平行。

② 物体上相互平行的线段，它们的轴测投影也相互平行。

3. 轴测投影的种类

轴测投影分为正轴测投影和斜轴测投影两类。用正投影法得到的轴测投影称为正轴测投影；用斜投影法得到的轴测投影称为斜轴测投影。常用的有正等轴测投影（正等轴测图）和斜二等轴测投影（斜二轴测图）两种。

二、　正等轴测图的画法

将物体连同它的三根坐标轴放置成与轴测投影面具有相同的夹角，然后用正投影法向轴测投影面投射，得到的轴测图称为正等轴测图，简称正等测。

1. 正等轴测图的轴间角、轴向伸缩系数

在正等轴测图中，空间直角坐标系的三根投影轴与轴测投影面的倾角都是 $35°16'$，投射以后所成的三个轴间角相等，都是 $120°$，三根轴的轴向伸缩系数相等，都是 0.82。

为作图方便，常取简化的轴向伸缩系数，即 $p=q=r=1$。作图时，凡平行于坐标轴的线段，可按线段的实际长度量取。采用简化的轴向伸缩系数画成的正等测图比实际投影的尺寸略大，但形状没有改变。

画正等测轴测轴时，通常将 O_1Z_1 轴画成铅直位置，使 O_1X_1、O_1Y_1 轴画成与水平线成 $30°$。如图 2-42 所示。

2. 正等轴测图的画法

坐标法是画正等测的基本方法。作图时，先将坐标轴建立在物体合适的位置并画出轴测轴，再按立体表面上各点的坐标画出轴测投影，最后分别连线完成轴测图。

【例 2-13】　求作正六棱柱的正等测，如图 2-43 所示。

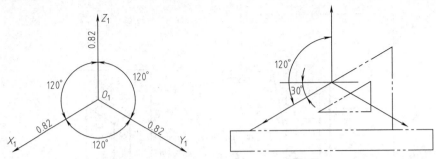

图 2-42 正等测图的轴间角、轴向伸缩系数

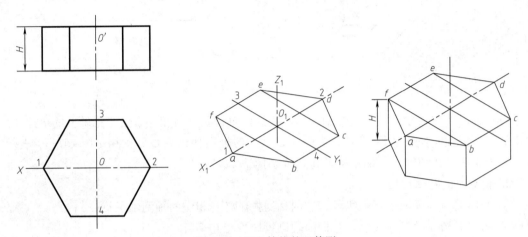

图 2-43 正六棱柱的正等测

分析

由于正六棱柱的前后、左右对称，可将坐标原点建立在上表面正六边形的中心，这样便于根据各点坐标画出正六边形的轴测投影。

作图

① 在视图中定坐标原点 O 及坐标轴 OX、OY、OZ；

② 作出轴测轴 O_1X_1、O_1Y_1；

③ 用各点坐标画出上表面六边形的轴测图 $abcdef$；

④ 由 $abcdef$ 各点分别沿 O_1Z_1 轴方向量取高度，得下表面六边形各点的轴测图；

⑤ 用粗实线依次连接各可见点，擦去多余图线。

【例 2-14】 求作垫块的正等测，如图 2-44 所示。

分析

该形体可用方箱法作图，即借助一个长方体来画轴测图。该形体可看成是由一个长方体经正垂面在左上角切割后，再由铅垂面切去左前角而成。注意：对于和坐标轴不平行的线段，画轴测图时不能从正投影图中直接量取，需按坐标定出两端点，然后连线而成。

作图

① 在视图中确定坐标原点及坐标轴；

② 根据长、宽、高尺寸画出长方体的正等测；

③ 画出斜面平行四边形；

④ 画出铅垂面四边形；

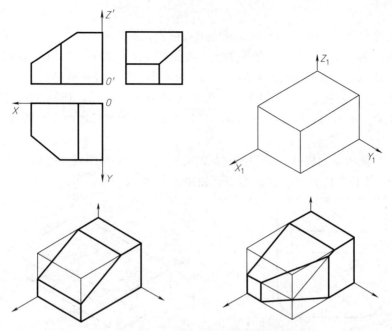

图 2-44　垫块的正等测

⑤ 擦去多余线条并描深。

【**例 2-15**】　求作圆柱的正等测，如图 2-45 所示。

分析

图中圆柱体的轴线垂直于 H 面，上顶面和下底面都是水平面。圆的正等测图是两个大小相等的椭圆。两椭圆的中心距即柱高，作出两椭圆的公切线即为圆柱的正等测。

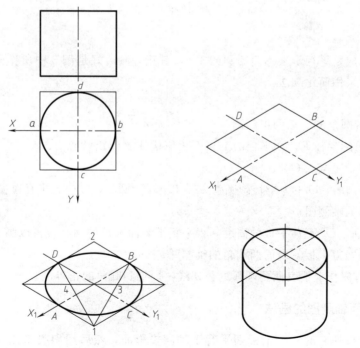

图 2-45　圆柱的正等测画法

作图

① 确定坐标原点 O，使其在上顶面圆的中心位置，圆的中心线即为 OX、OY 轴；

② 作出轴测轴 O_1X_1、O_1Y_1，按圆的直径在轴测轴上截取 A、B、C、D 点；

③ 过 A、B、C、D 点分别作 O_1X_1、O_1Y_1 轴的平行线，得一菱形；

④ 分别以 1、2 为圆心，以 $1B$ 和 $2A$ 为半径画两个大圆弧；连接 $1B$、$1D$、$2A$、$2C$，在菱形长对角线上得 3、4，以 3、4 为圆心，以 $3B$ 和 $4D$ 为半径画两个小圆弧，即为上顶圆的轴测椭圆。

⑤ 作出下底圆的轴测椭圆，并作两椭圆的公切线，擦去作图线，描深。

【例 2-16】 求作带圆角平板的正等测，如图 2-46 所示。

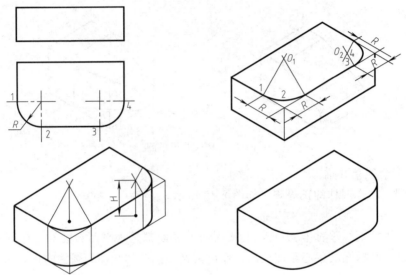

图 2-46　圆角的正等测的画法

分析

该圆角可看成是平行于坐标面的圆的 1/4，其正等测恰好是例 3 中所作椭圆的四段圆弧中的一段，通常采用简化画法。

作图

① 作出不带圆角的平板的正等测；

② 根据圆角的半径 R，在平板的上表面相应棱线上作出切点 1、2、3、4；过切点分别作相应边的垂线，得交点 O_1、O_2；

③ 以 O_1 为圆心，$O_1 1$ 为半径画圆弧 12；以 O_2 为圆心，$O_2 3$ 为半径画圆弧 34，即为平板上表面两圆角的轴测图；

④ 将圆心 O_1、O_2 下移平板的高度，得平板下表面圆角的圆心，再以画上表面两圆弧相同的半径画圆弧，得平板下表面两圆角的轴测图；

⑤ 在平板右端作上下表面两圆弧的公切线，即得到圆角的正等测。

三、斜二等轴测图的画法

将物体放置成使它的一个坐标面平行于轴测投影面，然后用斜投影法向轴测投影面投射，得到的轴测图称为斜二等轴测图，简称斜二测。

1. 斜二测图的轴间角、轴向伸缩系数

斜二测图的轴间角 $\angle X_1 O_1 Z_1 = 90°$，$\angle X_1 O_1 Y_1 = \angle Y_1 O_1 Z_1 = 135°$，轴向伸缩系数 $p = r = 1$，$q = 0.5$，如图 2-47 所示。

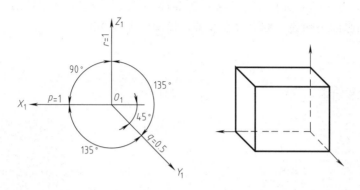

图 2-47　斜二测图的轴间角、轴向伸缩系数

2. 斜二测图的画法

在斜二测图中，由于 X、Z 轴的轴向伸缩系数为 1，因此，物体上凡平行于 XOZ 坐标面的线段和图形均反映实长和实形，所以当物体上有较多的圆或圆弧平行于 XOZ 坐标面时，采用斜二测作图比较简单方便。

【例 2-17】 求作支架的斜二测图，如图 2-48 所示。

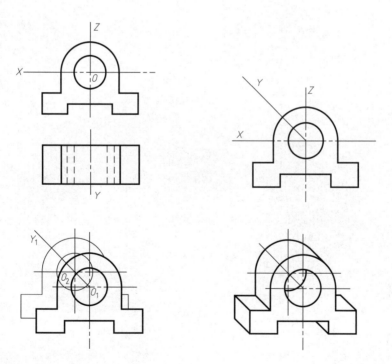

图 2-48　支架的斜二测画法

分析

支架的前后端面平行于 XOZ 坐标面，采用斜二测作图反映正面的实形，作图方便。

作图

① 确定坐标原点 O 在前端面圆心位置，圆的中心线即为 OX、OY 轴；

② 作出轴测轴，并画出前端面的实形；

③ 将圆心 O_1 沿 O_1Y_1 轴的方向后移 $y/2$ 得 O_2，以 O_2 为圆心画出后端面的实形；

④ 作出两圆弧的公切线，擦去多余线条，描深，完成全图。

第三章 组合体

由两个或两个以上的基本形体经过组合而得到的物体，称为组合体。本章着重讨论组合体的分析方法、绘图方法、尺寸注法和读图方法。

第一节 组合体的形体分析

一、形体分析法

物体无论多么复杂，仔细分析都可以看成是由若干个基本形体经过组合而成的。如图3-1(a) 所示支承座，可看成是由空心圆柱、支承板、肋板和底板四部分组成的，如图3-1(b) 所示。画图时，可将组合体分解成若干个基本形体，然后按其相对位置和组合形式逐个画出各基本形体的投影，最后综合起来就得到整个组合体的三视图。这样就把一个复杂的问题分解成几个简单的问题来解决，即"先分后合"。这种将物体分解成若干个基本体或简单形体，并搞清它们之间组合形式和表面连接关系的方法，称为形体分析法。

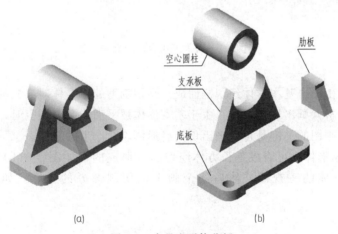

(a)   (b)

图 3-1 支承座形体分析

形体分析法是绘制和读组合体视图并进行尺寸标注的基本方法。

对组合体的形体分析，一方面要搞清组合体由哪几部分组成，另一方面还要搞清各形体之间组合的形式、相对位置以及相邻两形体间的表面连接关系。

二、组合体的组合形式

组合体包括叠加和切割两种形式。因此组合体可分为叠加型、切割型以及既有叠加又有切割的综合型。

1. 叠加型

叠加型组合体由简单形体叠加而成。画叠加型的组合体时，应按照形体的主次和相对位置，逐个地画出每一部分形体的三视图，叠加起来就可得到整个组合体的三视图，如图 3-2 所示。

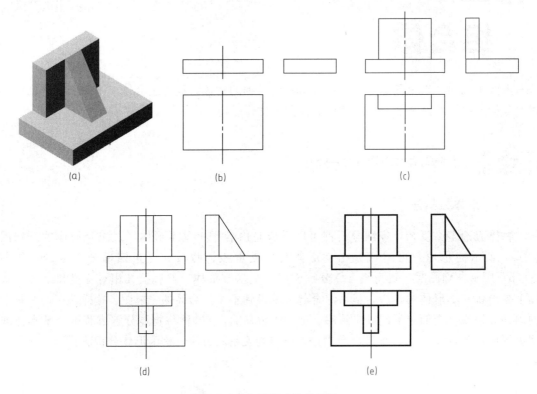

图 3-2   叠加型组合体的画法

2. 切割型

切割型组合体由一个基本形体经切割而成。画切割型的组合体时，先画出切割前的基本形体，然后逐一分析并画出切割部分。由于基本形体被平面或曲面切割时，表面会产生各种形状的交线，所以画图的关键是正确画出切割后形体表面产生的交线。

图 3-3（a）所示形体，可看成是长方体经切割而形成的，如图 3-3（b）所示。画图时，可先画出完整长方体的三视图，然后逐个画出被切割部分的投影，如图 3-3（c）～（e）所示。

3. 综合型

多数组合体由若干形体叠加而成，而这些形体又是在基本形体的基础上切割而成的，其组合形式既有叠加又有切割，属于综合型。画这类组合体时，一般先按叠加型组合体画出各基本形体的投影，然后再按切割型组合体的画法对各基本形体进行切割，如图 3-4 所示。

三、 形体表面的连接关系

分析组合体的组合关系，要搞清相邻两形体间表面的连接关系，这样有利于分析并正确画出连接处两形体分界线的投影，做到不多线、不漏线。形体之间的表面连接关系可分为平

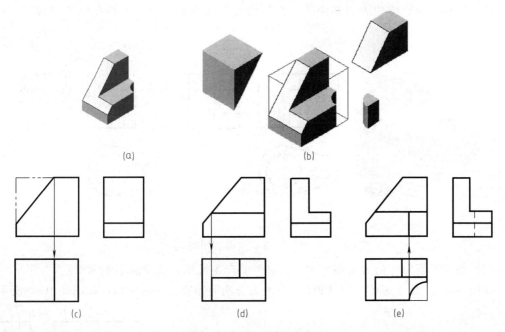

(a)

(b)

(c)   (d)   (e)

图 3-3 切割型组合体的画法

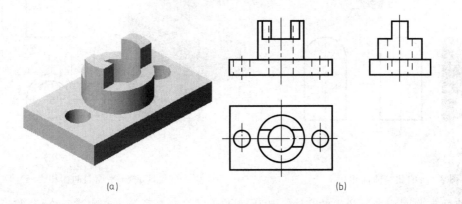

(a)   (b)

图 3-4 综合型组合体的画法

齐、不平齐、相切和相交等。

（1）平齐 当两形体的表面平齐时，两形体之间不应该画线，如图 3-5 所示。

必须注意，用形体分析法画组合体三视图时，对组合体进行的分解是假想的，画图时一定要从整体出发，分解出来的各形体的结合面在很多情况下实际上是不存在的。

（2）不平齐 当两基本形体的表面不平齐时，两形体之间应有线隔开，如图 3-6 所示。

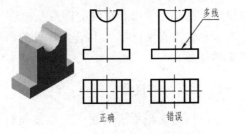

正确   错误

图 3-5 表面平齐图

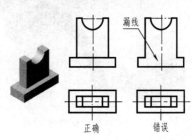

正确   错误

图 3-6 表面不平齐

（3）相切 两形体的表面相切时，在相切处二面光滑过渡，不存在分界轮廓线。如图 3-7 和图 3-8 所示。

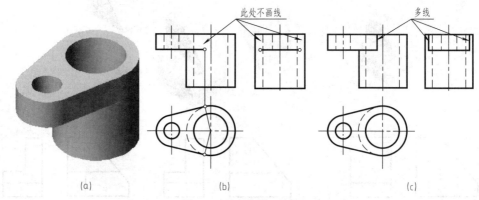

图 3-7 平面与曲面相切

（4）相交 两形体的表面相交时，相交处必产生交线，此交线必须画出。

如图 3-9(a) 所示形体，图 3-9(b) 为平面与曲面相交，交线的画法如图 3-9(c) 所示。

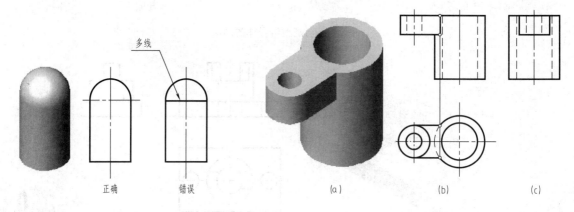

图 3-8 曲面与曲面相切   图 3-9 平面与曲面相交

曲面与曲面相交所产生的交线一般比较复杂，将在本章第二节中进行专门讨论。

第二节 相 贯 线

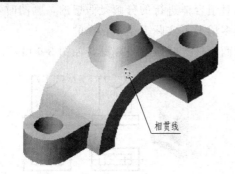

图 3-10 相贯线

两形体相交，又称为相贯。两形体表面上产生的交线称为相贯线。实际零件上常常会遇到形体相贯的情形，如图 3-10 所示。要正确画出相贯线的投影，就必须掌握相贯线的性质及画法。

本节只讨论在实际零件上最为常见的两回转体相交的问题。

一、 相贯线的性质

由于两回转体相交的形状、大小及相对位置不同，所以相贯线的形状也不相同，但所有相贯线都具有下列基本性质。

① 相贯线是两回转体表面的共有线，也是两回转体表面的分界线，所以相贯线上的点是两回转体表面的共有点。

② 相贯线一般为封闭的空间曲线，在特殊情况下可能是平面曲线或直线。

二、 相贯线的画法

根据相贯线是两回转体表面共有线的性质，求相贯线的问题，实质上是求作相交两回转体表面上一系列共有点的问题。只要作出一系列共有点的投影，并依次将各点的同面投影连接成光滑曲线，即为所求的相贯线的投影。

1. 利用投影的积聚性求相贯线

两圆柱的轴线垂直相贯，当它们的轴线分别垂直于某一投影面时，相贯线的两面投影具有积聚性，此时可根据点的投影规律求出共有点的第三面投影，就是说，可利用投影的积聚性直接作图。

【**例 3-1**】 两圆柱正交，求作相贯线的投影。

分析

小圆柱的轴线垂直于水平面，大圆柱的轴线垂直于侧面，两圆柱的相贯线为封闭的空间曲线。因为相贯线是两圆柱表面上的共有线，所以相贯线的水平投影必重影在小圆柱的水平投影圆上，相贯线的侧面投影必重影在大圆柱的侧面投影的一段圆弧上。因此，只需求出相贯线的正面投影。因相贯线前后、左右均对称，所以其正面投影为左右对称、前后重合的一段曲线。

作图

（1）求作特殊点　特殊点是决定相贯线的投影范围及其可见性的点，它们主要在外形轮廓线（特殊位置素线）上。如图 3-11 所示，相贯线的正面投影应由最左、最右及最高、最低点决定其范围。由水平投影可知，1、2 两点是最左、最右点Ⅰ、Ⅱ的投影，它们也是两圆柱正面投影外形轮廓线的交点，可由 1、2 对应求出 1″、（2″）及 1′、2′；这两点也是最高点。由侧面投影可知，小圆柱的侧面投影外形轮廓线与大圆柱表面的交点 3″、4″是相贯上的最前、最后（也是最低）点Ⅲ、Ⅳ的投影，由 3″、4″对应求出 3、4 及 3′、（4′）。

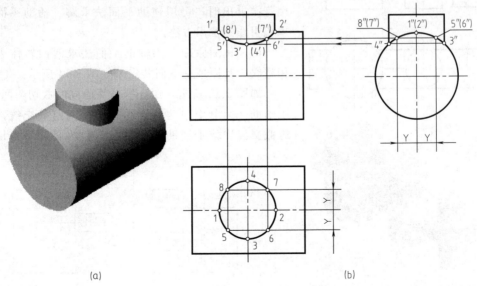

(a)　　　　　　　　　　　　　(b)

图 3-11　利用积聚性求相贯线

（2）求作一般点　一般点决定曲线的伸展趋势。在小圆柱的水平投影上任取对称点5、6、7、8，求出其侧面投影5″、（6″）、（7″）、8″，再求出正面投影5′、6′、（7′）、（8′）。

（3）连线　依次光滑连接各点的正面投影，即得相贯线的正面投影。

连线时要在分析可见性、对称性的基础上，按照各点的相邻顺序连接。并要注意两圆柱原有轮廓素线在相贯后所产生的变化，如本例正面投影中大圆柱的最上素线在相贯范围内被"吃"掉了。

讨论

① 两圆柱正交相贯，在实际零件上十分常见。除了两外表面相贯之外，还有两内表面相贯和外表面与内表面相贯等情况，其相贯线的形状和画法都是相同的。如图3-12所示。

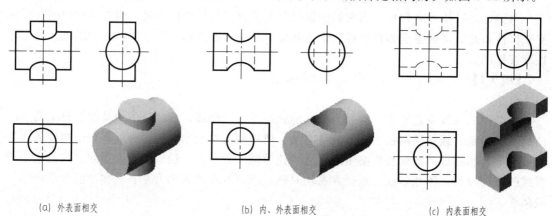

(a) 外表面相交　　　　　(b) 内、外表面相交　　　　　(c) 内表面相交

图3-12　两圆柱相贯的几种情况

② 当正交相贯两圆柱的直径相对变化时，相贯线的形状和弯曲方向也随之变化。如图3-13所示，相贯线总是弯向相对直径较大圆柱的轴线。

2. 用辅助平面法求相贯线

当两回转体的相贯线不能（或不便于）利用积聚性直接求出时，可用辅助平面法求解。辅助平面法是求相贯线的常用方法。

（1）作图原理　用辅助平面法求两回转体表面的相贯线，其原理是三面共点，如图3-14所示。

如图3-15所示，用一辅助平面同时截切两回转体，则辅助平面分别与两回转体相交得两组截交线，这两组截交线均位于辅助平面上，它们的交点即为相贯线

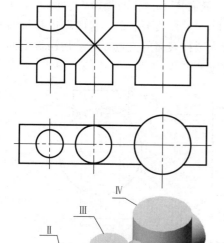

图3-13　相贯线的弯曲趋势

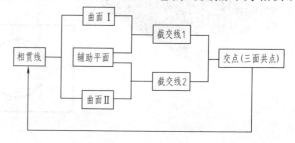

图3-14　三面共点原理

上的点。

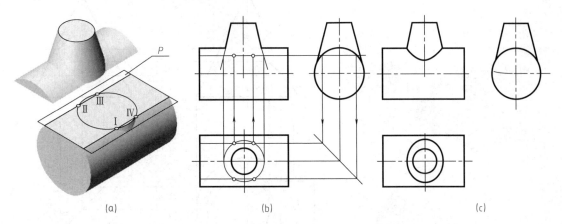

图 3-15　利用辅助平面法求相贯线

（2）辅助平面的选择原则　用辅助平面求相贯线时，为了作图简便，应选择特殊位置平面作为辅助平面，并使辅助平面截切两回转体的截交线为直线或圆。

（3）作图步骤

① 选取合适的辅助平面；

② 分别求作辅助平面与两回转体表面的截交线；

③ 求作两截交线的交点，并光滑连接。

【**例 3-2**】　圆柱与圆锥正交，求作相贯线的投影。

分析

圆柱与圆锥正交，其相贯线是前后对称的封闭空间曲线。圆柱的轴线垂直于侧立投影面，圆柱面的侧面投影积聚为圆，所以相贯线的侧面投影与该圆重合。正面投影和水平投影需要求作，正面投影中，相贯线的前半部分可见，后半部分不可见，前后重合为一开口曲线；水平投影中，相贯线的上半部分可见，下半部分不可见，共同构成一封闭曲线。由于圆锥的轴线垂直于水平投影面，因此应采用一水平面作为辅助平面。其与圆锥面的截交线为圆，与圆柱面的截交线为两条平行的直线，它们在水平投影面上，圆与两平行直线的交点即为相贯线上点的投影，如图 3-16 所示。

作图

（1）求作特殊点　如图 3-16 所示，在侧面投影的圆周上，可直接得到最高、最低点 Ⅰ、Ⅱ 两点的投影 $1''$、$2''$；其正面投影 $1'$ 和 $2'$ 可直接求出，从而可求出两点的水平投影 1、2。还可在侧面投影上直接得到最前、最后点 Ⅲ、Ⅳ 的投影 $3''$、$4''$，并过 Ⅲ、Ⅳ 作一水平面 R_V 作为辅助平面，可求出 3、4 和 $3'$、$(4')$。

（2）求作一般点　在适当的位置再作辅助水平面 P_V、T_V，可求出点 Ⅴ、Ⅵ、Ⅶ、Ⅷ 的水平投影 5、6、(7)、(8) 及正面投影 $5'$、$(6')$、$7'$、$(8')$。

（3）判别可见性，光滑连接各点的同面投影　由于相贯线前后对称，正面投影中 $1'$、$2'$ 是可见与不可见的分界点，所以前后两半的正面投影重合在一起，相贯线的正面投影画实线。而在水平投影中，3、4 是可见与不可见的分界点，圆柱面的上半部分和圆锥面都是可见的（被圆柱遮住的部分圆锥面不可见）。因此，相贯线的水平投影以 3、4 点为界，圆柱下面部分不可见画虚线，其余画实线。还要注意，水平投影中圆柱的最前素线和最后素线应分别画到 3、4 点处与相贯线相接。

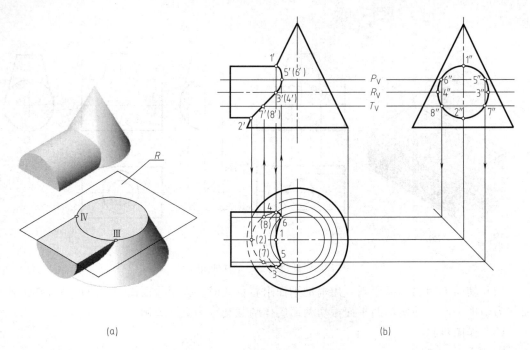

图 3-16 圆柱与圆锥正交

3. 相贯线的简化画法

为了简化作图，国家标准规定了相贯线的简化画法。

（1）用圆弧代替非圆曲线　不等径两圆柱正交，其相贯线的投影可以用较大圆柱半径为半径画一段圆弧来代替，如图 3-17 所示。当两圆柱的直径相等或非常接近时，不能采用这种方法。

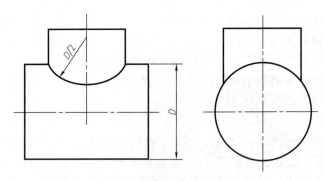

图 3-17 相贯线的近似画法

（2）用直线代替非圆曲线　在不致引起误解时，可用直线代替曲线，以简化作图，如图 3-18 所示。

（3）采用"模糊画法"表示相贯线　圆柱与圆台相贯，只要求在图样上将相贯体的形状、大小和相对位置清楚地表示出来即可，相贯线会在生产过程中自然形成。这种简化法既真实，又模糊，可以满足生产实际中的设计要求，如图 3-19 所示。

三、 相贯线的特殊情况

两回转体相贯，在一般情况下其相贯线为封闭的空间曲线，但在特殊情况下，也可能是

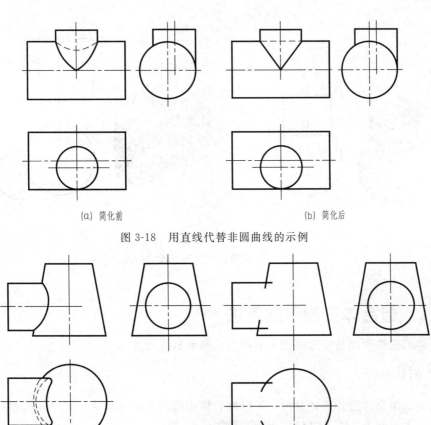

（a）简化前　　　　　　　　　　　（b）简化后

图 3-18　用直线代替非圆曲线的示例

（a）简化前　　　　　　　　　　　（b）简化后

图 3-19　相贯线的模糊画法示例

平面曲线或直线。

（1）相贯线为椭圆　两个等径圆柱正交，相贯线变为平面曲线（椭圆），如图 3-20 所示。这时相贯线的正面投影积聚为与水平成 $45°$ 的直线。

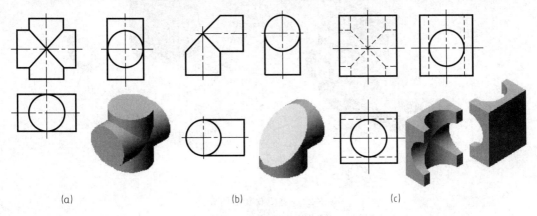

（a）　　　　　　　　　　　（b）　　　　　　　　　　　（c）

图 3-20　两等径圆柱正交

（2）相贯线为圆和直线　当两个相交的回转体具有公共轴线时，其相贯线为圆，如图 3-21（a）所示。当两圆柱轴线平行相交时，相贯线为两条直线段，如图 3-21（b）所示。

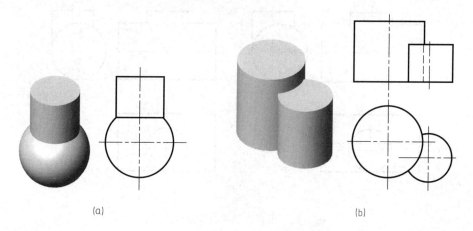

(a)   (b)

图 3-21   相贯线为圆和直线的情况

第三节   组合体三视图的画法

组合体的三视图画法一般可按下面的方法和步骤进行。

一、 形体分析

首先应对组合体进行形体分析，了解组合体由哪些基本体组成，它之间的相对位置、组合形式以及表面间连接关系怎样，为画三视图做好准备。

如图 3-22（a）所示的支架，是既有叠加、又有切割的综合型组合体，可看作是直立空心圆柱、底板、肋板和水平空心圆柱四个部分的叠加，如图 3-22（b）所示。每一部分又是在基本形体的基础上切割而成的。底板与直立空心圆柱相切，肋板叠加在底板之上与直立空心圆柱相交，水平空心圆柱与直立空心圆柱相贯，且两孔也贯通。

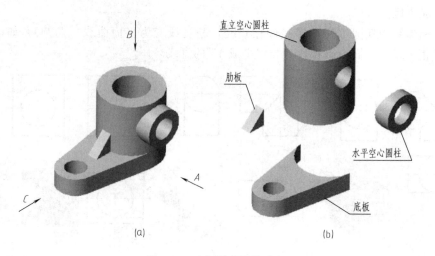

直立空心圆柱

肋板

水平空心圆柱

底板

(a)   (b)

图 3-22   支架及其形体分析

二、 选择主视图

在三视图中，主视图是最主要的一个视图，因此应选取最能反映形体特征的视图作为主视图。也就是把最能反映组合体形状和位置特征的那个方向，作为主视图的投射方向。同时应将组合体放正，以便使主要和多数面、线的投影具有真实性或积聚性。此外，还要兼顾使其他两个视图尽量避免虚线及便于图面布局。

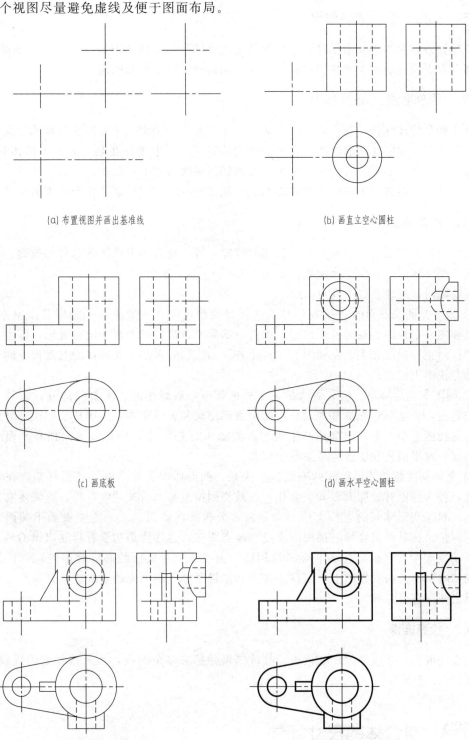

(a) 布置视图并画出基准线　　　　　　　　(b) 画直立空心圆柱

(c) 画底板　　　　　　　　　　　　　(d) 画水平空心圆柱

(e) 画肋板　　　　　　　　　　　　　(f) 检查、描深、完成全图

图 3-23　支架三视图的绘图步骤

如图 3-22 所示的支架,显然,选取 A 方向作为主视图的投射方向最佳,因为组成该支架的各基本形体及它们间的相对位置在此方向上表达最为清晰。

三、 确定比例, 选定图幅

根据物体的大小和复杂程度,按标准规定选择适当的比例和图幅。一般优先选择 1:1,图幅则要根据视图所占空间并留足标注尺寸和画标题栏的位置来确定。

四、 画基准线, 布置视图

首先确定物体在长、宽、高三个方向上的作图基准,画出三个方向上的基准分别在三个视图上的投影,视图在图面上的位置也就随之确定了。一般地,在某一方向上形体对称时,以对称面为基准,不对称时选一较大平面或回转体轴线为基准,如图 3-23(a) 所示。

布图时,应将视图匀称地布置在幅面上,视图间的空当应保证能注全所需的尺寸。

五、 绘制底稿

运用形体分析法,按照组合形式和相对位置,逐一地画出组合体各部分的投影,并正确处理相邻两形体间的表面连接关系,如图 3-23(b)～(e) 所示。

画底稿时,应注意以下几点。

① 为了保证视图间的“三等”关系并提高绘图速度,一般应逐一画出各个基本形体,而不是画完一个视图再画另一个视图。画每一部分时也最好三个视图配合着画,即主、俯视图上“长对正”的线和主、左视图上“高平齐”的线同时画出,而形体的宽度尺寸同时在俯视图和左视图上量出。

② 画图的先后顺序,应先画大的、主要的部分,后画小的、次要的部分。画某一部分时,先定位,后定形;先画基本轮廓,后画细部结构和表面交线;并应从反映该部分形状特征明显的视图入手,不一定都先画主视图。如图 3-23 所示支架中,直立圆柱和底板应从俯视图画起,水平圆柱和肋板应从主视图画起。

③ 要特别注意相邻形体间的表面连接关系。两形体间无论是叠加还是切割,在它们的结合处,各自的原有轮廓大多发生变化,如被切割掉或叠加后被“吃”掉,有时还有新的交线产生。对于两形体间的表面交线,必须深入分析并正确画出。总之要做到不漏画、不多画、不画错。这是画组合体三视图的重点和难点所在,也往往是初学者容易出错的地方。图 3-23 所示支架中,底板与直立空心圆柱相切,主视图上在底板的高度范围内,圆柱的最左素线被“吃”掉;而底板的上表面在主视图和左视图中所积聚成的直线应画到切点处,但与圆柱面之间没有分界线。

六、 检查描深

完成底稿后,必须经过仔细检查,修改错误并擦去多余图线,然后按规定的线型描深,如图 3-23(f) 所示。

第四节　组合体的尺寸标注

组合体的三视图,只能表达形体的结构和形状,其真实大小和各组成部分的相对位置,要通过图样上的尺寸标注来表达。标注组合体尺寸的基本要求是:正确、完整、清晰。

（1）正确　标注尺寸必须符合技术制图国家标准的规定。

（2）完整　应把组成组合体各形体的大小及相对位置的尺寸，不遗漏、不重复地标注在视图上。

（3）清晰　尺寸布置整齐清晰，便于读图。

一、尺寸种类

（1）定形尺寸　确定组合体各组成部分形状大小的尺寸。

如图 3-24（a）所示，确定直立空心圆柱的大小，应标注外径 $\phi72$，孔径 $\phi40$ 和高度 80 三个尺寸。底板、肋板和水平空心圆柱的定形尺寸如图 3-24（b）所示。

（2）定位尺寸　确定组合体各组成部分之间相对位置的尺寸。

如图 3-24（d）所示，直立空心圆柱与底板、肋板之间在左右方向的定位尺寸应标注 80 和 56，水平空心圆柱在上下方向的定位尺寸 28 以及前后方向的定位尺寸 48。

（3）总体尺寸　确定组合体外形总长、总宽、总高的尺寸。

一般情况下，总体尺寸应直接注出，但当组合体的端部为回转体时，一般不直接注出该方向的总体尺寸，而是由确定回转体轴线的定位尺寸加上回转面的半径尺寸来间接体现。图 3-24（d）中，支架的总高尺寸直接注出，而总长和总宽尺寸没有直接注出。

二、尺寸基准

所谓尺寸基准，就是标注尺寸的起点。由于组合体有长、宽、高三个方向的尺寸，所以每一个方向都应选择尺寸基准。一般选择组合体的对称平面、底面、重要的端面以及回转体的轴线等作为尺寸基准，如图 3-24（c）所示，支架的尺寸基准是：以直立空心圆柱的轴线为长度方向的基准；以前后对称面为宽度方向的基准；以底板、直立空心圆柱的底面为高度方向的基准。

确定了尺寸基准后，各方向上的主要定位尺寸应从相应的尺寸基准出发进行标注。但并非所有定位尺寸都必须以同一基准进行标注，为了使标注更清晰，可以另选其他基准。如图 3-24（d）所示，在高度方向上水平空心圆柱是以直立空心圆柱的顶面为基准标注的，这时通常将底面称为主要基准，而将直立空心圆柱的顶面称为辅助基准。

三、应注意的问题

为了保证所标注的尺寸清晰，除严格按照机械制图国标的规定外还需注意以下几个方面。

① 尺寸应尽量标注在反映各形体形状特征明显、位置特征清楚的视图上；同一形体的定形尺寸和定位尺寸应尽量集中标注，以便读图，如图 3-24（d）中，底板的多数尺寸集中注写在俯视图上，而水平空心圆柱的多数尺寸集中注写在左视图上。

② 尺寸应尽量标注在视图的外面，个别较小的尺寸宜注在视图内部。与两个视图有关的尺寸，应尽量标注在两视图之间。

③ 同轴回转体的直径尺寸，特别是多个同圆心的直径尺寸，一般应标注在非圆视图上。但圆弧半径尺寸必须标注在投影为圆弧的视图上。

④ 尽量避免在虚线上标注尺寸。

⑤ 尺寸线与尺寸界线，尺寸线或尺寸界线与轮廓线都应避免相交。相互平行的尺寸应按"小尺寸在内，大尺寸在外"的原则排列。

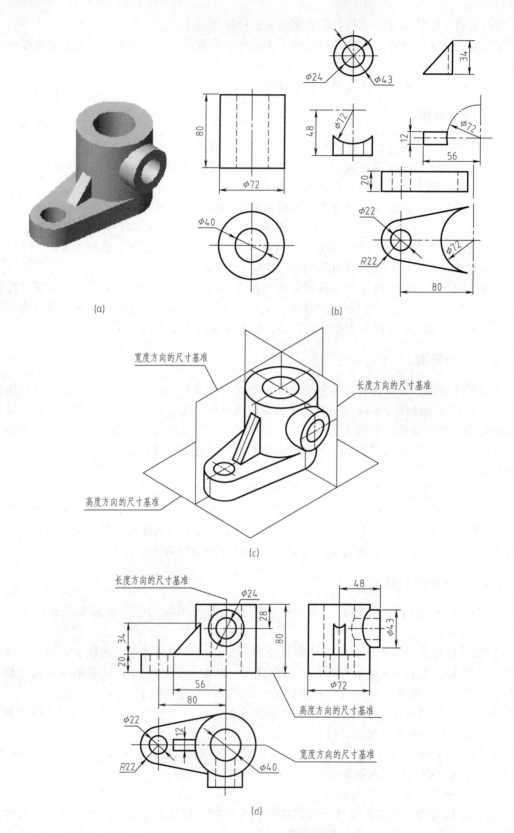

(a)

(b)

(c)

(d)

图 3-24 支架的尺寸基准分析

在标注尺寸时，有时会出现不能兼顾以上各点的情况，这时必须在保证尺寸标注正确、完整的前提下，灵活掌握，力求清晰。

四、 方法和步骤

标注组合体尺寸的基本方法是形体分析法。标注尺寸时，首先运用形体分析法确定每一形体应注出的定形尺寸、定位尺寸，选择好尺寸基准，然后逐一注出各形体的定形尺寸和定位尺寸，最后标注总体尺寸，并对已注的尺寸作必要的调整。具体方法和步骤参见表 3-1 轴承座尺寸标注示例。

表 3-1　轴承座尺寸标注示例

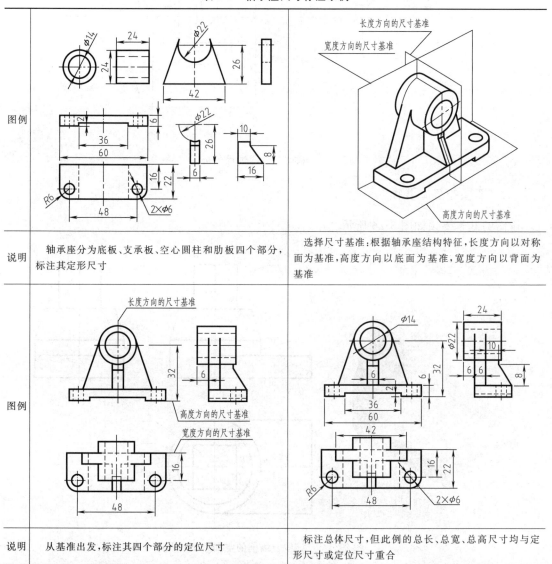

图例	
说明	轴承座分为底板、支承板、空心圆柱和肋板四个部分，标注其定形尺寸	选择尺寸基准：根据轴承座结构特征，长度方向以对称面为基准，高度方向以底面为基准，宽度方向以背面为基准
说明	从基准出发，标注其四个部分的定位尺寸	标注总体尺寸，但此例的总长、总宽、总高尺寸均与定形尺寸或定位尺寸重合

第五节　组合体视图的识读

画图是将空间物体用正投影法画成视图来表达物体形状的过程（从空间到平面），如图

3-25(a) 所示；而读图则是运用正投影原理，通过对各视图进行空间想象，使所表达的物体准确、完整地再现出来的过程（从平面回到空间），如图 3-25(b) 所示。看图时，要运用与画图相反的思维方法，在头脑中形成投射的原始空间状态。这就需要培养空间想象力和形体构思能力，同时还必须掌握读图的基本要领和基本方法，并通过实践，逐步提高读图能力。

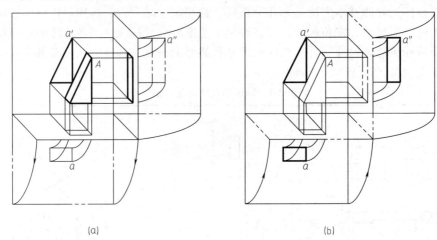

(a)　　　　　　　　　　　　(b)

图 3-25　画图与读图过程分析

一、 读图的基本要领

读图的基本要领如图 3-26 所示。

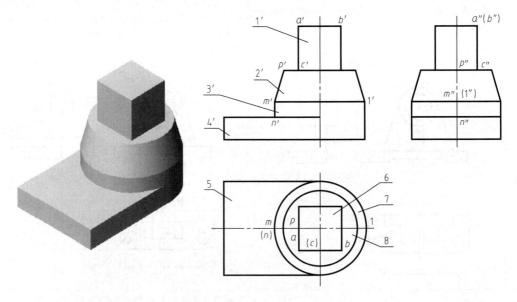

图 3-26　点、线、线框的空间含义

1. 要明确视图中点、线、线框的空间含义

（1）视图中的一个点

① 可表示形体上的某一点，如 p'、m' 等点。

② 可表示形体上的某一直线。这条直线是线段处于垂直于投影面位置时的积聚投影，如 $a(c)$、$a''(b'')$、$m(n)$ 等点。

（2）视图中的一条线（粗实线或虚线）

① 可表示形体上面与面的交线，如 $m'1'$。

② 可表示曲面的外轮廓素线。如 $p'm'$ 为圆锥面最左素线，$m'n'$ 为圆柱面最左素线。

③ 可表示形体上某一表面。如俯视图中四边形（线框 6）的各条边线表示四棱柱的四个侧面；圆与直线相切的线框 5 表示底板的上表面，在主视图中积聚为一条直线。

（3）视图中的一个封闭线框（由可见或不可见轮廓线围成）

① 表示形体上的平面，如 $1'$ 和 6 等线框。

② 表示形体上的曲面，如线框 $2'$ 和 7 分别表示圆锥台曲面的 V 面投影和 H 面投影。

③ 表示柱体或通孔各侧面的积聚投影，如线框 5 和 6。

④ 表示形体上曲面与曲面或曲面与平面相切的一个表面，如主视图中的 $3'$ 和 $4'$ 组成的线框。

（4）相邻的封闭线框　表示形体上位置不同的两个面（相交或错开），两个线框的公共边可能是两个面的交线，也可能是另外第三个面的积聚性投影。如线框 $2'$ 和 $3'$ 的公共边表示圆台面和圆柱面相交的交线；而线框 $1'$ 和 $2'$ 是相互错开的两个面，其公共边是另一个平面的积聚性投影。

（5）大线框内包围的小线框　表示在一个面上向外叠加而凸出或向内挖切而凹下的结构。如俯视图中包围在线框 8 中的线框 6 为向上凸起的柱体。

2. 要把几个视图联系起来进行分析

在不标注尺寸的情况下，一个视图不能确切表示物体的空间形状，读图时，要根据投影规律，将各视图联系起来看，而不要孤立地看一个视图。如图 3-27 所示，同一个主视图，可以理解为形状不同的许多形体。

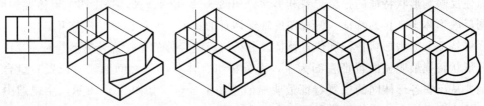

图 3-27　一个视图不能确切表示物体的形状

又如图 3-28 所示的两个三视图中，主、左视图完全相同，但它们却是不同物体的投影。因此，看图时必须把几个视图联系起来进行分析，才能正确地想象出该形体的形状。

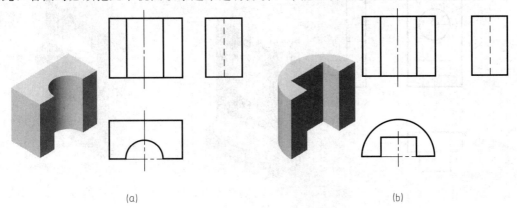

(a)　　　　　　　　　　　　　　　(b)

图 3-28　几个视图联系起来进行分析

3. 要善于寻找特征视图

特征视图是指反映形体的形状特征、位置特征最充分的视图。读图时，只要抓住特征视图，再配合其他视图，就能较快地将物体的形状想象出来。如图 3-28 所示，从图中可以看出俯视图是反映形状特征最充分的视图。

图 3-28 中形体的俯视图反映形状特征，而主、左视图的高度方向均为平行线，把这类形体称为柱状（或板状）形体。想象这类形体的形状时，可假想将特征视图拉出一定的厚度，称为"外拉法"。

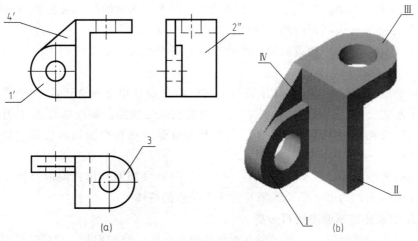

图 3-29　形状特征的分析

组合体每一组成部分的特征，并非总是集中在一个视图上。因此对每一部分，读图时要分别抓住反映其形状特征的投影想象其形状。如图 3-29 所示，物体是由四个形体叠加而成，主视图反映形体Ⅰ、Ⅳ的特征，俯视图反映形体Ⅲ的特征，左视图反映形体Ⅱ的特征。

形体特征又分为形状特征和位置特征。分析组成组合体的每一部分的形状时，要以反映该部分形状特征最明显的特征视图为主。而分析组合体各部分之间的相对位置和组合关系时，则要从反映各形体间的位置特征最明显的视图来分析。如图 3-30 所示，主视图中线框 $1'$ 和 $2'$ 反映了形体Ⅰ和Ⅱ的形状特征。这两个在同一个大线框中包围的小线框表示的结构，可能向前叠加而凸起、也可能向后挖切而凹进。显然，左视图反映其位置特征。

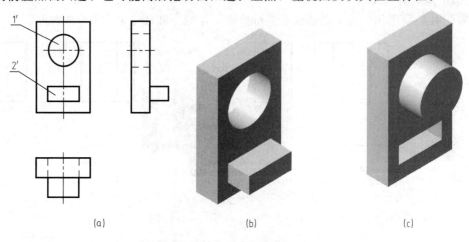

图 3-30　位置特征的分析

4. 要注意分析可见性

读图时，遇到组合体视图中有虚线时，要注意形体之间表面连接关系，抓住"三等"规律，认真仔细分析，判别其可见性。

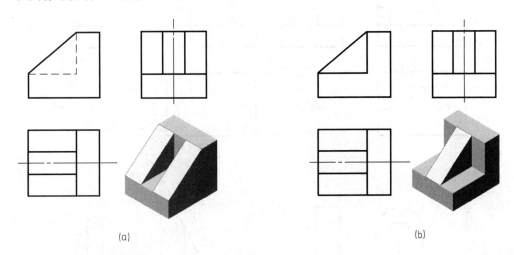

图 3-31 可见性分析

图 3-31(a) 的主视图中，三角肋板与底板及侧立板的连接是虚线，说明它们的前面平齐，因此，依据俯视图和左视图，可以肯定三角肋板前后各有一块。图 3-31(b) 的主视图中，三角肋板与底板及侧立板的连接是实线，说明它们的前面不平齐，因此，三角肋板是在底板的中间。

二、读图的基本方法

读组合体视图的方法有形体分析法和线面分析法，而形体分析法是最常用的和主要的方法。

1. 形体分析法

用形体分析法读图，一般从反映组合体形状特征的主视图入手，对照其他视图，初步分析出该组合体是由哪些形体以及通过什么连接关系形成的。然后按投影特性逐个找出各形体在其他视图中的投影，以确定各形体的形状和它们之间的相对位置，最后综合起来想象出组合体的整体形状。

下面以图 3-32(a) 所示三视图为例，具体说明用形体分析法读图的方法和步骤。

(1) 粗看视图，分离形体 首先粗略浏览组合体的三个视图，大致了解形体的基本特点。然后从反映形体特征，特别是反映各组成部分位置特征较明显的视图（一般是主视图）入手，将组合体分解为几个简单形体。

如图 3-32(a) 所示，从主视图上大致将组合体分为Ⅰ、Ⅱ、Ⅲ、Ⅳ四个线框，每一线框各代表一个简单形体。

(2) 对投影，想形状 对分解开来的每一线框，一般按照先主后次、先大后小、先易后难的次序，逐一地根据"三等"对应关系，分别找出它们在其他两视图上所对应的投影，然后结合各自的特征视图，运用"外拉法"逐一构思它们的形状。如图 3-32(b)～(e) 所示。

(3) 分析相对位置和组合关系，综合想象其整体形状 分析出各组成部分的形状后，再根据三视图分析它们之间的相对位置和组合形式，最后综合想象出该物体的整体形状。

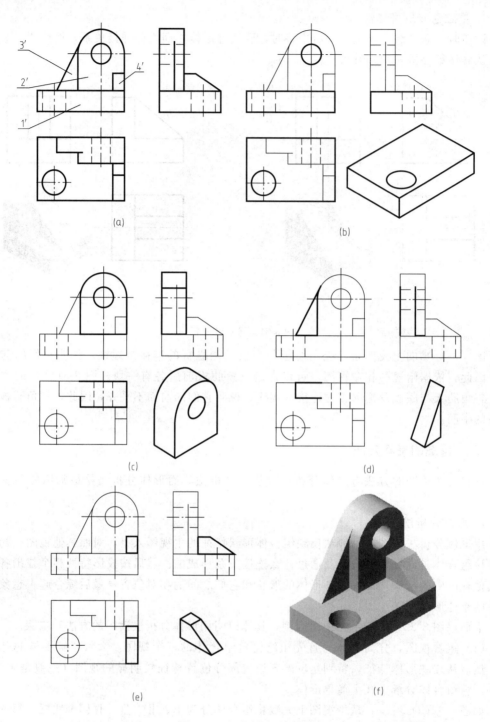

图 3-32　机座的读图方法

　　本例中，底板Ⅰ在下；形体Ⅱ叠加在它的上面，并且后、右端面平齐；形体Ⅲ叠加在Ⅰ的上面、Ⅱ的左面，后端面同时与Ⅰ、Ⅱ平齐，其上表面与Ⅱ上部圆柱面相切；形体Ⅳ叠加在Ⅰ之上、Ⅱ之前，右端面同时与Ⅰ、Ⅱ平齐。综合四部分的形状和相对位置，从而想象出物体的整体形状，如图 3-32(f) 所示。

2. 线面分析法

用线面分析法读图，就是运用投影规律，通过分析形体上的线、面等几何要素的形状和空间位置，最终想象出物体的形状。对于以切割型为主的组合体，读图时主要采用线面分析法。

下面以图 3-33(a) 所示三视图为例，说明用线面分析法读图的方法和步骤。

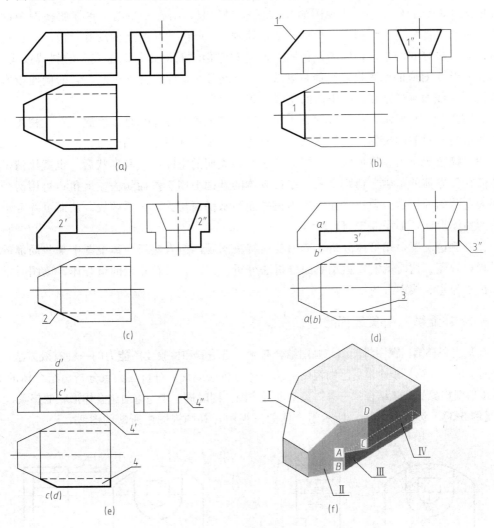

图 3-33 压块的读图方法

（1）粗看视图，确定物体的基本形状 虽然压块的三视图图线较多，但它们的外轮廓基本上都是矩形（只缺掉几个角），所以可以认为它是在长方体的基础上经多个面切割而成的。

（2）分析各表面及交线的空间位置 在一般情况下，视图中的一个封闭线框代表形体上一个面的投影，不同线框代表不同的面。根据这一规律，可从压块的三个视图上的每一个线框入手，按"三等"关系找出其对应的另外两投影，从而分析每一表面的空间位置。必要时还可进一步分析面与面的交线的空间位置。

如图 3-33(b) 所示，从俯视图的梯形框 1 看起，在主视图中找它的对应投影。由于在主视图上没有类似的梯形线框，所以它的正面投影只能对应斜线 1'。因此，Ⅰ面是垂直于正面的梯形平面。平面Ⅰ对侧面和水平面都处于倾斜位置，所以其侧面投影 1″ 和水平投影 1 是类似图形，不反映Ⅰ面的实形。

如图 3-33(c) 所示，从主视图的七边形框 2′ 看起。在俯视图中没有类似的七边形线框，所以它的水平投影只能对应斜线 2。因此，Ⅱ面是垂直于水平面的平面。长方体的左端就是由这样两个平面切割而成的。平面Ⅱ对正面和侧面都处于倾斜位置，因而侧面投影 2″ 也是一个类似的七边形。

如图 3-33(d) 所示，从主视图的长方形框 3′ 看起，结合左视图，它在俯视图中的对应投影不可能是虚线和实线围成的梯形，如果这样，c 点在主视图上就没有对应投影；也不可能是两条虚线之间的矩形，因为左视图上没有和它们"长对正、高平齐"的斜线或类似形。所以长方形 3′ 对应的水平投影只能是虚线 3。由此可知Ⅲ面平行于正面，它的侧面投影积聚为直线 3″。线段 a′b′ 是Ⅱ面和Ⅲ面的交线的正面投影。

如图 3-33(e) 所示，从俯视图由虚线和实线围成的直角梯形框 4 看起，在主视图和左视图中找出与它对应的投影，均积聚为水平直线，可知Ⅳ面是水平面。

（3）综合想象出整体形状　在搞清了压块各表面的空间位置和形状后，也就搞清了压块是如何在长方体的基础上切割来的。在长方体的基础上用正垂面切去左上角；再用两个铅垂面切去左端的前、后两角；又在下方用正平面和水平面切去前、后两块。从而可综合想象出压块的整体形状，如图 3-33(f) 所示。

在一般情况下，用形体分析法读图就能解决问题。但有些组合体视图中某些局部的复杂投影较难看懂，这时就需要运用线面分析法分析。因此，对较复杂的组合体，读图时常以形体分析法为主、线面分析法为辅。

三、 补漏线、 补第三视图

补漏线和补第三视图将读图与画图结合起来，是培养和检验读图能力的一种有效方法，一般可分两步进行：第一步应根据已知视图运用形体分析法或线面分析法大致分析出组合体的形状；第二步根据想象的形状结合"三等"关系进行作图，同时进一步完善对组合体形状的想象。

【**例 3-3**】　读图 3-34(a) 所示组合体的三视图，补画视图中所缺的图线。

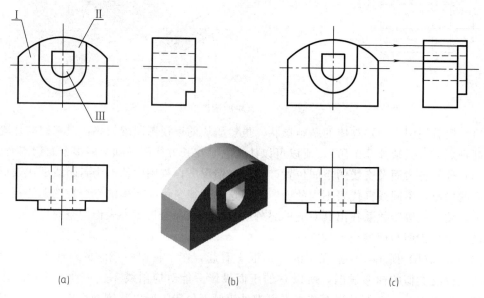

(a)　　　　　　　　　　(b)　　　　　　　　　　(c)

图 3-34　补画视图中所缺的图线

该形体是叠加与切割相接结合的组合体。通过分析可知，主视图上Ⅰ、Ⅱ、Ⅲ三个线框表示三个形体，都是在主视图上反映形状特征的柱状形体。Ⅰ在后，Ⅱ在前，两部分叠加而成，它们的上表面平齐，为同一圆柱面，左、右及下表面不平齐。Ⅲ则是在Ⅰ、Ⅱ两部分的中间从前向后挖切的一个上方下圆的通孔，如图 3-34(b) 所示。对照各组成部分在三视图中的投影，发现在左视图中Ⅰ、Ⅱ两部分的结合处有缺漏图线，这两部分顶部的圆柱面与两个不同位置的侧平面产生的交线也未画出。将漏线补上后如图 3-34(c) 所示。

【例 3-4】 已知组合体的主视图和俯视图，如图 3-35(a) 所示，补画左视图。

运用形体分析法分析主、俯视图，可知该组合体大致由底板和两块立板叠加而成，底板和二立板又各有切割，如图 3-35(b) 所示。

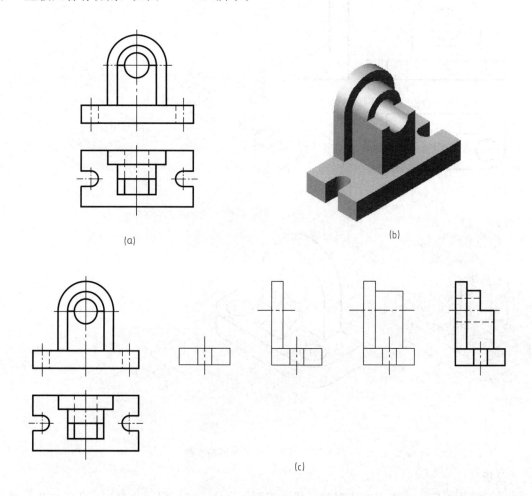

(a)　　　　　　　　　　　　　(b)

(c)

图 3-35　由已知两视图补画第三视图

补画左视图时也应按照形体分析法，逐一画出每一部分，最后检查描深，如图 3-35(c) 所示。

四、组合体的轴测图画法

读组合体视图时，借助于轴测图，可对读图起到帮助和检验作用。

对于切割型的组合体，先画出切割前的基本形体的轴测图，然后按其形成方式逐一地挖、切掉多余的部分，最终得到组合体的轴测图，这种方法称为切割法。

对于叠加型组合体，则按形体分析法先将组合体分解成若干部分，然后按其相对位置逐一地画出每一部分的轴测投影，最终得到组合体的轴测图。画每一部分时要特别注意两个问题，一是定位，即与已画部分的相对位置；二是对已画出部分的影响，原有很多轮廓线将被遮挡或被"吃"掉。

【例 3-5】 已知支座的三视图，如图 3-36(a) 所示，画出它的正等测图。

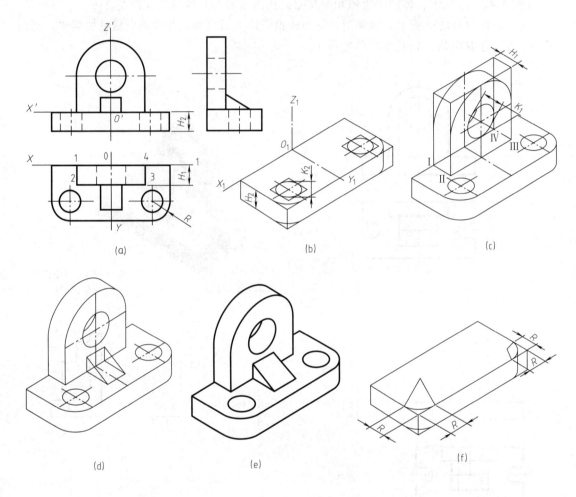

(a)　　　　　　　(b)　　　　　　　(c)

(d)　　　　　　　(e)　　　　　　　(f)

图 3-36　画支座正等测图的步骤

分析

从视图中可知，该支座左右对称，属叠加型组合体。作图时可先画出支座的底板，再加画立板和肋板即完成轴测图。

作图

① 定坐标轴，画出底板。按两圆孔的位置，画出两圆孔及圆角，如图 3-36(b) 所示。

② 画出立板上部两条椭圆弧和圆孔的轴测图。在底板上作出立板与底板的交点 1、2、3、4，分别过 1、2、3 向椭圆弧作切线，如图 3-36(c) 所示。

③ 画出肋板的轴测图，如图 3-36(d) 所示。

④ 擦去多余的图线，加深图线，即为支座的正等测图，如图 3-36(e) 所示。

为了迅速而正确地画出支座的轴测图，画图时应注意以下几点。

① 对于立板圆孔后及底板上圆孔下表面的底圆是否可见，将取决于孔径与孔深之间的关系。如立板上的孔深（即板厚）小于椭圆短轴，即 $H_1 < K_1$，则立板后面的圆部分可见；而底板上的圆孔，由于板厚大于椭圆短轴，即 $H_2 < K_2$，所以底圆为不可见。

② 画底板上两圆角的轴测图，其作图方法如图 3-36(f) 所示。

第四章

机件图样的画法

机件的结构形状是多种多样的，对于有些结构复杂的机件，仅用前面学过的三视图表达其内外结构形状，往往是不够的，还需要采用其他的表达方法。为此，国家标准《技术制图》、《机械制图》中规定了绘制机械图样的基本表示法：视图、剖视图、断面图等。要把机件的内外结构形状正确、完整、清楚、简练地表达出来，就必须根据机件的结构特点，灵活地选用适当的表达方法。

第一节 视图（GB/T 4458.1—2002）

用正投影的方法绘制出物体的图形，称为视图。视图主要用来表达机件的外部结构形状，一般仅画出机件的可见部分，必要时才用虚线表示其不可见部分。

视图分为基本视图、向视图、局部视图、斜视图四种。

一、基本视图

国家标准规定，采用六个互相垂直的投影面作为基本投影面，将物体分别向基本投影面投射所得的视图称为基本视图。如图 4-1 所示，基本视图的名称和投射方向规定如下：

主视图——由前向后投射所得的视图；

俯视图——由上向下投射所得的视图；

左视图——由左向右投射所得的视图；

右视图——由右向左投射所得的视图；

仰视图——由下向上投射所得的视图；

后视图——由后向前投射所得的视图。

六个基本投影面展开时，以正面为基准，其他投影面展开至与正面处于同一平面上，如图 4-1（a）所示。

六个基本视图按图 4-1（b）所示位置配置时，一律不注视图名称，它们仍保持"长对正、高平齐、宽相等"的投影规律。

二、向视图

基本视图按规定位置配置时，有时会给布置图面带来不便，因此，国标规定了一种可以自由配置的视图，称为向视图。

画向视图时，必须要进行标注，即在向视图的上方用大写的拉丁字母标出视图的名称，在相应的视图附近用箭头表示投射方向，并在箭头的附近注上相同的字母，如图 4-2 所示。

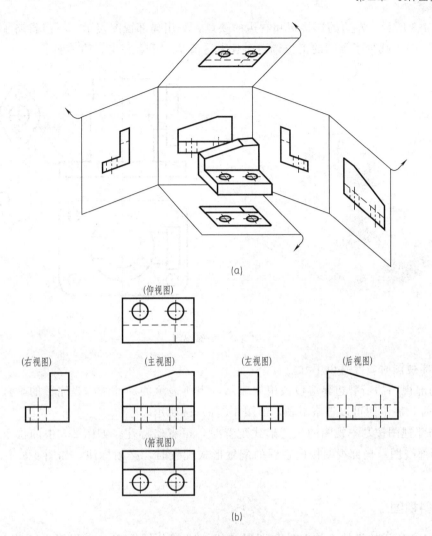

(a)

(b)

图 4-1 六个基本视图的形成与配置

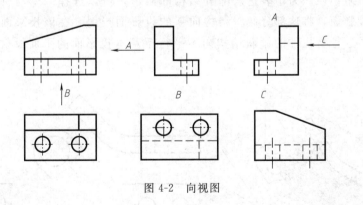

图 4-2 向视图

三、局部视图

当仅需表达物体上某一部分的结构形状时，可将该部分结构向基本投影面投射，这种将机件的某一部分向基本投影面投射所得的视图，称为局部视图。

如图 4-3 所示，左边的连接板和右边的缺口，采用局部视图表示，不但省略了复杂的左视图和右视图，减少了画图的工作量，而且表达清楚、重点突出、简单明了。

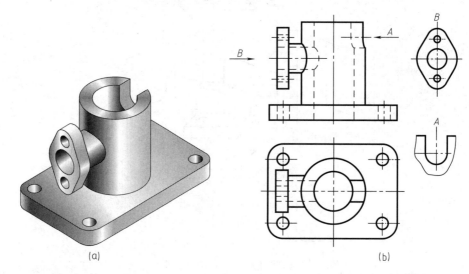

图 4-3 局部视图

画局部视图时应注意以下几点。

① 局部视图的断裂边界应以波浪线表示，当所表示的局部结构是完整的，且外形轮廓线成封闭时，波浪线可以省略不画，如图 4-3(b) 图所示。

② 局部视图按基本视图的配置形式配置时，可省略标注，如图 4-3 中的位于左视图处的 B 向局部视图；局部视图按向视图的配置形式配置时，必须标注，如图 4-3 中的 A 向局部视图。

四、斜视图

如图 4-4 所示的机件，其上具有倾斜结构，这部分结构在基本视图上不能反映实形，给画图和读图带来不便。为了表达该部分结构的实形，可以选择一个与机件上的倾斜结构平行的新的投影面，将这部分倾斜结构向新的投影面投射，在该投影面上即可得到倾斜结构的实形。这种将机件的倾斜结构向不平行于基本投影面的平面投射所得到的视图称为斜视图。

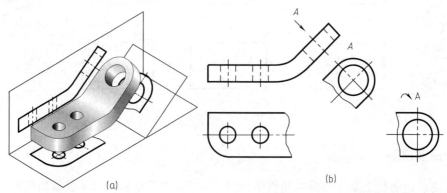

图 4-4 斜视图

画斜视图时应注意以下几点。

① 斜视图通常用于表达机件上倾斜部分的实形，而机件的其余部分不必画出，其断裂边界应用波浪线表示，如图 4-4 中 A 向视图所示。

② 斜视图一般按向视图的配置形式配置并标注，必要时，也允许将斜视图旋转配置，此时应在斜视图上方标注的视图名称前加注旋转符号，旋转符号为半径等于字体高度的半圆形，表示视图名称的字母应标注在旋转符号的箭头端，如图 4-4 所示；当需要标注图形的旋转角度时，应将旋转角度标注在字母之后。

第二节 剖视图

当机件的内部结构比较复杂时，视图中就会出现比较多的虚线，虚线过多，图形就会不清楚，给读图、绘图以及尺寸标注带来不便。为了清晰地表达机件的内部结构形状，国家标准规定可用剖视的表示方法。

一、剖视的概念及剖视图的画法

1. 剖视图的形成

假想用剖切面剖开机件，将处在观察者和剖切面之间的部分移去，将剩余部分向投影面投射所得的视图，称为剖视图，简称剖视。如图 4-5 所示。

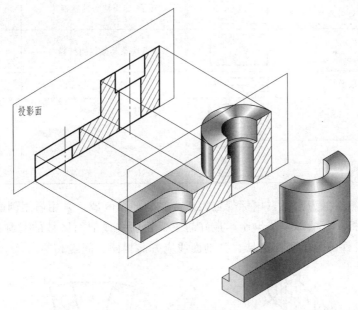

图 4-5 剖视图的形成

如图 4-6(a) 所示为视图表示法，图 4-6(b) 为剖视图表示法，主视图采用剖视图后，原来不可见的结构变成了可见，原有的虚线变成了实线，使图形更加清晰。

2. 剖面符号

为了区别机件的实体与内部的空结构，通常要在剖切面与机件的接触部分（即剖面区域）画出剖面符号，以增强剖视图形的表达效果，便于读图。国家标准规定的剖面符号见表 4-1 所列。

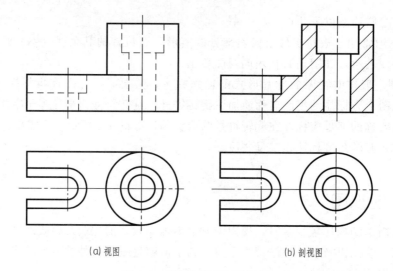

(a) 视图　　　　　　　　　　(b) 剖视图

图 4-6　视图与剖视图的区别

表 4-1　剖面符号（GB/T 4457.5—2013）

材料名称	剖面符号	材料名称	剖面符号
金属材料（已有规定剖面符号者除外）		线圈绕组元件	
非金属材料（已有规定剖面符号者除外）		转子、变压器等的叠钢片	
型砂、粉末冶金陶瓷、硬质合金等		玻璃及其他透明材料	
胶合板（不分层数）		格网（筛网、过滤网等）	
木材　纵剖面		液体	
木材　横剖面			

　　金属材料的零件最为常见，国标规定表示金属的剖面区域，采用通用剖面线，剖面线应以适当角度、互相平行的细实线绘制，最好与主要轮廓线或剖面区域的对称线成 45°，如图 4-7 所示。同一机件的各个剖面区域，其剖面线应方向相同、间隔相等。

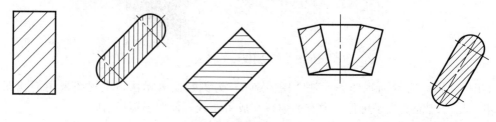

图 4-7　剖面线的方向

3. 画剖视图的注意事项

① 剖切是假想的，并不是真把机件切开并移去一部分，因此一个视图画成剖视图，其

他视图不受影响，仍应完整画出。

　　② 凡是剖切面后面的可见部分均应全部画出，不应遗漏。如图 4-8 所示。

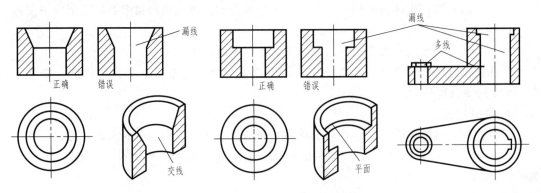

图 4-8　剖切面后面的可见部分不应遗漏

　　③ 剖视图中看不见的结构，若在其他视图中已表达清楚，则虚线应省略不画，如图 4-6 （b）所示。但对于尚未表达清楚的结构形状，若画出少量的虚线能减少视图的数量，可画出必要的虚线，如图 4-9 所示。

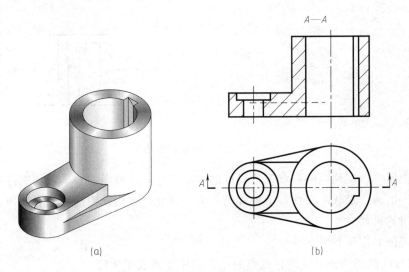

图 4-9　剖视图中可画出必要的虚线

4. 剖视图的标注方法

为便于读图，剖视图一般应进行标注，如图 4-9 所示，标注内容如下。

　　（1）剖切符号　在剖切面的起始、转折、终止处画出粗短线表示剖切位置。

　　（2）箭头　在剖切符号的两端画出箭头表示投射方向。

　　（3）字母　在剖视图的上方注写大写的字母表示剖视图的名称，并在箭头的附近注写相同的字母。

　　当剖视图按投影关系配置，中间没有其他图形隔开时，可省略箭头。

　　当单一剖切面通过机件的对称平面或基本对称平面，且剖视图按投影关系配置，中间没有其他图形隔开时，可省略标注。如图 4-9 所示，图中剖切面位于机件前后对称面（参看图 4-5），可省略标注。

二、剖视图的种类

根据剖切面剖切机件范围的大小，剖视图分为全剖视图、半剖视图和局部剖视图三种。

1. 全剖视图

用剖切面完全地剖开机件所得的剖视图，称为全剖视图。

全剖视图适用于表达外形比较简单，而内部结构比较复杂且不对称的机件。如图 4-5、图 4-9 中的主视图均为全剖视图。

2. 半剖视图

当机件具有对称平面时，向垂直于对称平面的投影面上投射所得的图形，可以对称中心线为界，一半画成剖视图，另一半画成视图，这种组合的图形称为半剖视图，如图 4-10 所示。

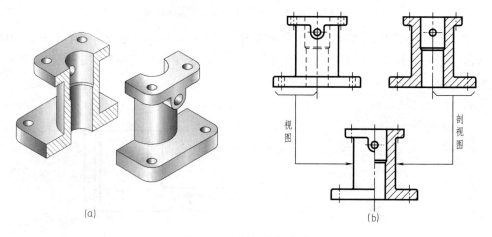

(a)   (b)

图 4-10 半剖视图的形成

在半剖视图中，用剖视的一半表达机件的内部结构，用视图的一半反映机件的外形，它既表达了机件的内部形状，又保留了机件的外形。因此，半剖视图适用于表达内、外结构都比较复杂的对称机件。

画半剖视图时应注意以下几点。

① 视图与剖视图的分界线应是细点划线，而不应画成粗实线。

② 机件的内部结构已在剖视的一半表达清楚，另一半表达外形的视图中一般不再画出虚线。

③ 半剖视图的标注与全剖视图的标注相同，如图 4-11 所示。

④ 当机件的形状接近对称，且不对称部分已有图形表达清楚时，也可画成半剖视图。如图 4-12 所示。

3. 局部剖视图

用剖切面局部地剖开机件所得的剖视图，称为局部剖视图。如图 4-13 所示。

局部剖视图主要用于表达机件的局部内部结构形状，或不宜采用全剖视图或半剖视图的场合。局部剖视图能同时反映机件的内、外结构形状，不受机件是否对称条件的限制，剖切位置、剖切范围可根据需要而定，是一种比较灵活的表达方法，因此应用非常广泛。

画局部剖视图时应注意以下几点。

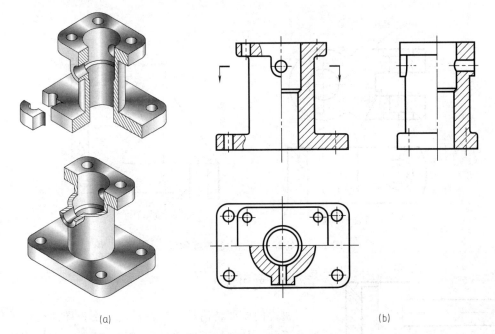

(a)　　　　　　　　　　　　　　　(b)

图 4-11　半剖视图的画法与标注

　　① 剖开部分与未剖开部分的分界线用波浪线表示，波浪线应画在机件的实体部分，不应超出图形的轮廓线，不应与其他轮廓线重合，也不应画在其他轮廓线的延长线上，如图 4-14 所示。

　　② 当被剖的局部结构为回转体时，允许将该结构的中心线作为局部剖视图与视图的分界线，如图 4-15 所示。

　　③ 当对称机件的轮廓线与中心线重合时，不便采用半剖视图，可采用局部剖视图，如图 4-16 所示。

　　当单一剖切平面的剖切位置明显时，局部剖视图可省略标注。

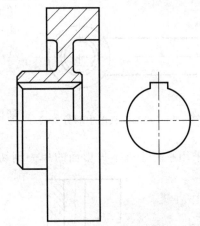

图 4-12　机件的形状接近对称可画
成半剖视图

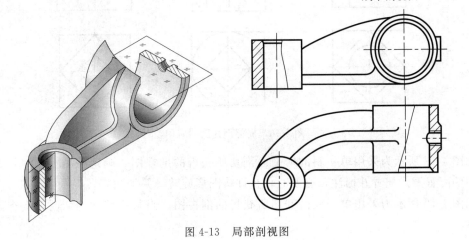

图 4-13　局部剖视图

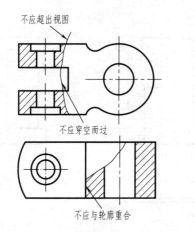

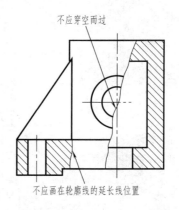

图 4-14　局部剖视图中波浪线的画法

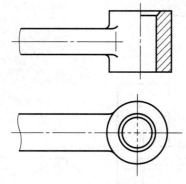

图 4-15　局部剖视图中的分界线

三、剖切方法

机件的内部结构是各种各样的，剖视图能否完整地表达其形状，与剖切面的选择是密切相关的。国标规定，剖切面共有三种，即单一剖切面、几个平行的剖切面和几个相交的剖切面，可根据机件结构的特点和表达的需要选用。

1. 单一剖切面

当机件的内部结构位于一个剖切面上时，可选用单一剖切面。单一剖切面有单一剖切平面和单一剖切柱面两种。

前面学习过的全剖视图、半剖视图、局部剖视图都是采用平行于基本投影面的单一剖切平面剖切而获得的剖视图。

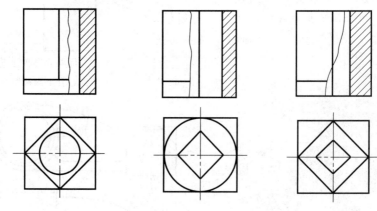

图 4-16　局部剖视图的应用

如图 4-17 所示为采用单一斜剖切平面剖切所获得的剖视图。画这种剖视图时，通常按向视图的配置形式配置并标注，必要时，允许将图形旋转，并加注旋转符号。

如图 4-18 所示为采用单一柱面剖切所获得的剖视图。当采用柱面剖切时，剖视图应展开绘制。

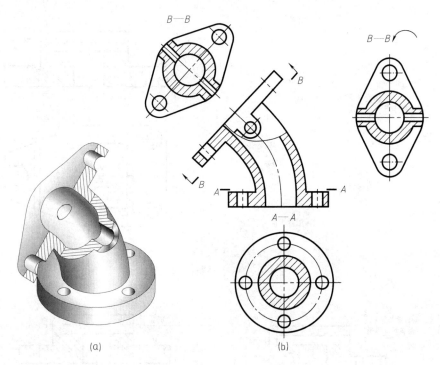

图 4-17 单一斜剖切平面

2. 几个平行的剖切面

几个平行的剖切面指的是两个或两个以上的平行剖切平面。如图 4-19 所示机件是采用两个平行的剖切平面剖切所获得的剖视图。

采用这种剖切平面画剖视图时，应注意以下几点。

① 各剖切平面的转折处必须是直角。

② 因为剖切是假想的，所以在剖视图上不应画出剖切平面各转折处的投影，如图 4-20（a）所示。

③ 剖切平面转折处不应与图形中的轮廓线重合。

④ 在剖视图中不应出现不完整要素，如图 4-20（b）所示。

画这种剖视图时，必须在剖切面的起止和转折处标注剖切符号和相同的字母。如图 4-19 所示。

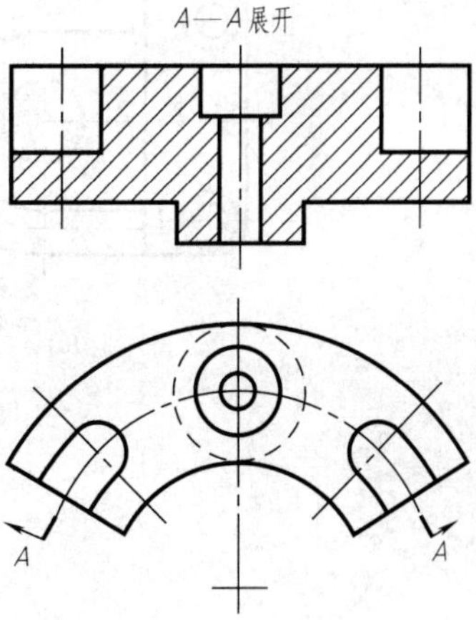

图 4-18 单一柱面剖切

3. 几个相交的剖切面

几个相交的剖切面指的是两个或两个以上相交的剖切面。如图 4-21、图 4-22 所示机件是采用两个相交的剖切平面剖切所获得的剖视图。

采用几个相交的剖切面画剖视图时，应注意以下几点。

① 几个相交的剖切面的交线必须垂直于某一投影面。

② 应将倾斜剖切平面剖开的结构及有关部分旋转到与选定投影面平行后再进行投影，即先旋转后投影，如图 4-21、图 4-22 所示。

③ 剖切平面后面的其他结构一般仍按原来的位置投射，如图 4-22 中的油孔。

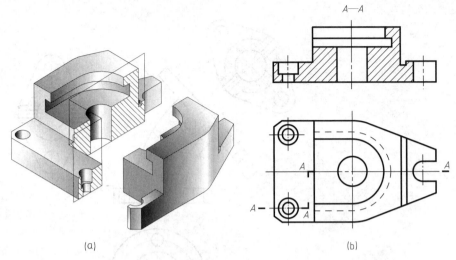

图 4-19　两个平行的剖切平面

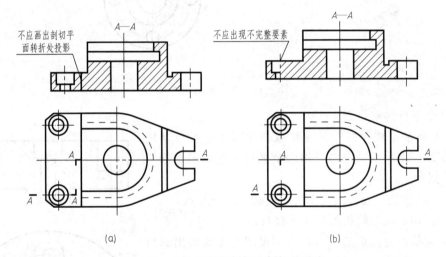

图 4-20　几个平行的剖切面剖切的画法

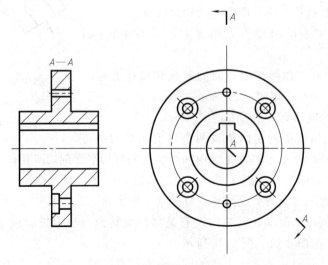

图 4-21　几个相交的剖切面

④ 当剖切后产生不完整要素时，应将该部分按不剖画出，如图 4-23 所示。

画这种剖视图时，其标注方法如图 4-21、图 4-22 所示。

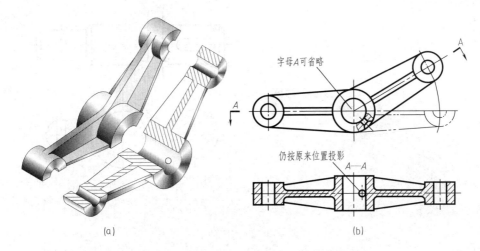

图 4-22　剖切平面后的结构仍按原来位置投射

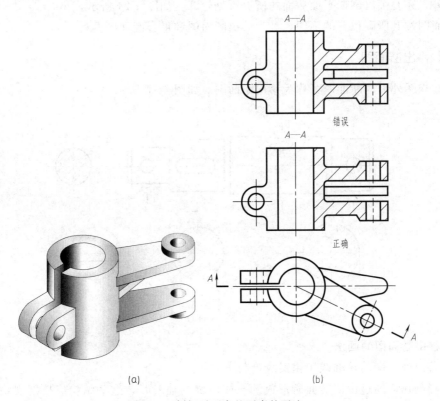

图 4-23　剖切后不完整要素的画法

第三节　断面图

假想用剖切面将机件的某处切断，仅画出剖切面与机件接触部分的图形，称为断面图，简称断面。如图 4-24 所示轴上开有键槽和通孔，假想用垂直于轴线的剖切面分别在键槽和通孔处将轴切断，仅画出断面的图形，并画上剖面符号，即为断面图。

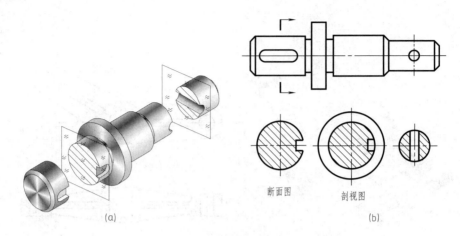

图 4-24 断面图的形成

断面图与剖视图的区别是：断面图只画机件被剖切后的断面形状，而剖视图除了画出断面形状外，还要画出剖切平面后面的所有可见轮廓。如图 4-24 所示。

断面图按其所画位置的不同，分为移出断面图和重合断面图两种。

一、移出断面图

画在视图外面的断面图，称为移出断面图。如图 4-25 所示。

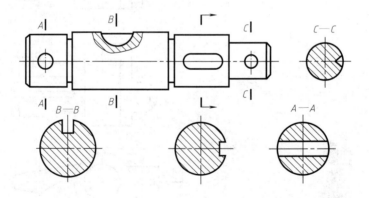

图 4-25 移出断面图及标注

1. 移出断面图的画法

① 移出断面图的轮廓线用粗实线绘制。

② 当剖切面通过由回转面所形成的孔或凹坑的轴线时，这些结构应按剖视绘制，如图 4-25 中的 $A—A$、$C—C$ 所示。

③ 当剖切面通过非圆孔，会导致出现完全分离的两个断面时，这些结构应按剖视绘制，如图 4-26 所示。

④ 由两个或多个相交的剖切面剖切所得到的移出断面图，中间应断开，如图 4-27 所示。

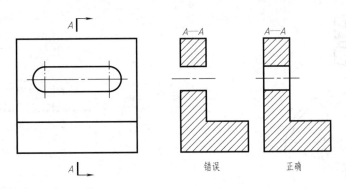

图 4-26　剖切面通过非圆孔的画法

2. 移出断面图的配置与标注

① 移出断面图通常配置在剖切符号或剖切线的延长线上。此时，若图形不对称可省略字母，但箭头不可以省略；若图形对称可不标注，但应用细点画线画出剖切线，如图 4-24 所示。

② 移出断面图可以配置在其他适当位置，但需标注，如图 4-25 所示。若图形对称，可省略箭头。

③ 当断面图形对称时，移出断面图可配置在视图的中断处，如图 4-28 所示，此时，视图应用波浪线断开。

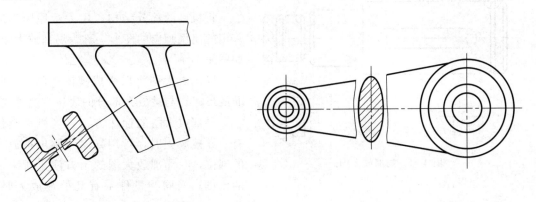

图 4-27　多个剖切面剖切的移出断面图画法　　　图 4-28　断面图形对称时的配置

二、重合断面图

画在视图内部的断面图，称为重合断面图。如图 4-29 所示。

1. 重合断面图的画法

① 重合断面图的轮廓线用细实线绘制。

② 当视图中的轮廓线与重合断面图的图形重叠时，视图中的轮廓线仍应连续画出，不可间断，如图 4-30 所示。

2. 重合断面图的标注

对称的重合断面图不必标注，如图 4-29 所示；不对称的重合断面图，在不致引起误解时可省略标注，如图 4-30 所示。

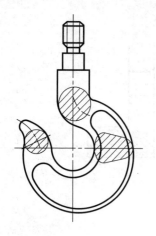

图 4-29　重合断面图的画法（一）

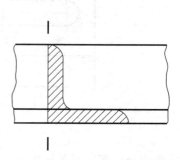

图 4-30　重合断面图的画法（二）

第四节　其他表达方法

为使图形清晰和画图简便，国家标准还规定了局部放大图和简化表示法。

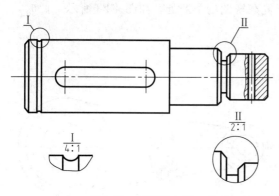

图 4-31　局部放大图

一、局部放大图

将机件的部分结构，用大于原图形所采用的比例画出的图形，称为局部放大图。如图 4-31 所示。

局部放大图可以画成视图、剖视、断面的形式，与被放大部分的表达方法无关。

局部放大图的标注方法：当机件上仅有一处被放大时，可用细实线圈出被放大的部位，在局部放大图的上方注出所采用的比例；当同一机件上有几处被放大时，必须用罗马数字依次标明被放大的部位，并在局部放大图上方用分数形式标注相应的罗马数字和采用的比例，如图 4-31 所示。

二、简化画法

① 当机件上的肋、轮辐、薄壁等结构按纵向剖切时，这些结构都不画剖面符号，而用粗实线将其与邻接部分分开。如图 4-32 所示。

② 当机件回转体上均匀分布的肋、轮辐、孔等结构不处于剖切平面上时，可将这些结构旋转到剖切平面上画出，如图 4-32、图4-33所示。

③ 当机件上具有若干相同结构（如齿、槽、孔）等，并按一定规律分布时，允许只画出其中一个或几个完整的结构，其余用细实线连接或用点划线表明它们的中心位置，但在图上应注明该结构的总数，如图 4-34 所示。

④ 当回转体机件上的平面在图形中不能充分表达时，可用平面符号（两条相交的细实

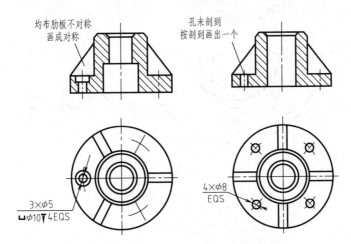

图 4-32 机件上的肋、孔等结构的简化

线）表示。如图 4-35 所示。

⑤ 在不致引起误解时，对于对称机件的视图可只画一半或四分之一，并在对称中心线的两端画出两条与其垂直的平行细实线，如图 4-36 所示。

⑥ 较长的机件（轴、杆、型材等）沿长度方向的形状一致或按一定规律变化时，可断开后缩短绘制，如图 4-37 所示。

⑦ 对机件上的较小结构，如已在一个图形中表达清楚时，其他图形可简化或省略，如图 4-38 所示。

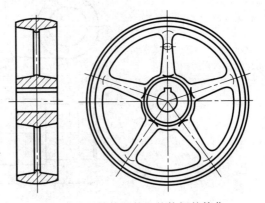

图 4-33 回转体机件上的轮辐的简化

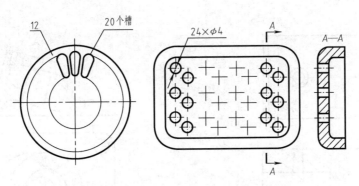

图 4-34 机件上相同结构的简化

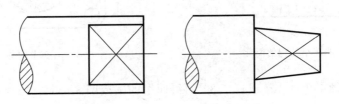

图 4-35 回转体机件上平面的简化

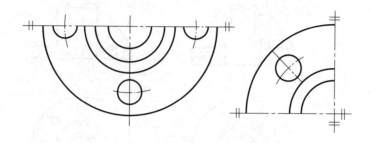

图 4-36 对称机件的简化

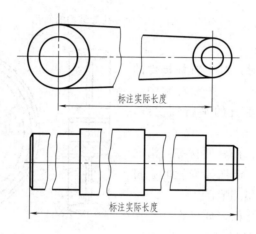

图 4-37 较长的机件的简化

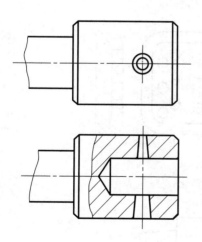

图 4-38 机件上的较小结构的简化

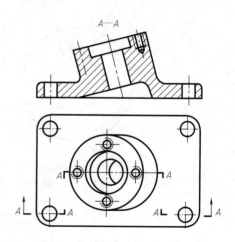

图 4-39 斜面上的圆或圆弧的简化

⑧ 与投影面倾斜角度小于或等于 30°的斜面上的圆或圆弧，其投影可用圆或圆弧代替，如图 4-39 所示。

第五节 第三角画法简介

技术制图国家标准规定："技术图样应采用正投影法绘制，并优先采用第一角画法"。中国、英国、法国、俄国、德国等多数国家都采用第一角画法，但是，美国、日本、加拿大、澳大利亚等一些国家则采用第三角画法。因此，为适应国际技术交流的需要，我们必须了解第三角画法。

三个互相垂直相交的投影面，将空间划分为八个分角，分别称为第一角、第二角、第三角……，如图4-40所示。

第一角画法是将物体放在第一分角内，使物体处于观察者和投影面之间，即保持"人-物体-投影面"的位置关系，然后用正投影法在投影面上获得视图。

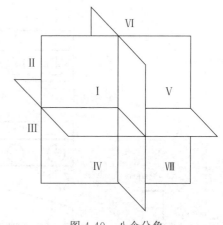

图4-40 八个分角

第三角画法是将物体放在第三分角内，使投影面处于观察者和物体之间，即保持"人-投影面-物体"的位置关系，此时应假设投影面是透明的，然后用正投影法在投影面上获得视图，如图4-41（a）所示，投影面展开后所得的三视图如图4-41（b）所示。

第三角画法与第一角画法一样，也有六个基本视图，视图之间仍保持"长对正、高平齐、宽相等"的对应关系。第一角画法和第三角画法的投影面展开方式及视图配置如图4-42所示。

当采用第三角画法时，必须在图样中画出第三角画法的识别符号。第一角和第三角画法的识别符号如图4-43所示。

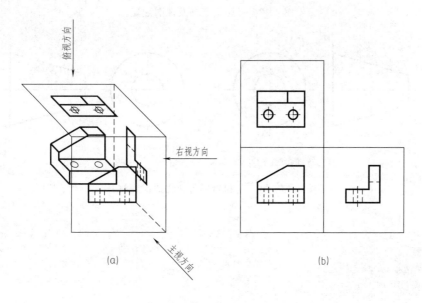

图4-41 第三角画法及展开

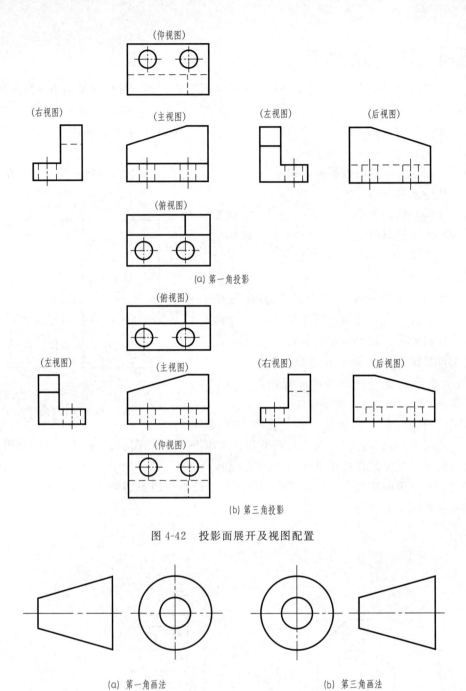

(仰视图)

(右视图)   (主视图)   (左视图)   (后视图)

(俯视图)

(a) 第一角投影

(俯视图)

(左视图)   (主视图)   (右视图)   (后视图)

(仰视图)

(b) 第三角投影

图 4-42   投影面展开及视图配置

(a) 第一角画法   (b) 第三角画法

图 4-43   第一角和第三角画法的识别符号

第五章

机械图

任何一台机器或一个部件都是由若干零件（标准件和专用件）按一定的装配关系和设计、使用要求装配而成的。表达机器、设备及其组成部分的形状、大小和结构的图样称为机械图样，包括零件图和装配图。表达机器或部件（统称装配体）的连接、装配关系的图样，称为装配图。表达零件结构形状、大小及技术要求的图样称为零件图。

第一节 零件图概述

一、零件与装配体的关系

零件与装配体是局部与整体的关系。装配体的功能是由其组成零件来体现的，每一个零件在装配体中都担当一定的功用。设计时，一般先画出装配图，再根据装配图绘制非标准件的零件图；制造时，先根据零件图加工出成品零件，再根据装配图将各个零件装配成部件。

在识读或绘制机械图样时，要注意零件与装配体、零件图与装配图之间的密切联系，一般应注意以下几方面的问题。

① 要考虑零件在装配体中的作用，如支承、容纳、传动、配合、连接、安装、定位、密封、防松等，确定零件的基本结构和形状。

② 要考虑零件的材料、形状特点、不同部位的功用及相应的加工方法，完善零件的工艺结构，正确选择技术要求。

③ 要注意装配体中各相邻零件间形状、尺寸方面的协调关系，如配合、螺纹连接、对齐结构、间隙结构、与标准件连接的结构等，使零件的形状和尺寸正确体现装配要求。

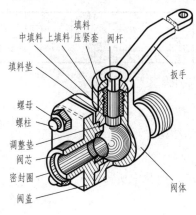

图 5-1 球阀

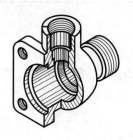

图 5-2 阀体

　　如图 5-1 所示的部件，这是管路系统中常用的球阀，用于开启、关闭或控制液体（或气体）的流量。它由阀体、阀杆、螺柱、手柄等零件组成。阀体是该部件中的一个零件，如图 5-2 所示。从图 5-1 中可以看出，为了便于装入和容纳球状的阀芯，阀体下部的外形做成半球与圆柱的组合体，而内部做成圆柱空腔。为了能让阀杆往上通过并防止泄漏，阀体上部做成圆柱形，内部制成阶梯孔，并有螺纹与填料压紧套相配。为了密封阀体左侧的方形法兰与阀盖通过螺柱进行连接。设计球阀时，需画出它的装配图和各零件图；制造时，根据零件图加工出零件，再按照装配图装配成球阀。

二、零件图的作用与内容

　　零件图表达了设计思想，用于指导零件的加工制造和检验，是生产中的重要技术文件之一。零件按其获得方式可分为标准件和非标准件，标准件的结构、大小、材料等均已标准化，可通过外购方式获得，非标准件则需要自行设计、绘图和加工。

　　如图 5-3 所示为齿轮油泵中一齿轮轴的零件图，它表示了齿轮轴的结构形状、大小和要达到的技术要求。从图中可以看出，一张完整的零件图应包括如下的内容。

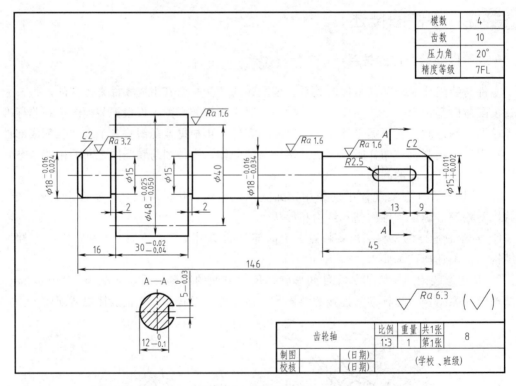

图 5-3　轴的零件图

1. 一组视图

用一组视图完整、清晰、简便地表达出零件的结构和形状。

2. 尺寸标注

正确、合理、完整、清晰地标注出零件在制造、检验中所需的全部尺寸。

3. 技术要求

用于表达零件在制造、装配和检验时应达到的各项技术要求，包括表面粗糙度、尺寸公差、形位公差、材料及热处理等方面的要求等。

4. 标题栏

说明零件的名称、材料、数量、比例及责任人签字等。

第二节 零件图的视图选择和尺寸标注

一、零件图的视图选择

零件图要求把零件的结构形状正确、完整、清晰地表达出来。要满足这些要求，首先要对零件的结构形状特点进行分析，并尽可能了解该零件在机器或部件中的位置、作用和它的加工方法，然后灵活地选择出一组表达方案。解决这一问题的关键是合理地选择主视图和其他视图，确定一个较合理的表达方案。零件图的视图选择，应以能表达清楚零件的形状和结构，同时使视图数量最少、最简单为原则。

1. 主视图的选择

（1）形状特征原则 主视图要以结构特征为重点，兼顾形状特征选取。如图 5-4 所示，从图 5-4（b）可看出零件由三部分组成，结构特征明显，故应选图 5-4（b）作主视图。

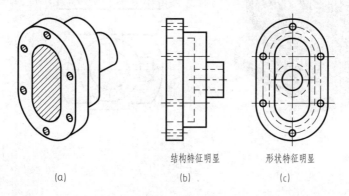

结构特征明显　　　形状特征明显

(a)　　　　　(b)　　　　　(c)

图 5-4　按结构特征选主视图

（2）加工位置原则 主视图应尽量与零件的主要加工位置一致，以便于加工、测量时进行图物对照。如图 5-5 所示的轴，主要在卧式车床和磨床上加工完成，故选取主视图时应将轴线水平放置。表达回转类零件，主视图常按加工位置选取。

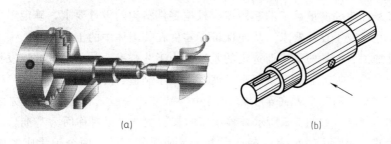

(a)　　　　　　　　(b)

图 5-5　按加工位置选主视图

（3）工作位置原则 主视图应尽量与零件在机器中的工作位置一致，这样容易将图、物联系起来，想象出零件的工作情况。对于工序复杂的零件，如拨叉、支架、箱体等，

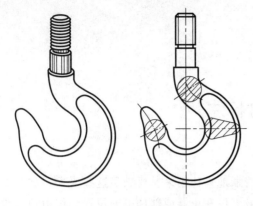

图 5-6 按工作位置选主视图

主视图一般用这种方法选取。如图 5-6 所示的起重机吊钩，主视图就是参考了工作位置选取的。

2. 其他视图的选取

凡是在主视图上没有表达清楚的结构，都需要通过其他视图去补充、去完善。如图 5-7 所示，按结构特征和工作位置选定主视图，大圆筒和底板的特征视图可选用俯视图。主、俯视图选择后，该零件的结构已基本表达清楚，仅剩下左边腰圆凸台的形状没有表达出来，因此需要再加上一个局部视图"*A*"。

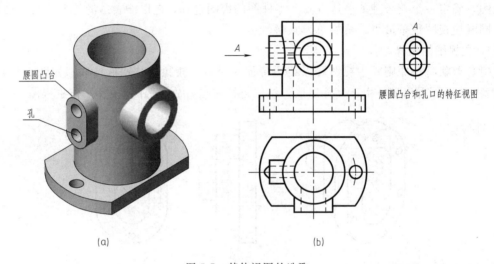

(a)　　　　　　　　　　(b)

腰圆凸台和孔口的特征视图

图 5-7 其他视图的选取

二、零件图的尺寸标注

尺寸是加工和检验零件的依据。零件图上的尺寸标注，不仅要求完整、清晰，而且还要求标注合理。在标注或识读零件图上的尺寸时，必须注意以下问题。

1. 正确选择尺寸基准

尺寸基准是标注和度量尺寸的起始点。根据零件结构的设计要求，确定零件在装配体中的理论位置，它反映了设计要求，从而保证了零件在装配体中的工作性能。

根据零件加工、测量的要求而选定的基准称为工艺基准。从工艺基准出发标注尺寸，能把尺寸标注与零件的加工制造联系起来，使零件便于制造、加工和测量。

零件在长、宽、高三个方向至少都应有一个基准，一般常以零件的对称面、重要安装面、轴线等作为基准。如图 5-8 所示，轴承座的长、宽方向以对称面为基准。高方向必须以底板安装面为基准，因为轴承座用来支承轴，是成对使用的，两个轴承座的中心高差异太大，会使轴安装后弯曲，影响零件的使用寿命和工作性能。若以底面为基准直接标出中心高，加工时就会保证不同零件的中心高差异不大。图中螺孔深度 6mm，是以凸台顶面为基准进行测量的，这种在加工和测量时使用的基准，称为工艺基准或辅助基准。

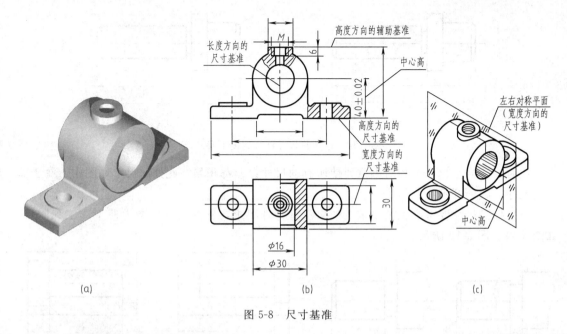

图 5-8 尺寸基准

2. 要用形体分析方法看尺寸

看图时，要按形体分析的方法，将零件拆分成不同部分，逐一分析各部分的定形尺寸和定位尺寸，检查尺寸标注是否齐全、是否合理。

如图 5-8 所示，大圆筒由 $\phi16$、$\phi30$ 和 30 确定大小，是定形尺寸；圆筒轴线到高基准的距离为 40 ± 0.02（中心高），是定位尺寸。圆筒轴线与长基准重合，宽方向对称面与宽基准重合，不需要标注定位尺寸。不难理解，定位尺寸实际上就是结构上特殊的平面或直线，在长、宽、高三个方向上相对于基准的距离。

3. 标注尺寸的注意事项

（1）重要尺寸应从主要基准直接注出　图 5-9 中轴承孔的高度 a 是影响轴承座工作性能的主要尺寸，加工时必须保证其加工精度，所以应直接以底面为基准标注出来，如图 5-9 （b）所示。该尺寸不能代之以 b 和 c。如果注写 b 和 c，两个尺寸加起来就会使误差积累，不能保证设计要求，如图 5-9（a）所示。同理轴承座底板上二螺栓孔的中心距应直接注出，而不应注 e。

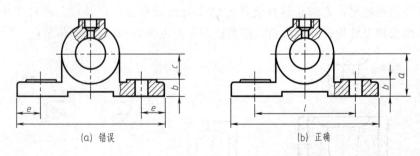

图 5-9　重要尺寸应从主要基准直接注出

（2）避免将尺寸注成封闭的形式　图 5-10（a）所示阶梯轴，长度方向的尺寸 a、b、c、d 首尾相接，构成一个封闭的尺寸链，这种情况应避免。因为封闭尺寸链中的每一尺寸的尺寸精度，都将受链中其他各尺寸误差的影响，这样在加工时就很难保证总长尺寸的尺寸精

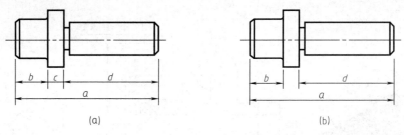

图 5-10　避免将尺寸注成封闭的形式

度。此时，应当空出一个相对不重要使所有的尺寸误差都积累在此处的尺寸，图中 c 属于非主要尺寸，故断开不注。

（3）标注尺寸要考虑工艺要求　如果没有特殊要求，标注尺寸应考虑便于加工和测量，如图 5-11、图 5-12 所示。

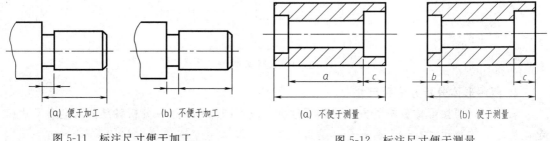

(a) 便于加工　　(b) 不便于加工

图 5-11　标注尺寸便于加工

(a) 不便于测量　　(b) 便于测量

图 5-12　标注尺寸便于测量

第三节　零件上常见的工艺结构及其尺寸标注

零件的结构形状主要根据它在机器（或部件）中的作用所决定。除了要满足设计要求外，还必须考虑在制造和安装方面的要求，以确保零件的加工和装配质量。下面介绍常见的砂型铸造工艺结构和一般机械加工工艺结构。

一、铸造工艺结构

1. 铸造圆角

铸造零件的毛坯时，为防止铸件浇铸时转角处出现落砂，以及避免应力集中而产生裂纹，在铸件两面相交处均设计成圆角，即铸造圆角。见图 5-13 (a) 圆角半径一般取 $R=2\sim$

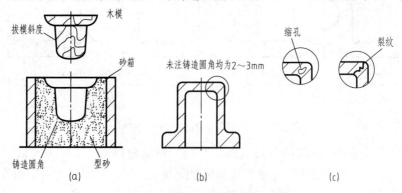

图 5-13　铸造圆角和拔模斜度

5mm，也可以从有关手册中查到。在零件图上，当铸造圆角全部相同或某一半径的铸造圆角数量较多时，不必逐个标注，可统一在技术要求中注明，见图 5-13（b）。

2. 拔模斜度

铸造零件毛坯时，为了便于木模从砂型中取出，沿铸件的起模方向做出 1∶20 的斜度，该斜度称为拔模斜度。见图 5-13（a）此斜度一般在 3°左右。斜度较小，在图中可以不画出，也可以不标出。在需要表明时，可在技术要求中用文字说明。

3. 铸件壁厚

铸件壁厚应尽量均匀，这样可以避免因冷却速度不同而产生缩孔或裂纹，见图 5-13（c）。若因结构需要出现壁厚相差过大，应采用逐渐过渡的方式，见图 5-14 所示。

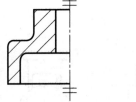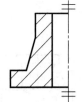

图 5-14　铸件壁厚

4. 过渡线

由于铸造圆角的存在，铸件各表面上的交线（相贯线或截交线）就不明显了。为了看图时区分不同的表面，在图纸上，用过渡线代替两面交线。其画法与没有圆角时两面交线画法相同，只是在表示时，有些差别。例如：

（1）当两曲面相交时，过渡线应不与圆角轮廓线接触。见图 5-15 所示。

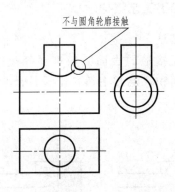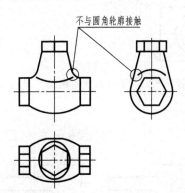

图 5-15　两曲面相交时过渡线的画法

（2）当两曲面的轮廓线相切时，过渡线在切点附近应断开。如图 5-16 所示。

（3）在画平面与平面或平面与曲面的过渡线时，应该在转角处断开，并加画过渡圆弧，

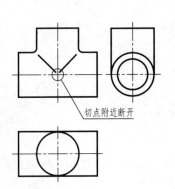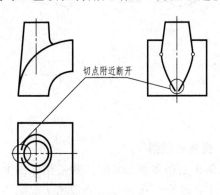

图 5-16　两曲面相切时过渡线的画法

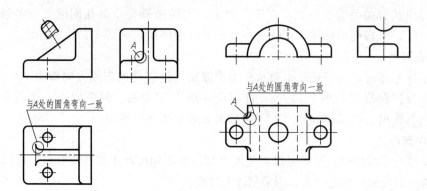

图 5-17　过渡线的弯向

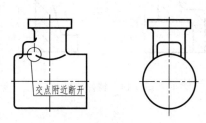

其弯向与铸造圆角的弯向一致。见图 5-17 所示。

（4）当三条过渡线汇集于一点时，在该点附近应该都断开不画。见图 5-18 所示。

（5）图 5-19 为零件上常见的筋板与圆柱的组合，有圆角过渡时的画法。从图中可以看出，过渡线的形状取决于筋板的断面形状及相交或相切的关系。

图 5-18　过渡线汇集于一点时的画法

二、机械加工工艺结构

1. 凸台与凹坑

零件间相互接触的表面一般都要经过机械加工，为了减少加工面积，通常在铸件上设计凸台、凹坑等工艺结构。见图 5-20 所示。

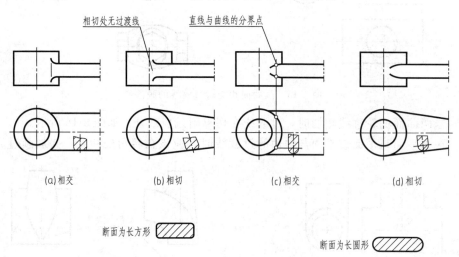

(a) 相交　　　　(b) 相切　　　　(c) 相交　　　　(d) 相切

断面为长方形

断面为长圆形

图 5-19　有圆角过渡时的画法

2. 倒角和倒圆

为防止划伤和便于装配，要去除零件上的毛刺、锐边，通常将尖角加工成倒角。为避免应力集中，轴肩，孔肩转角处常加工成圆角。圆角和倒角的尺寸系列可查有关资料，一般倒角为 45°，用代号 C 表示。见图 5-21 所示。

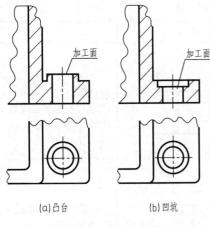

(a)凸台　　　　(b)凹坑

图 5-20　凸台与凹坑

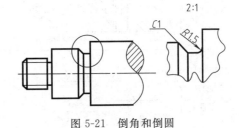

图 5-21　倒角和倒圆

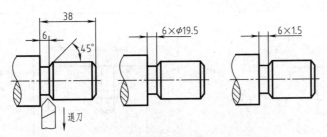

图 5-22　退刀槽和砂轮越程槽

3. 退刀槽和砂轮越程槽

在零件切削加工时，为了便于退出刀具，装配时保证与相邻零件贴紧，可预先加工出退刀槽或砂轮越程槽。其尺寸一般可按"槽宽×直径"或"槽宽×槽深"方式标注。见图 5-22 所示。

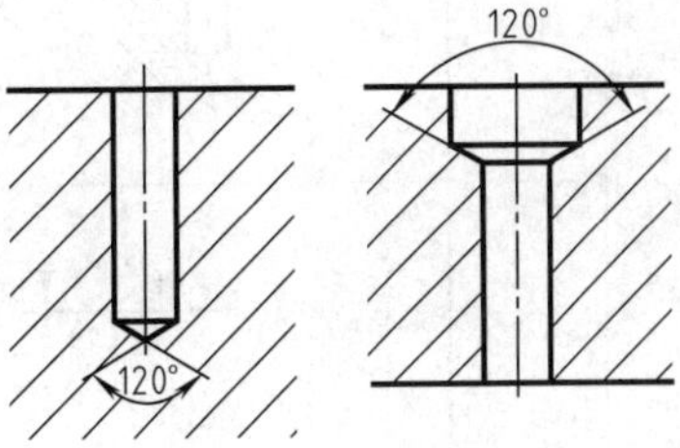

4. 钻孔结构

零件上各种不同形式用途的孔，多数是用钻头加工而成，钻孔工艺对零件结构有如下几点要求：

（1）用钻头钻盲孔或阶梯孔时，应为 120°锥角，其画法及尺寸标注见图 5-23 所示。

图 5-23　钻孔结构

（2）钻头要垂直于被钻孔零件的表面，以保证钻孔准确和避免钻头折断。零件表面倾斜时，可设置凸台和凹坑。见图 5-24 所示。

（3）各种孔（光孔、螺纹孔、孔）的标注方式见表 5-1 所示。

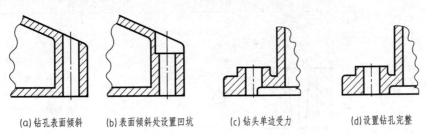

(a)钻孔表面倾斜　　(b)表面倾斜处设置凹坑　　(c)钻头单边受力　　(d)设置钻孔完整

图 5-24　设置凸台和凹坑

表 5-1 常见结构要素的尺寸注法

零件结构类型		简 化 注 法	常 用 注 法	说 明
螺孔	通孔	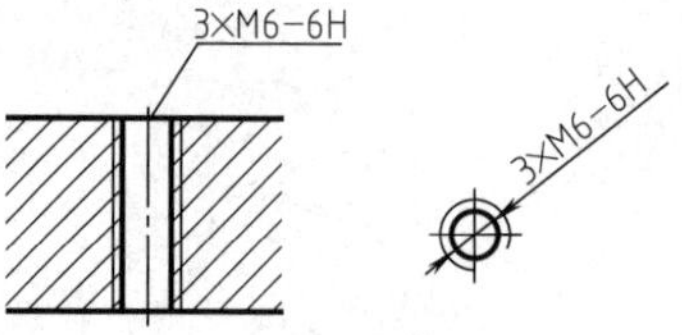 3×M6-6H 3×M6-6H	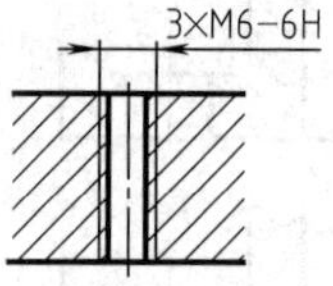 3×M6-6H	3×M6 表示直径为 6mm，均匀分布的三个螺孔 可以旁注，也可以直接注出
	不通孔	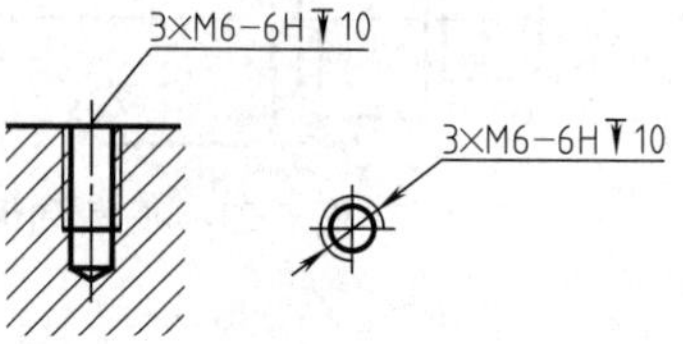 3×M6-6H▼10 3×M6-6H▼10	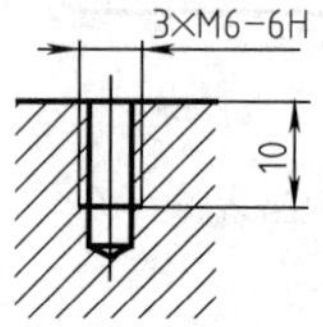 3×M6-6H 10	螺孔深度可与螺孔直径连注；也可以分开注出
	一般孔	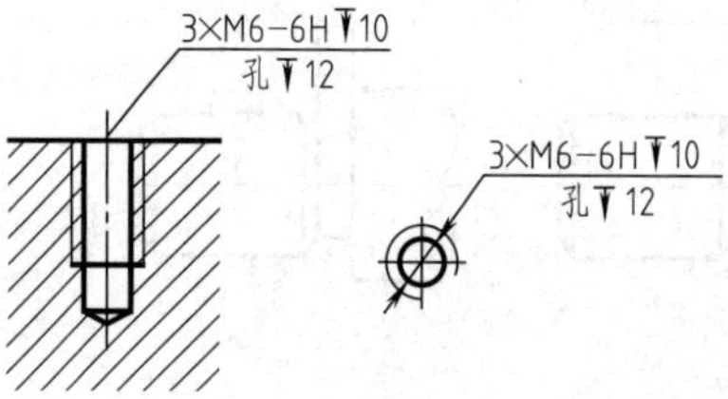 3×M6-6H▼10 孔▼12 3×M6-6H▼10 孔▼12	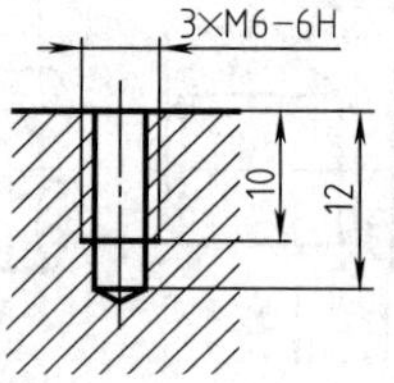 3×M6-6H 10 12	需要注出孔深时，应明确标注孔深尺寸
光孔	一般孔	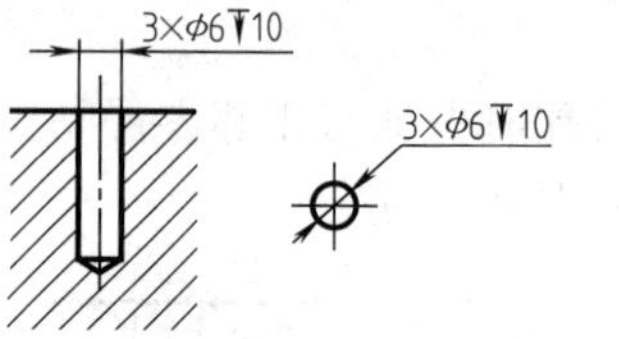 3×φ6▼10 3×φ6▼10	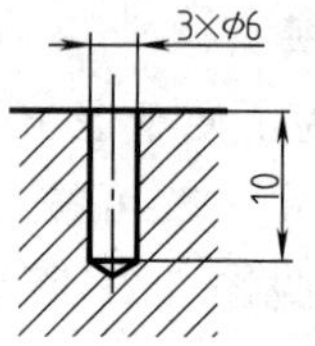 3×φ6 10	3×φ6 表示直径为 6mm 均匀分布的三个光孔 孔深可与孔径连注；也可以分开注出
	精加工孔	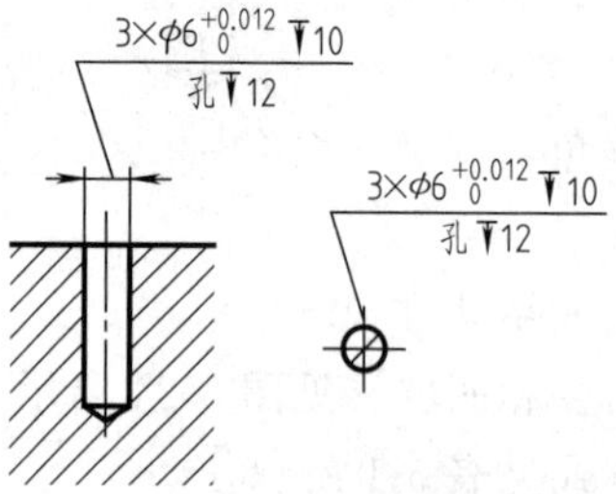 3×φ6$^{+0.012}_{0}$▼10 孔▼12 3×φ6$^{+0.012}_{0}$▼10 孔▼12	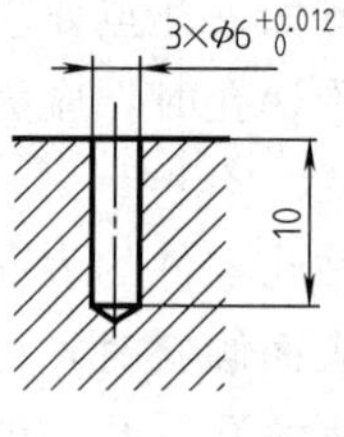 3×φ6$^{+0.012}_{0}$ 10	光孔深为 12mm，钻孔后需精加工 φ6$^{+0.012}_{0}$ mm，深度为 10mm
	锥销孔	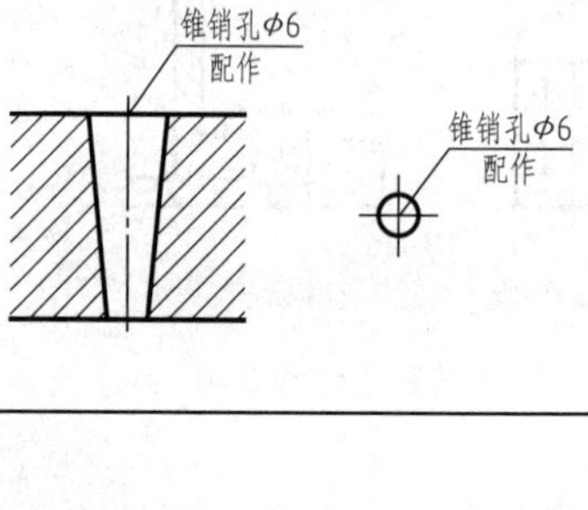 锥销孔φ6 配作 锥销孔φ6 配作		φ6mm 为与锥销孔相配的圆锥销小头直径。锥销孔通常是相邻两零件装在一起时加工的

续表

零件结构类型		简 化 注 法	常 用 注 法	说　　明
沉孔	锥形沉孔	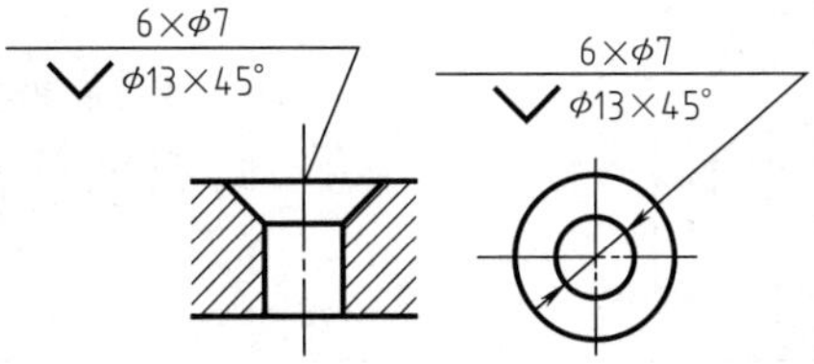 6×φ7　　　6×φ7　∨φ13×45°　　∨φ13×45°	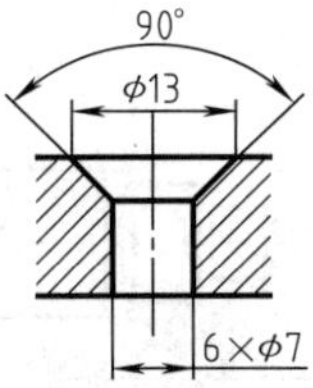 90°　φ13　6×φ7	6×φ7 表示直径为 7mm 均匀分布的六个孔。锥形部分尺寸可以旁注，也可直接注出
	柱形沉孔	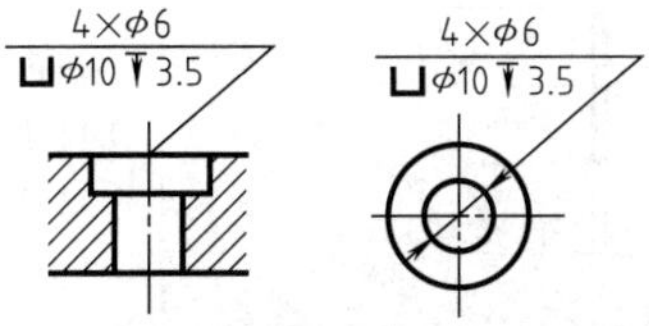 4×φ6　　　4×φ6　⊔φ10▼3.5　⊔φ10▼3.5	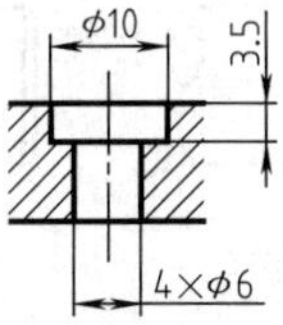 φ10　3.5　4×φ6	柱形沉孔的小直径 φ6mm，大直径为 φ10mm，深度为 3.5mm，均需标注
	锪平面	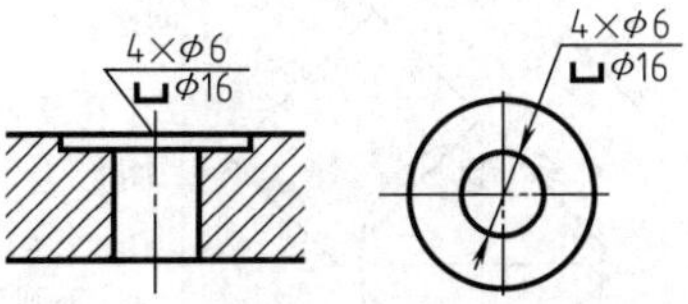 4×φ6　　　4×φ6　⊔φ16　　　⊔φ16	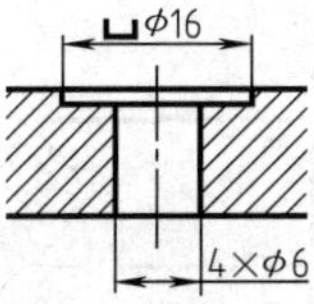 ⊔φ16　4×φ6	锪平面 16mm 处的深度不需标注，一般锪平到不出现毛面为止
键槽	平键键槽	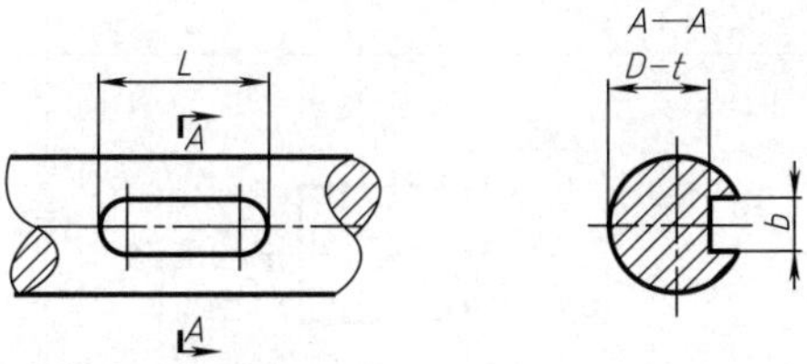 L　A　A	A—A　D-t　b	这样标注便于测量
	半圆键键槽	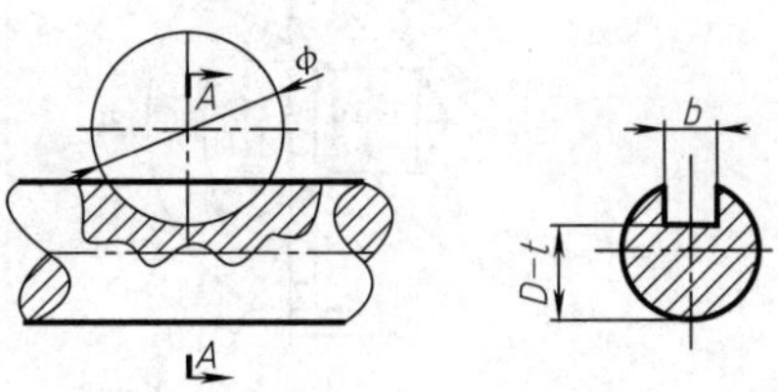 A　φ　A	b　D-t	这样标注便于选择铣刀及测量
锥轴、锥孔		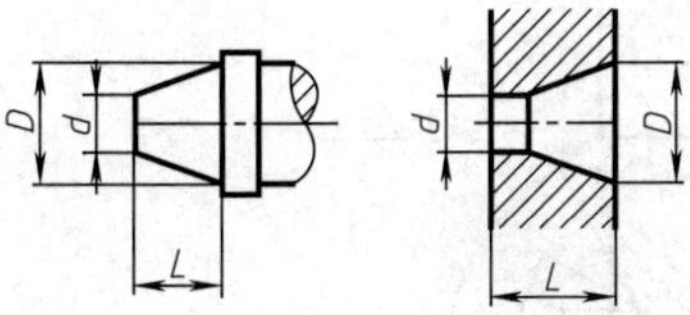 D　d　L　　　d　D　L		当锥度要求不高时，这样标注便于制造木模
		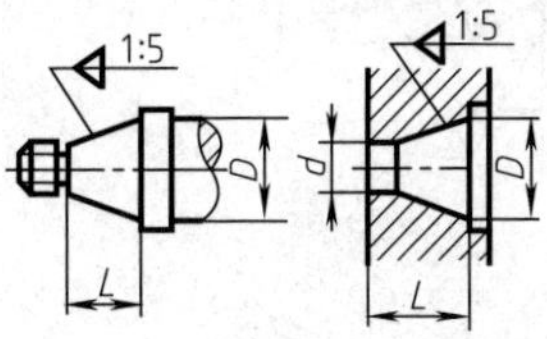 1:5　　　1:5　D　d　L　　　d　D　L		当锥度要求准确并为保证一端直径尺寸时，这样标注便于测量加工

续表

零件结构类型	简化注法	常用注法	说　　明
退刀槽	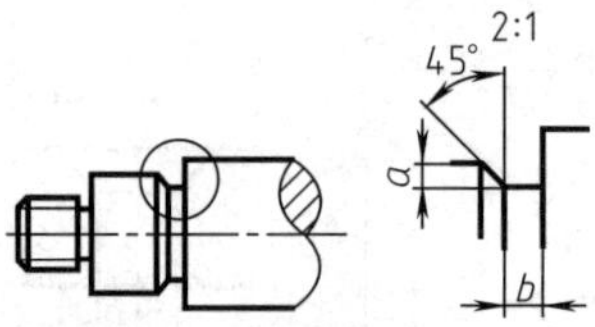		退刀槽宽度b应直接标出。槽宽(b)×直径(D)或槽宽(b)×槽深(a)
倒角	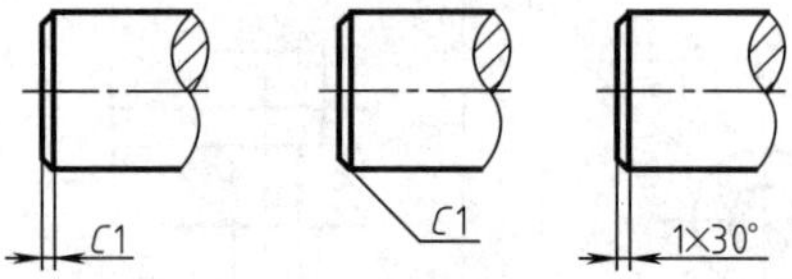		倒角45°时,可与倒角的轴向尺寸C连注;倒角不是45°时,要分开标注
平面	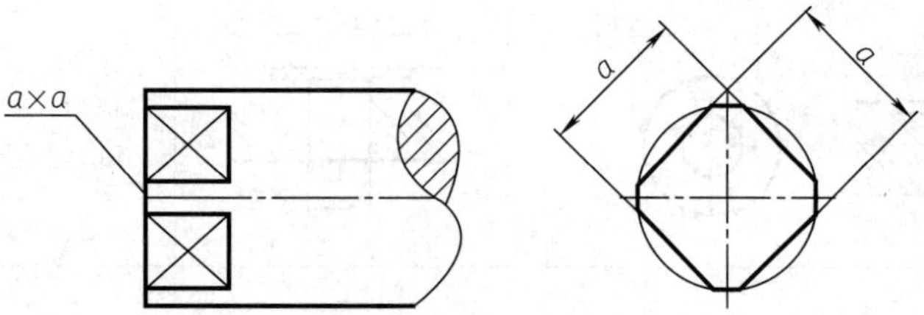		在没有表示出正方形实形图形上,该正方形的尺寸可用$a×a$(a为正方形边长)表示;否则要直接标注
中心孔 (GB/T 4459.5—1999)	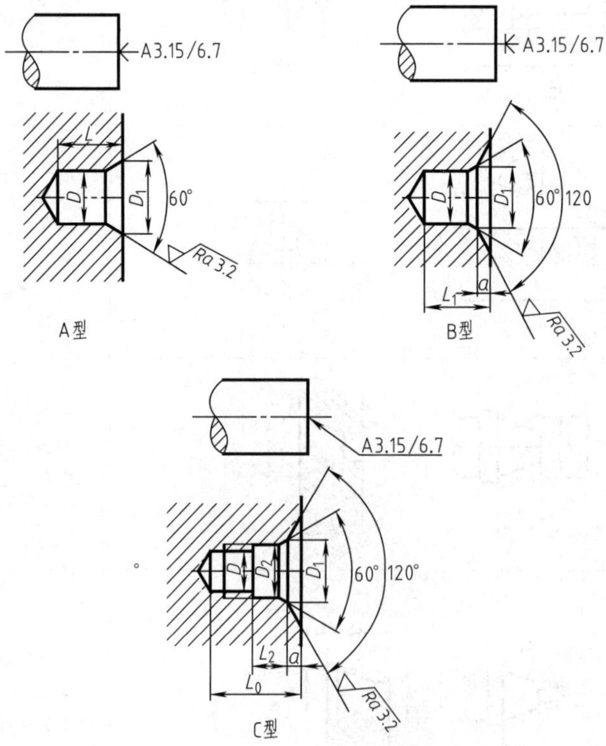		轴端要表明有无中心孔的要求,中心孔是标准的结构,在图样上用符号表示 中心孔分A型、B型、R型、C型四种,B型、C型有保护锥面;C型带有螺孔可将零件固定在轴端。标注示例中,A3.15/6.7表示采用A型中心孔,$D = 3.15$,$D_1 = 6.7$

第四节　零件图上技术要求的注写

为了使零件达到预定的设计要求，保证零件的使用性能，在零件上还必须注明零件在制造过程中需达到的质量要求，即技术要求。如表面结构要求、尺寸公差、形位公差、材料热处理及表面处理等。

一、表面结构要求

1. 基本概念

表面结构要求是对表面粗糙度、表面波纹度、表面缺陷、表面纹理和表面几何形状要求的总称，表面结构的各项要求在图样中的表示法 GB/T 131—2006 中均有规定。

表面粗糙度是表面结构要求中最常用的一种。表面粗糙度是指零件在加工过程中，受刀具的形状和刀具与工件之间的摩擦、机床的震动及零件金属表面的塑性变形等因素，加工后的零件表面上具有较小间距的峰谷所组成的微观几何形状特征称为表面粗糙度，如图 5-25 (a) 所示。一般来说，不同的表面粗糙度是由不同的加工方法形成的。表面结构要求是评定零件表面质量的一项重要的指标，对于零件表面的耐腐蚀、耐磨性和抗疲劳等能力有着很大的影响，是零件图上一项重要的技术要求。

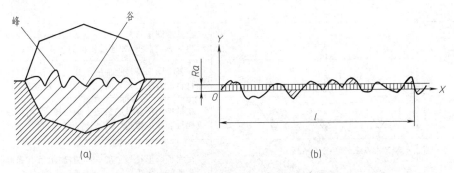

图 5-25　表面结构要求概念

对于零件表面结构状况的评定，有三类评定参数，即：轮廓参数、图形参数和支承率曲线参数。其中轮廓参数是我国在机械图样中最常用的评定参数。在轮廓参数评定粗糙度轮廓（R 轮廓）中常用的是 Ra 和 Rz 两个高度参数。

表 5-2 列出常用 Ra 值及 Ra 值对应的主要加工方法和应用举例。

表 5-2　表面结构的特征、加工方法及其应用　　　　　　　　单位：mm

Ra	表面微观特征	加工方法	应用举例
＞40～80	明显可见刀痕	粗车、粗刨、粗铣、钻、毛锉、粗砂轮加工等	光洁程度最低的加工面，一般很少应用
＞20～40	可见刀痕		
＞10～20	微见刀痕	粗车、刨、立铣、平铣、钻等	不接触表面、不重要表面，如螺钉、倒角、机座底面等
＞5～10	可见加工痕迹	精车、精铣、精刨、铰、镗、粗磨等	没有相对运动的零件接触面，如箱、盖、套筒要求紧贴的表面、键和键槽工作表面；相对运动速度不高的接触面，如支架孔、衬套、带轮轴孔的工作表面
＞2.5～5	微见加工痕迹		
＞1.25～2.5	看不见加工痕迹		

Ra	表面微观特征	加工方法	应用举例
>0.63～1.25	可辨加工痕迹方向	精车、精铰、精拉、精镗、精磨等	要求很好密合的接触面，如与滚动轴承配合的表面、销孔等；相对运动速度较高的接触面，如滑动轴承的配合表面、齿轮轮齿的工作表面
>0.32～0.63	微辨加工痕迹方向		
>0.16～0.32	不可辨加工痕迹方向		
>0.08～0.16	暗光泽面	研磨、抛光、超级精细研磨等	精密量具表面、极重要零件的摩擦面，如气缸的内表面、精密机床的主轴轴颈、坐标镗床的主轴轴颈
>0.04～0.08	亮光泽面		
>0.02～0.04	镜状光泽面		
>0.01～0.02	雾光泽面		
>0.01	镜面		

2. 表面结构要求的图形符号

表面结构要求的图形符号及其含义表表 5-3。

表 5-3　表面结构要求的图形符号及其含义

符号名称	图形符号形式	含　义
基本图形符号	d'(线宽)=0.35mm H_1=5mm H_2=10.5mm 60° 60°	基本图形符号，仅用于简化代号标注，没有补充说明时不能单独使用
扩展图形符号		在基本图形符号上加一短划，表示指定表面是用去除材料的方法获得，如通过机械加工获得的表面
		在基本图形符号上加一小圆，表示指定表面是用不去除材料的方法获得，如铸造、锻压方法获得的表面
完整图形符号		在扩展图形符号的长边上加一横线，用于注写有关参数代号和相应数值
具有共同表面结构要求的图形符号		在完整图形符号上加一小圆，表示所有表面具有共同的表面结构要求

3. 表面结构参数

表面结构参数由参数代号和参数值组成，最常用的轮廓参数代号有 Ra、Rp、Rz，参数值有 0.4、0.8、1.6、3.2、6.3 等（单位：μm），如 $Ra0.8$、$Rp1.6$、$Rz3.2$ 等。

4. 表面结构代号

表面结构图形符号中注写了参数代号和参数值后即称为表面结构代号。表面结构代号的示例及表达含义见表 5-4。

表 5-4　表面结构要求代号及其含义

代号示例	含　义
$Ra\ 3.2$	表示去除材料，单向上限值，默认传输带，R 轮廓，粗糙度算术平均偏差 $3.2\mu m$，其他默认
$Rz\ 0.4$	表示不允许去除材料，单向上限值，默认传输带，R 轮廓，粗糙度最大高度值 $0.4\mu m$，其他默认

续表

代号示例	含　义
$\sqrt{Rz\ \max 0.2}$	表示去除材料，单向上限值，默认传输带，*R* 轮廓，粗糙度最大高度的最大值 0.2μm，其他默认
$\sqrt{0.008\text{–}0.8/Ra\ 3.2}$	表示去除材料，单向上限值，传输带 0.008～0.8mm，*R* 轮廓，粗糙度算术平均偏差 3.2μm，其他默认
$\sqrt{-0.8/Ra\ 3.2}$	表示去除材料，单向上限值，传输带：根据 GB/T 6062，取样长度 0.8mm（λ_s 默认 0.0025mm），*R* 轮廓，粗糙度算术平均偏差 3.2μm，评定长度为 3 个取样长度，其他默认
U *Ra* max 3.2 L *Ra* 0.8	表示不允许去除材料，双向极限值，两极限均使用默认传输带，*R* 轮廓，上限值，粗糙度算术平均偏差 3.2μm，评定长度为 5 个取样长度（默认），"最大规则"，下限值，粗糙度算术平均偏差 0.8μm，其他默认

注：表中有关基本术语如取样长度、评定长度、传输带以及极限值判断规则等，可查阅 GB/T 131—2006。

5. 表面结构要求在图样中的标注

表面结构要求在图样中的标注见表 5-5。

表 5-5　表面结构要求在图样中的标注

方法	图　例	方法	图　例
注写在轮廓线或指引线上	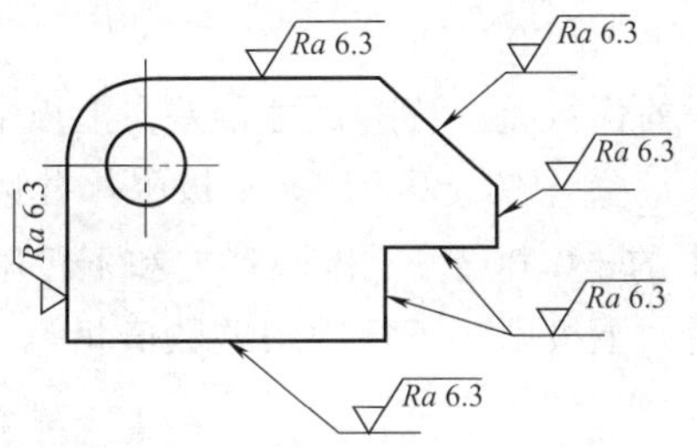	注写在轮廓线的延长线上	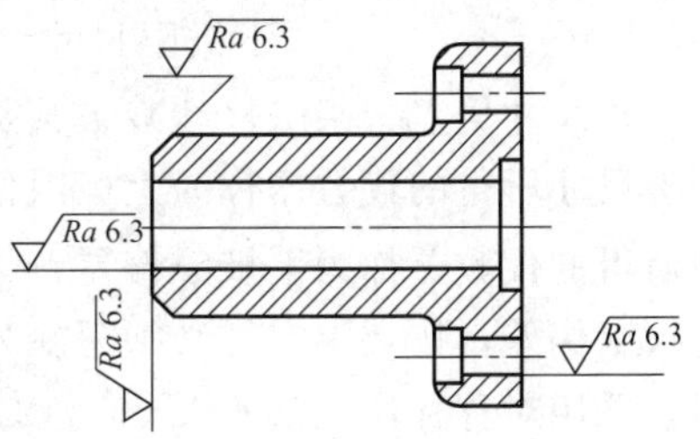
注写在尺寸线的延长线上	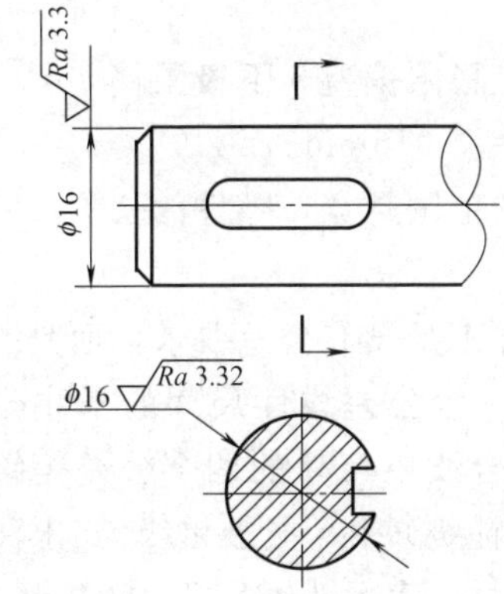	注写在形位公差框格上方	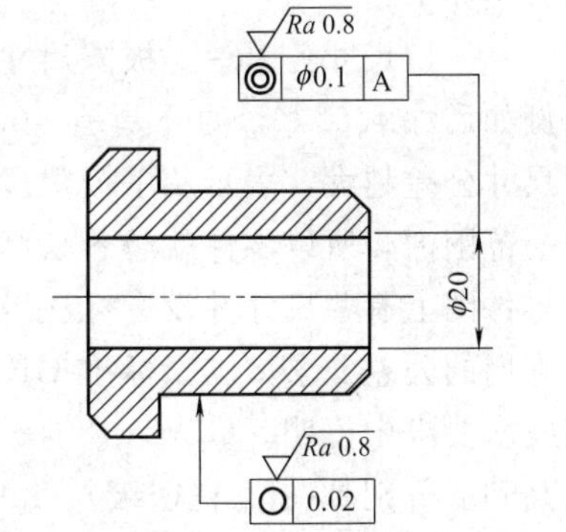

二、极限与配合（GB/T 4458.5—2003）

在装配体中，不同部位相互结合的两个零件可能有不同的松紧要求。如图 5-26 所示的轴衬装在轴承座孔中，要求配合紧密，使轴承定位良好；而轴和轴衬装配后，要求有一定的间隙，使轴在工作时能自由转动。为了保证零件装配后能达到预期的松紧要求，轴承座孔

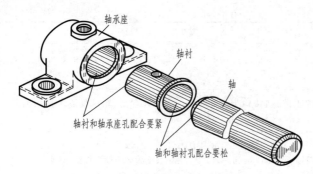

图 5-26 轴、轴衬与轴承座的装配要求

径、轴衬外径和内径以及轴的直径都必须在一个规定的公差范围内，这样就形成了"极限与配合"的概念。

现代机械制造要求零件有互换性。即从一批相同的零件中任取一件，不经修配地装到机器中，并能达到使用要求，零件所具有的这种性质称为互换性。

1. 尺寸公差

要使零件具有互换性，并不要求一批零件的同一尺寸绝对准确，而只要求在一个合理的范围之内。

下面介绍几个常用术语。

（1）公称尺寸、实际尺寸和极限尺寸 公称尺寸是在设计时计算或选定的尺寸。实际尺寸是零件制造出来后，通过测量获得的尺寸。测量一批相同的零件，各零件的实际尺寸可能不同。极限尺寸是允许的两个极端尺寸，一个称为上极限尺寸，另一个称为下极限尺寸。实际尺寸必须在两个极限尺寸之间，零件才是合格的。如 $\phi 35^{+0.018}_{+0.002}$ 的两个极限尺寸为：

$$上极限尺寸 = (35+0.018) = 35.018 \text{ (mm)}$$

$$下极限尺寸 = (35+0.002) = 35.002 \text{ (mm)}$$

（2）尺寸偏差 某一尺寸减去其基本尺寸所得的代数差，称为尺寸偏差。上极限尺寸减去公称尺寸所得的代数差称为上极限偏差，如 $\phi 35^{+0.018}_{+0.002}$ 中的 +0.018。下极限尺寸减去公称尺寸所得的代数差称为下极限偏差，如 $\phi 35^{+0.018}_{+0.002}$ 中的 +0.002。上极限偏差和下极限偏差统称为极限偏差，按规定它们必须写在公称尺寸之后。上极限、下极限偏差数值相等，符号相反时，采用对称标注，如 $\phi 35 \pm 0.012$。

（3）尺寸公差 允许尺寸的变动量，称为尺寸公差，简称公差。尺寸公差不带正负号，计算方法如下：

$$尺寸公差 = 上极限尺寸 - 下极限尺寸 = 上极限偏差 - 下极限偏差$$

例如尺寸 $\phi 35^{+0.018}_{+0.002}$ 的公差是 $(0.018-0.002)\text{mm} = 0.016\text{mm}$。

尺寸公差越大，表示从下极限尺寸到上极限尺寸的范围越宽，零件的公称尺寸就越容易在这一范围内，所以零件就越容易制造。

零件图上有些尺寸并没有标注极限偏差，但它们并不是没有公差要求，而是一般要求较低。它们的公差要求按国家标准 GB/T 1804—2000《一般公差 线性尺寸的未注公差》的规定在技术要求中说明。GB/T 1804—2000 规定了非配合线性尺寸的四个公差等级，精度等级由高到低分别是：f（精密级）、m（中等级）、c（粗糙级）和 v（最粗级）。未注公差在技术要求中用标准号和公差等级符号说明，如选用 m 级时，表示为 GB/T 1804-m。线性尺寸的极限偏差数值见表 5-6。

2. 配合的概念和种类

（1）配合 基本尺寸相同的、相互结合的孔和轴公差带之间的关系，称为配合。如图 5-27（a）是孔与轴形成配合的示意图，图中代表上极限、下极限偏差的两条直线之间的区域称为公差带。常用零线代表基本尺寸，仅画出代表上极限、下极限偏差的两条直线，得到的图形称为公差带图，如图 5-27（b）所示。

表 5-6 线性尺寸的极限偏差 单位：mm

公差等级	尺 寸 分 段							
	0.5～3	3～6	6～30	30～120	120～400	400～1000	1000～2000	2000～4000
f(精密级)	±0.05	±0.05	±0.1	±0.15	±0.2	±0.3	±0.5	—
m(中等级)	±0.1	±0.1	±0.2	±0.3	±0.5	±0.8	±1.2	±2
c(粗糙级)	±0.2	±0.3	±0.5	±0.8	±1.2	±2	±3	±4
v(最粗级)	—	±0.5	±1	±1.5	±2.5	±4	±6	±8

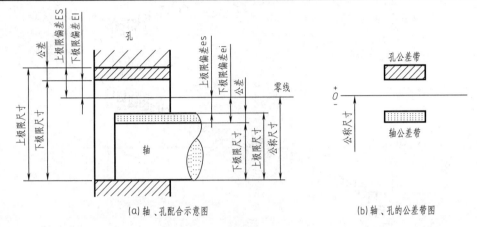

图 5-27 公差与配合示意

（2）配合种类

① 间隙配合 孔的实际尺寸总是比轴大，孔、轴之间具有间隙（包括最小间隙等于零），孔的公差带在轴的公差带之上，如图 5-28(a) 所示。

② 过盈配合 孔的实际尺寸总是比轴小，孔、轴之间具有过盈（包括最小过盈等于零），孔的公差带在轴的公差带之下，如图 5-28(b) 所示。

③ 过渡配合：孔的实际尺寸可能比轴大，也可能小，孔与轴的公差带相互交叠，孔、轴之间到底是具有间隙还是过盈，要视装配时所取零件的实际尺寸而定，如图 5-28(c) 所示。

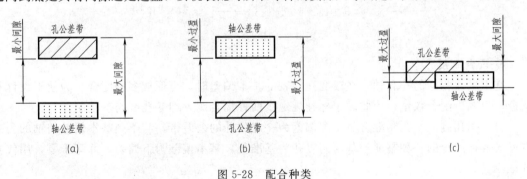

图 5-28 配合种类

3. 标准公差和基本偏差

（1）标准公差 国家标准规定，标准公差分为 IT01、IT0、IT1、…、IT18 共 20 个等级，IT 为标准公差代号。标准公差用来表示公差的大小，IT01 公差最小，精度要求最高；IT18 公差最大，精度要求最低。标准公差数值可由公称尺寸和公差等级从标准公差数值表中查取。

（2）基本偏差 基本偏差是用来确定公差带相对于零线位置的上极限偏差或下极限偏差，一般指靠近零线的那个极限偏差。当公差带在零线的上方时，基本偏差为下极限偏差；

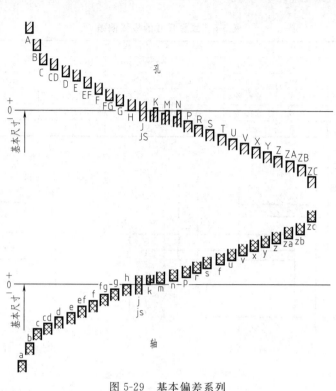

图 5-29　基本偏差系列

反之则为上极限偏差，如图5-29所示。基本偏差代号用拉丁字母表示，大写表示孔的基本偏差，小写表示轴的基本偏差。

孔和轴的公差带代号由基本偏差和标准公差等级组成，如图 5-30 所示。

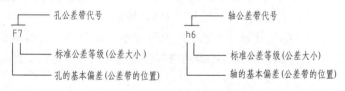

图 5-30　公差带代号

4. 配合制度

基本尺寸相同的孔和轴，在改变孔和轴的基本偏差时，可形成多种配合。为便于设计和制造，应减少配合数量，为此国家标准规定了两种配合制，即基孔制与基轴制。

（1）基孔制　基孔制配合是基本偏差为一定的孔的公差带，与不同基本偏差的轴的公差带形成各种配合的一种制度。基孔制以孔为基准孔，基本偏差为下偏差，并等于零，用代号 H 表示。

（2）基轴制　基轴制配合是基本偏差为一定的轴的公差带，与不同基本偏差的孔的公差带形成各种配合的一种制度。基轴制以轴为基准轴，基本偏差为上偏差，且等于零，用符号 h 表示。

5. 极限与配合的标注与查表

（1）极限与配合在图样上的标注

① 在装配图上的标注　在装配图上应标注配合代号。配合代号写成分数形式，分子为孔的公差带代号，分母为轴的公差带代号。标注时，应在基本尺寸之后写出配合代号，如图

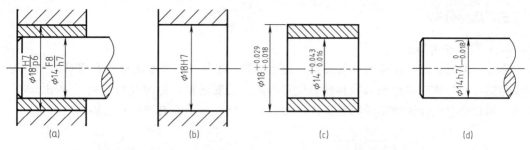

图 5-31 在图样上极限与配合的标注形式

5-31(a) 中 $\phi18\dfrac{H7}{p6}$、$\phi14\dfrac{F8}{h7}$，也可写作 $\phi18H7/p6$、$\phi14F8/h7$。

在配合代号中，凡是分子含有 H 的均为基孔制配合，如 $\phi18\dfrac{H7}{p6}$；凡分母中含有 h 的均为基轴制配合，如 $\phi14\dfrac{F8}{h7}$。

② 在零件图上的标注 在零件上标注公差有三种形式。

a. 在孔或轴的公称尺寸后面，注出基本偏差代号和公差等级，用同号字体书写，如图 5-31(b) 中的 $\phi18H7$，这种形式用于成批生产的零件图上。

b. 在孔或轴的公称尺寸后面，注出偏差数值。上极限偏差注写在基本尺寸的右上方，下极限偏差注写在基本尺寸的同一底线上，偏差值的字体比基本尺寸数字的字体小一号。如图 5-31(c) 中的 $\phi18^{+0.029}_{+0.018}$。这种形式用于单件或小批量生产的零件图上。

c. 在孔或轴的公称尺寸后面，既注出基本偏差代号和公差等级，又同时注出偏差数值。如图 5-29(d) 中的 $\phi14h7\left(^{\ 0}_{-0.018}\right)$。这种形式用于生产批量不定的零件图上。

(2) 查表方法 互相配合的轴和孔，按公称尺寸和公差带代号可通过查表获得极限偏差数值。如轴 $\phi35s6$，可由轴的极限偏差表查得上极限偏差 $+59\mu m$，下极限偏差为 $+43\mu m$，故极限偏差形式为 $\phi35^{+0.059}_{+0.043}$。再如孔 $\phi35H7$，可查孔的极限偏差得上极限偏差 $+25\mu m$，下极限偏差为 0，极限偏差形式为 $\phi35^{+0.025}_{\ 0}$。

配合代号的识读示例见表 5-7 所列。

表 5-7 配合代号的识读示例

配合代号	极限偏差		公差带图	说　明
	孔	轴		
$\phi20H8/f7$	$\phi20^{+0.033}_{\ 0}$	$\phi20^{-0.020}_{-0.041}$	$+0.033$ 孔 -0.020 轴 -0.041	基孔制间隙配合 最小间隙：$0-(-0.020)=+0.020$ 最大间隙：$0.033-(-0.041)=+0.074$
$\phi20H7/s6$	$\phi20^{+0.021}_{\ 0}$	$\phi20^{+0.048}_{+0.035}$	轴 $+0.048$ $+0.035$ 孔 $+0.021$	基孔制过盈配合 最小过盈：$0.021-0.035=-0.014$ 最大过盈：$0-0.048=-0.048$
$\phi20K7/h6$	$\phi20^{+0.006}_{-0.015}$	$\phi20^{\ 0}_{-0.013}$	$+0.006$ 孔 轴 -0.013 -0.015	基轴制过渡配合 最大间隙：$0.006-(-0.013)=+0.019$ 最大过盈：$-0.015-0=-0.015$

三、几何公差

1. 几何公差的概念

零件上的点、线、面称为几何要素，简称要素。零件实际要素的形状和相对位置不是绝对准确的，它们相对于理想形状和理想位置所允许的变动量，称为几何公差，如图 5-32(a) 所示。形状公差同样影响零件的互换性，如图 5-32(b) 所示为直线度对互换性的影响。

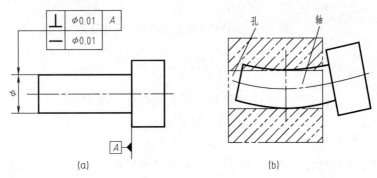

图 5-32 形状公差

2. 几何公差的代号

几何公差的代号包括公差框格、指引线和基准代号，如图 5-33 所示。

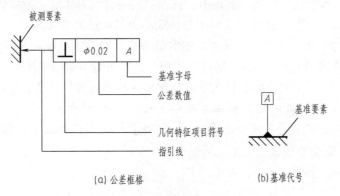

图 5-33 几何公差代号及基准代号

（1）公差框格　由两个或两个以上矩形方格组成，矩形方格中的内容，从左到右填写几何特征项目符号、公差数值和代表基准的字母。

几何公差的类型、特征项目及符号见表 5-8 所列。几何公差分为形状公差、方向公差、位置公差及跳动公差四大类。

（2）指引线　带箭头的指引线，表示箭头所指的部位为被测要素，即机件上要检测的点、线或面。

（3）基准及基准符号　对于位置公差，必须指明基准要素。基准要素用基准符号来标注，它由粗短线、圆圈、连线及大写字母组成，如图 5-33(b) 所示。

注意事项如下。

① 当被测要素或基准要素为中心要素（对称平面、轴线、中心点等）时，指引线或基准符号应与尺寸线对齐，否则应明显错开位置。如图 5-34(a) 所示，直线度误差中被测要素

表 5-8 几何公差的类型、特征项目及符号

公差类型	几何特征项目	符号	有无基准	公差要求
形状公差	直线度	—	无	提取线应限定在间距等于标注公差值的两要素(线或面)之间,或限定在直径等于标注公差值的圆柱面内
	平面度	▱	无	提取面应限定在间距等于标注公差值的两平行平面之间
	圆度	○	无	提取圆周应限定在半径差等于标注公差值的两共面同心圆之间
	圆柱度	⌭	无	提取圆柱面应限定在半径差等于标注公差值的两同轴圆柱面之间
	线轮廓度	⌒	无	在任一平行于投影面的截面内,提取轮廓线应限定在直径等于标注公差值,圆心位于公称轮廓线上的一系列圆的两等距包络线之间
	面轮廓度	⌓	无	提取轮廓曲面应限定在直径等于标注公差值,球心位于公称轮廓曲面上的一系列圆球的两等距包络面之间
方向公差	平行度	//	有	提取要素应限定在间距等于标注公差且平行于基准要素的两平行要素之间;或提取直线应限定在直径等于标注公差且平行于基准直线的圆柱面内
	垂直度	⊥	有	提取要素应限定在间距等于标注公差且垂直于基准要素的两平行要素之间;或提取直线应限定在直径等于标注公差且垂直于基准平面的圆柱面内
	倾斜度	∠	有	提取要素应限定在间距等于标注公差值,且按公称角度倾斜于基准要素的两平行平面之间
	线轮廓度	⌒	有	在任一平行于投影面的截面内,提取轮廓线应限定在直径等于标注公差值,圆心位于由基准要素确定的被测要素理论正确轮廓线上的一系列圆的两等距包络线之间
	面轮廓度	⌓	有	提取轮廓曲面应限定在直径等于标注公差值,球心位于由基准要素确定的被测轮廓面理论正确几何形状上的一系列圆球的两等距包络面之间
位置公差	位置度	⌖	有或无	提取要素应限定在以标注公差值为宽度,由基准要素和公称尺寸确定位置的公差带内
	同心度	◎	有	对于有同心度要求的两个圆,非基准圆的提取圆心应限定在直径等于标注公差值,以基准圆的圆心为圆心的圆周内
	同轴度	◎	有	对于有同轴度要求的两圆柱面,非基准圆柱面的提取中心线应限定在直径等于标注公差值,以基准轴线为轴线的圆柱面内
	对称度	⌯	有	提取平面应限定在间距等于标注公差值,对称于基准平面的两平行平面之间
位置公差	线轮廓度	⌒	有	在任一平行于投影面的截面内,提取轮廓线应限定在直径等于标注公差值,圆心位于由基准要素确定的被测要素理论正确轮廓线上的一系列圆的两等距包络线之间
	面轮廓度	⌓	有	提取轮廓曲面应限定在直径等于标注公差值,球心位于由基准要素确定的被测轮廓面理论正确几何形状上的一系列圆球的两等距包络面之间
跳动公差	圆跳动	↗	有	提取圆应限定在圆心位于基准轴线上,沿指定方向的距离等于标注公差值的两个圆之间
	全跳动	⌰	有	提取表面应限定在距离等于标注公差值,由基准要素确定的两平面或圆柱面之间

是指轮廓素线，故箭头与 $\phi20$ 的尺寸线错开，而同轴度误差中被测要素和基准要素分别指的是 $\phi20$ 和 $\phi30$ 段的轴线，故应与尺寸线对齐。

② 当公差带为圆柱时，公差数值之前加有符号“ϕ”，如图 5-34 所示，图（b）是图（a）中同轴度的公差带形状。

③ 同一被测要素有多于一项以上公差特征项目要求时，可将公差框上下叠放在一起，并共用一根指引线，如图 5-34(a) 所示的同轴度和垂直度公差。

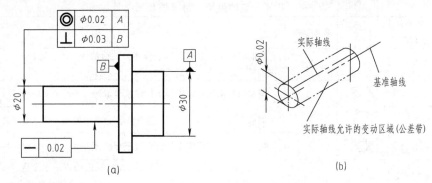

图 5-34　标注形位公差应注意的事项

3. 形位公差的识读

识读形位公差，要求明确公差特征项目、被测要素、基准要素以及所允许的公差值。

【例 5-1】　解释如图 5-35 所示零件图中标注的形位公差的意义。

解　图中从左向右标注的三处形位公差分别表示：

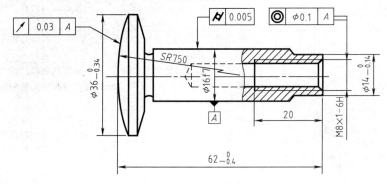

图 5-35　形位公差的解读

（1）球面 $SR750$ 对 $\phi16f7$ 轴线的圆跳动公差为 0.03mm；

（2）杆身 $\phi16f7$ 段的圆柱度公差为 0.005mm；

（3）螺孔 M8×1-6H 轴线对 $\phi16f7$ 轴线的同轴度公差为 $\phi0.1$mm。

第五节　标准件和常用件

在机械设备中广泛使用的螺栓、螺母、螺钉、垫圈、键、销、滚动轴承等，其结构和尺寸都已全部标准化，这样的零部件称为标准件；而齿轮、弹簧等部分结构和尺寸标准化的零部件称为常用件。本节介绍标准件和常用件的规定画法、标记和标注。

一、螺纹及螺纹紧固件

1. 螺纹

（1）螺纹的形成　螺纹是在圆柱或圆锥面上，沿着螺旋线形成的具有特定断面形状的连续凸起和沟槽。加工在圆柱或圆锥外表面上的螺纹称为外螺纹；加工在圆柱或圆锥孔上的螺纹称为内螺纹。

在零件上加工形成螺纹的方法有许多种，常见的有车床车削和丝锥攻丝两种。

如图 5-36 所示为在卧式车床上车削螺纹的示意图。工件作等速旋转，螺纹车刀切入工件并作匀速直线运动，这样便在工件上加工出螺纹。车刀切削部分的形状应与螺纹断面形状相吻合（如三角形、梯形、锯齿形等）。

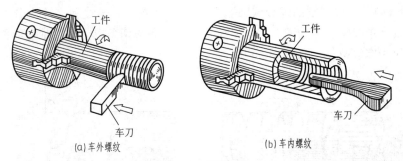

(a) 车外螺纹　　　　　　　(b) 车内螺纹

图 5-36　车削螺纹

图 5-37 为加工小直径内螺纹的示意图，其顺序是先钻孔后攻丝，由于钻头头部为圆锥形，故在孔的底部留有一个 120° 的锥角。

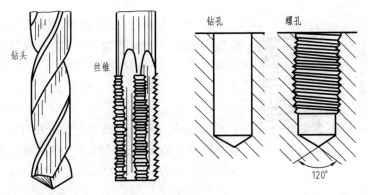

图 5-37　加工小直径内螺纹

（2）螺纹的基本要素　螺纹的基本要素包括牙型、公称直径、旋向、线数、螺距和导程等。

① 牙型　过螺纹轴线作剖切，螺纹的断面轮廓形状称为牙型。不同用途的螺纹，具有不同的牙型。标准螺纹的牙型有三角形、梯形和锯齿形；非标准螺纹有方牙螺纹。

② 公称直径　如图 5-38 所示。螺纹直径有大径、中径和小径之分。

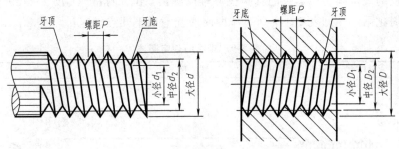

图 5-38　螺纹的结构名称及基本要素

a. 大径是指与外螺纹牙顶或内螺纹牙底相切的假想圆柱或圆锥的直径。外螺纹大径用 d 表示，内螺纹的大径用 D 表示，螺纹的大径称为公称直径。

b. 小径是指与外螺纹牙底或内螺纹牙顶相切的假想圆柱或圆锥的直径。外螺纹小径用

d_1 表示；内螺纹小径用 D_1 表示。

c. 中径是指一个假想圆柱或圆锥的直径，该圆柱或圆锥的母线通过牙型上沟槽和凸起宽度相等的地方。外螺纹的中径用 d_2 表示；内螺纹中径用 D_2 表示。

③ 线数（n）　形成螺纹的螺旋线条数称为线数。螺纹有单线和多线之分，沿一条螺旋线形成的螺纹为单线螺纹，如图 5-39(a) 所示；沿两条或两条以上且在轴向等距分布的螺旋线形成的螺纹为多线螺纹，如图 5-39(b) 所示。

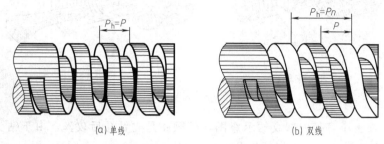

图 5-39　线数、导程与螺距

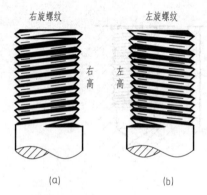

图 5-40　螺纹旋向的判定

④ 螺距与导程　螺纹上相邻两牙对应两点间的轴向距离称为螺距（用 P 表示）。同一条螺纹上相邻两牙对应两点间的轴向距离称为导程（P_h），如图 5-39 所示。导程与螺距、线数三者的关系是：

$$P_h = Pn$$

⑤ 旋向　螺纹的旋向有左旋和右旋两种。判定螺纹旋向较直观的方法是：将外螺纹竖放，右旋螺纹的可见螺旋线左低右高，而左旋螺纹的可见螺旋线左高右低，如图 5-40 所示。

注意：只有牙型、大径、螺距、线数和旋向等要素都相同的内、外螺纹才能旋合在一起。

在螺纹的诸要素中，牙型、大径和螺距是决定螺纹结构的最基本的要素，称为螺纹三要素。凡螺纹三要素符合国家标准的，称为标准螺纹；仅牙型符合国家标准的，称为特殊螺纹；连牙型也不符合国家标准的，称为非标准螺纹。

（3）螺纹的规定画法　螺纹的真实投影难以画出，国家标准（GB/T 4459.1—1995）规定了螺纹的简化画法，见表 5-9 所列。作图时应注意以下几点规定：

表 5-9　螺纹的规定画法

类型	图　例　及　画　法
外螺纹	牙顶线画粗实线 牙底线画细实线 只画 3/4 圈 不画倒角圆 小径　大径 终止线画粗实线

续表

类型	图 例 及 画 法
内螺纹	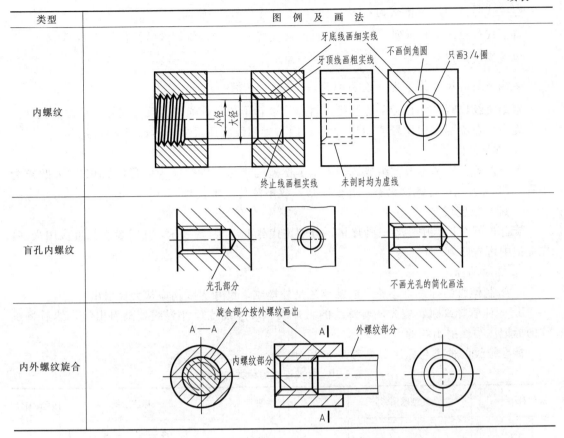
盲孔内螺纹	
内外螺纹旋合	

① 不论是内螺纹还是外螺纹，可见螺纹的牙顶线和牙顶圆用粗实线表示；

② 不论是内螺纹还是外螺纹，可见螺纹的牙底线和牙底圆用细实线表示，其中牙底圆只画 3/4 圈；

③ 可见螺纹的终止线用粗实线表示，其两端应画到大径处为止；

④ 在剖视图或断面图中，剖面线两端都应画到粗实线为止；

⑤ 不可见螺纹的所有图线都画虚线。

（4）螺纹的种类 从螺纹的结构要素来分，按牙型可分为三角形螺纹、梯形螺纹、锯齿形螺纹和方牙螺纹；按线数来分有单线螺纹和多线螺纹；按旋向来分有左旋螺纹和右旋螺纹。

从螺纹的使用功能来分，可把螺纹分为连接螺纹和传动螺纹。连接螺纹用于两零件间的可拆连接，牙型一般为三角形，尺寸相对较小；传动螺纹用于传递运动或动力，牙型多用梯形、锯齿形和方形，尺寸相对较大。

常用的标准螺纹见表 5-10 所列。

（5）螺纹的标注方法

① 螺纹的标记 由于螺纹采用了国家标准规定的简化画法，没有表达出螺纹的基本要素和种类，因此需要用螺纹的标记来区分，国家标准规定了螺纹的标记和标注方法。

一个完整的螺纹标记由三部分组成，其标记格式为：

$$\boxed{螺纹代号}—\boxed{公差带代号}—\boxed{旋合长度代号}$$

a. 螺纹代号。

螺纹代号的内容及格式为： 特征代号　尺寸代号　旋向

特征代号见表 5-8 所列，如普通螺纹的特征代号为 M，管螺纹特征代号为 G 等。

单线螺纹的尺寸代号为： 公称直径 × 螺距

多线螺纹的尺寸代号为： 公称直径 × 导程（P 螺距）

米制螺纹以螺纹大径为公称直径；管螺纹以管子的公称通径为尺寸代号，单位为英寸。

旋向：左旋螺纹用代号"LH"表示，因右旋螺纹应用最多，不标旋向代号。

b. 公差带代号。

由公差等级和基本偏差组成。表示基本偏差的字母，内螺纹为大写，如 6H；外螺纹为小写，如 5g、6g；管螺纹只有一种公差带，故不注公差带代号。

c. 旋合长度代号。

旋合长度有长、中、短三种规格，分别用代号 L、N、S 表示，中等旋合长度应用最多，在标记中可省略 N。

② 螺纹的标注

a. 米制螺纹的标注，不论是内螺纹还是外螺纹，尺寸界线均应从大径引出。

b. 标注管螺纹时，应先从管螺纹的大径线、尺寸线或尺寸界线处画引出线，然后将螺纹的标记注写在引出线的水平线上。

标准螺纹的种类与标注，见表 5-10 所列。

表 5-10　标准螺纹的种类与标记

螺纹种类		特征代号	牙型略图	标记说明	标注示例	标准编号
连接螺纹	粗牙普通螺纹	M	60°	M12-5g6g 中径和大径的公差带代号 公称直径（大径） 特征代号 （右旋螺纹不注旋向）	M12-5g6g	GB/T 192—2003 GB/T 193—2003
	细牙普通螺纹			M16×1-6h 中径和大径的公差带代号 螺距 公称直径（大径） 特征代号	M16×1-6h	GB/T 196—2003 GB/T 197—2003
	非螺纹密封的管螺纹	G	55°	G1A 公差等级代号 尺寸代号（单位为英寸） 特征代号	G1A	GB/T 7307—2001
传动螺纹	梯形螺纹	Tr	30°	Tr36×12|P6|-7H 公差带代号 螺距 导程 公称直径 特征代号	Tr36×12/P6/-7H	GB/T 5796.1～5796.4—2005
	锯齿形螺纹	B	30° 3°	B71×10LH-7c 公差带代号 左旋 螺距 公称直径 特征代号	B71×10LH-7c	GB/T 13576.1～13576.4—2008

c. 非标准螺纹的标注。

非标准螺纹的牙型数据没有资料可查，因此，在图样上除了按标准螺纹的画法画出非标准螺纹外，还必须另外用较大的比例画出牙型的放大图，并按一般零件的尺寸标注方法，详细地标注出有关尺寸，如图 5-41 所示。

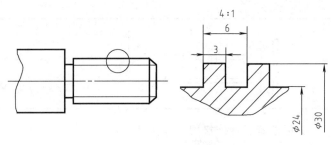

图 5-41　非标准螺纹的标注

2. 螺纹紧固件

螺纹紧固件用于两个零件间的可拆连接，常见的螺纹紧固件有螺栓、螺柱、螺钉、螺母和垫圈等，如图 5-42 所示。

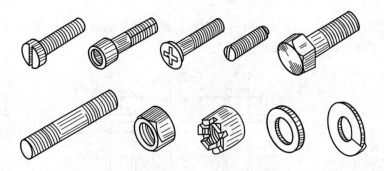

图 5-42　常见的螺纹紧固件

螺纹紧固件属于标准件，其结构和尺寸可根据其标记，在有关标准手册中查出。几种常见螺纹紧固件的图例和标记格式见表 5-11 所列。

表 5-11　螺纹紧固件的图例和标记格式

名称	图　例	标记格式及示例	示例说明
六角头螺栓		名称　标准编号　螺纹代号×长度 螺栓 GB/T 5782—2016　M16×90	螺纹规格 $d=$ M16mm，公称长度 $l=$ 90mm，性能等级为 4.8 级，不经表面处理，杆身半螺纹的 C 级六角头螺栓
螺母		名称　标准编号　螺纹代号 螺母 GB/T 6170—2015　M12	螺纹规格 $d=$ M12mm，性能等级为 5 级，不经表面处理的 C 级六角螺母
双头螺柱		名称　标准编号　螺纹代号×长度 螺柱 GB/T 899—1988　M10×40	两端均为粗牙普通螺纹，$d=$ M10mm，$l=$ 40mm，性能等级 4.8 级，B 型（"B"省略不标），$b_m=1.5d$ 的双头螺柱
平垫圈		名称　标准编号　公称尺寸-性能等级 垫圈 GB/T 97.1—2002 10-100HV	标准系列、公称尺寸 $d=$ 10mm，性能等级为 100HV 级，不经表面处理的平垫圈

续表

名称	图 例	标记格式及示例	示例说明
螺钉		名称 标准编号 螺纹代号×长度 螺钉 GB/T 68—2000 M10×40	螺纹规格 $d=$M10mm,公称长度 $l=$40mm,性能等级为 4.8 级,不经表面处理的开槽盘头螺钉

3. 螺纹紧固件连接图

画螺纹紧固件连接的图形时,可以根据其规定标记,按标准中的各部分尺寸绘制。但为了方便作图,提高绘图速度,通常可按各部分尺寸与螺纹大径 d 的比例关系近似地画出。

螺纹紧固件的连接形式有螺栓连接、螺柱连接和螺钉连接。

(1) 螺栓连接 螺栓连接是将螺栓穿入两个被连接零件的光孔中,套上垫圈,旋紧螺母,如图 5-43(a) 所示。这种连接方式用于连接两个较薄的零件。

螺栓连接的画法如图 5-43(b) 所示。螺栓、螺母和垫圈的尺寸一般按与螺纹公称直径的近似比例关系画出,比例关系见表 5-12 所列。

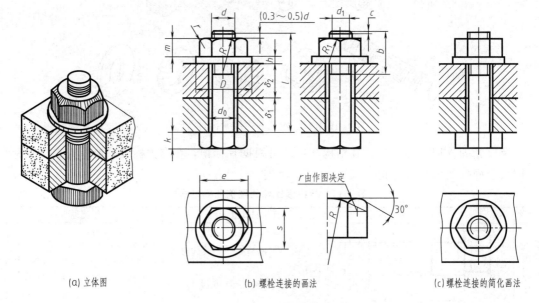

(a) 立体图 　　　　(b) 螺栓连接的画法 　　　　(c) 螺栓连接的简化画法

图 5-43 螺栓连接的画法

表 5-12 螺栓、螺母和垫圈各部分的比例关系

紧固件名称	螺 栓	螺 母	平垫圈
尺寸比例	$b=2d$ $k=0.7d$ $c\approx0.15d$ $d_1=0.85d$ $e=2d$ $R=1.5d$ $R_1=d$ r、s 由作图决定	$m=0.8d$	$h=0.15d$ $D=2.2d$

画螺栓连接图时,应按各个标准件的装配顺序依次画出,作图时还应注意以下几点。

① 在主视图和左视图中,剖切面过轴线剖切标准件,图中的螺栓、螺母和垫圈按不剖画出。

② 被连接件的光孔(直径 d_0)与螺杆之间为非接触面,应画出间隙(可近似取 $d_0=1.1d$)。

螺栓的长度可根据被连接零件的厚度、螺母和垫圈的厚度、螺栓的末端应伸出螺母的端部 $(0.3\sim0.5)d$ 计算后选定,可按下式进行计算,即:

$$l=\delta_1+\delta_2+h+m+(0.3\sim0.5)d$$

计算出 l 之后，还要从螺栓标准中查得符合规定的长度。

【**例 5-2**】 $\delta_1=10$，$\delta_2=20$，螺纹的公称直径为 10mm，确定螺栓的长度。

解 $l=\delta_1+\delta_2+h+m+(0.3\sim0.5)d=10+20+0.95\times10+0.5\times10=44.5$ （mm）

查附录附表可知，螺栓的公称长度 l 的商品规格范围为 $40\sim100$，计算出的长度在这一范围内，说明可以选定标准长度。从表中的 l 系列中，查得与 44.5 最接近的值为 45mm，因此螺栓的公称长度应取为 $l=45$mm。

（2）螺柱连接 螺柱连接是将螺柱的一端，旋入一厚度较大零件的螺孔中，另一端穿过一厚度不大零件的光孔，套上垫圈，旋紧螺母，如图 5-44(a) 所示。螺柱连接用于两个被连接件中，有一个零件的厚度较大，或不允许钻通孔，且经常需要拆卸的零件间的连接。

在装配图中，螺柱连接可用简化画法，如图 5-44(b) 所示。画图时应注意以下几点。

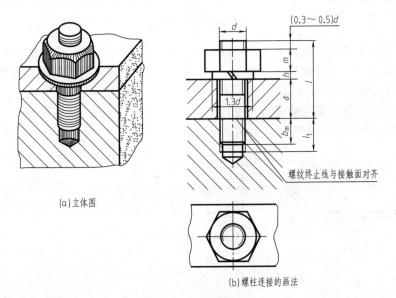

(a)立体图

(b)螺柱连接的画法

图 5-44 螺柱连接的画法

① 螺柱的旋入端长度 b_m 按被连接件的材料选取（钢取 $b_m=d$；铸铁或铜取 $b_m=1.25d\sim1.5d$；铝等轻金属取 $b_m=2d$）。螺柱其他部分的比例关系，可参照螺栓的螺纹部分选取。

② 图中的垫圈为弹簧垫圈，有防松的作用。画弹簧垫圈时，开口采用粗线（线宽约 $2b$，b 为粗实线的宽度）从左上方向右下方绘制，与水平成 60°角。比例关系为：$h=0.2d$，$D=1.3d$。

③ 旋入端的螺纹终止线应与接触面平齐，表示旋入端的螺纹全部旋入螺孔中。

④ 为保证旋入端的螺纹能够全部旋入螺孔，被连接件上的螺孔深度应大于螺柱旋入端的长度，螺孔深取 $l_1=b_m+0.5d$，孔深取 b_m+d。

⑤ 公称长度按下式计算后再标准化。

$$l=\delta+h+m+(0.3\sim0.5)d$$

（3）螺钉连接 螺钉连接是将螺钉穿过一厚度不大零件的光孔，并旋入另一个零件的螺孔中，将两个零件固定在一起。螺钉连接主要用于受力不大且不经常拆卸的两零件间的连接。

螺钉按用途可分为连接螺钉和紧定螺钉两类。连接螺钉的装配画法如图 5-45 所示，需注意以下几个问题。

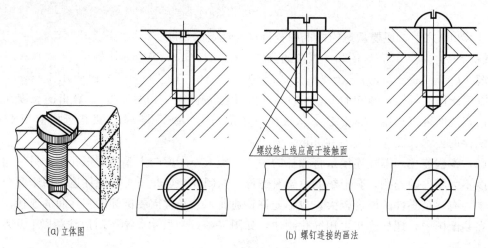

(a) 立体图   (b) 螺钉连接的画法

图 5-45   螺钉连接

① 螺钉上的螺纹终止线应高于两零件的接触面，以保证两个被连接的零件能够被旋紧。

② 螺钉头部的开槽用粗线（宽约 $2b$，b 为粗实线线宽）表示，在垂直于螺钉轴线的视图中一律按向右倾斜 $45°$ 画出。

③ 被连接件上螺孔部分的画法与螺柱相同。

几种螺钉头部的比例关系如图 5-46 所示。

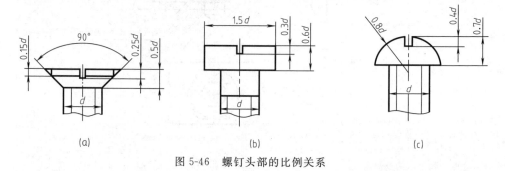

(a)   (b)   (c)

图 5-46   螺钉头部的比例关系

紧定螺钉用于定位，其画法如图 5-47 所示。

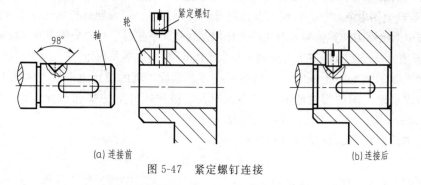

(a) 连接前   (b) 连接后

图 5-47   紧定螺钉连接

二、键、销

1. 键

键常用来连接轴和轮，以在两者之间传递运动或动力，如图 5-48 所示。

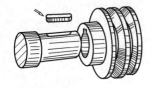 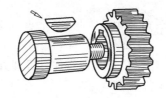 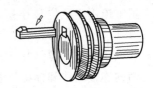

图 5-48　键连接

键是标准件，常用的有普通平键、半圆键和钩头楔键，如图 5-49 所示。

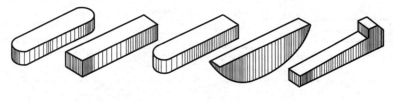

(a)普通平键　　　　　　(b)半圆键　　　　　　(c)钩头楔键

图 5-49　键

普通平键应用最广，按形状分为 A 型（两端为圆头）、B 型（两端为平头）和 C 型（一端为圆头、另一端为平头）三种。

普通平键、半圆键和钩头楔键的画法与标记见表 5-13 所列。

表 5-13　常用键的型式、画法与标记

名称	图　例	标　记
普通平键		圆头普通平键(A 型)$b=8$mm,$h=7$mm,$l=25$mm： 键 8×25　GB/T 1096—2003 平头普通平键(B 型)$b=16$mm,$h=10$mm,$l=100$mm： 键 B16×100　GB/T 1097—2003
半圆键		半圆键$b=6$mm,$h=10$mm,轴径 $d=25$mm： 键 6×25　GB/T 1096—2003
钩头楔键		钩头楔键$b=18$mm,$h=11$mm,$l=100$mm： 键 18×100　GB/T 1565—2003

键和键槽的尺寸是根据被连接的轴或孔的直径确定的，可通过有关手册查得。

2. 销

销属于标准件，多用于两零件间的定位，也可用于受力不大的连接和锁定。销常见的型式有圆柱销、圆锥销和开口销。

圆柱销用于定位和连接。工件需要配作铰孔，可传递的载荷较小（GB/T 119.1～

119.2—2000)。

　　圆锥销用于定位和连接。圆锥销制成 1∶50 的锥度，安装、拆卸方便，定位精度高（GB/T 117—2000）。

　　开口销与槽形螺母配合使用，用于锁定其他零件，拆卸方便、工作可靠。

　　销的连接画法和标记见表 5-14 所列。

表 5-14　销的连接画法和标记

名称	图　例	连接画法	标　记
圆柱销	d l		公称直径为 $d=8$mm，公称长度 $l=32$mm，材料为 35 钢，热处理硬度为 28～38HRC，表面氧化处理的 A 型圆柱销： 销 GB/T 119—2000　A8×32
圆锥销	d l		公称直径为 $d=5$mm，公称长度 $l=32$mm，材料为 35 钢，热处理硬度为 28～38HRC，表面氧化处理的 A 型圆锥销： 销 GB/T 117—2000　5×32
开口销	l d		公称规格为 $d=5$mm，公称长度 $l=50$mm，材料为 Q215，不经表面处理的开口销： 销 GB/T 91—2000　5×50

三、齿轮（GB/T 4459.2—2003）

　　齿轮用于两轴间传递运动或动力，属于常用件，只有部分结构和参数进行了标准化。

　　常用的齿轮传动有以下三大类。

　　① 圆柱齿轮传动，用于平行两轴间的传动，如图 5-50(a) 所示。

　　② 圆锥齿轮传动，用于相交两轴间的传动，如图 5-50(b) 所示。

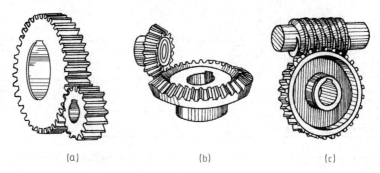

(a)　　　　　　(b)　　　　　　(c)

图 5-50　常用的齿轮传动

　　③ 蜗轮蜗杆传动，用于交叉两轴间的传动，如图 5-50(c) 所示。

　　(1) 圆柱齿轮的轮齿结构和主要参数　圆柱齿轮的外形为圆柱，有直齿、斜齿和人字齿三种，如图 5-51 所示。齿廓曲线有渐开线、摆线和圆弧，一般为渐开线。以下介绍直齿圆柱齿轮。

图 5-51 圆柱齿轮

直齿圆柱齿轮的轮齿结构和主要参数如图 5-52 所示。

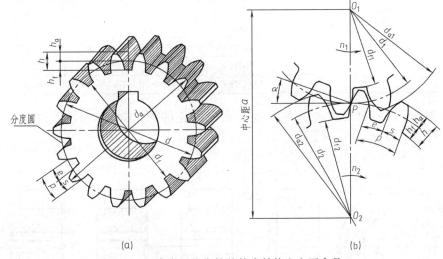

图 5-52 直齿圆柱齿轮的轮齿结构和主要参数

① 齿顶圆和齿根圆 用一假想的圆通过齿轮各轮齿顶部，该圆称为齿顶圆，直径用 d_a 表示；用一假想的圆通过齿轮各轮齿根部，该圆称为齿根圆，直径用 d_f 表示。

② 节圆（直径 d'）和分度圆（直径 d） 在两齿轮啮合时，过齿轮中心连线上的啮合点所作的两个相切的假想圆称为节圆，直径用 d' 表示。在齿顶圆与齿根圆之间，用一假想的圆切割轮齿，若切得的齿隙弧长与齿厚弧长相等，这一假想的圆称为分度圆。加工齿轮时，分度圆作为轮齿分度使用。标准齿轮的节圆和分度圆直径相等。

③ 齿距 p 分度圆上相邻两齿同侧齿廓间的弧长称为齿距，用 p 表示，包括齿厚（s）和槽宽（e）。

对于标准齿轮：

$$s = e = \frac{p}{2}$$
$$p = s + e$$

④ 模数 m 分度圆的周长 $= \pi d = pz$，$d = \frac{p}{\pi} z = mz$，其中 $m = \frac{p}{\pi}$ 称为模数，为齿轮的标准参数，见表 5-15 所列。

表 5-15 **渐开线圆柱齿轮的标准模数系列**（摘自 GB/T 1357—2008）　　单位：mm

第一系列	1,1.25,1.5,2,2.5,3,4,5,6,8,10,12,16,20,25,32,40,50
第二系列	1.75,2.25,2.75,(3.25),3.5,(3.75),4.5,5.5,(6.5),7,9,(11),14,18

注：优先选用第一系列，其次是第二系列，括号内的模数尽可能不用。

⑤ 齿形角 α 一对齿轮啮合时，齿廓在啮合点处的受力方向与该点瞬时速度方向所夹的锐角 α 称为齿形角，如图 5-52(b) 所示，标准齿轮的齿形角 $\alpha=20°$。

一对相互啮合的标准直齿圆柱齿轮，模数和齿形角必须相等。若已知它们模数和齿数，则可以计算出轮齿的其他尺寸，计算公式见表 5-16 所列。

表 5-16 标准直齿圆柱齿轮的尺寸计算

基 本 参 数	名称及符号	计 算 公 式
模数 m 齿数 z	齿顶圆直径(d_a)	$d_a=m(z+2)$
	分度圆直径(d)	$d=mz$
	齿根圆直径(d_f)	$d_f=m(z-2.5)$
	齿顶高(h_a)	$h_a=m$
	齿根高(h_f)	$h_f=1.25m$
	齿高(h)	$h=h_a+h_f=2.25m$
	模数(m)	$m=p/\pi$
	中心距(a)	$a=(d_1+d_2)/2=m(z_1+z_2)/2$

（2）圆柱齿轮的规定画法 单个直齿圆柱齿轮的画法如图 5-53 所示。参见 GB/T 4459.2—2003。

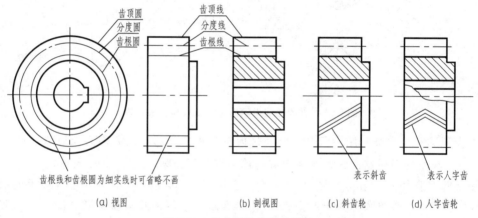

齿顶圆
分度圆
齿根圆
齿顶线
分度线
齿根线

齿根线和齿根圆为细实线时可省略不画

表示斜齿

表示人字齿

(a) 视图   (b) 剖视图   (c) 斜齿轮   (d) 人字齿轮

图 5-53 单个圆柱齿轮的画法

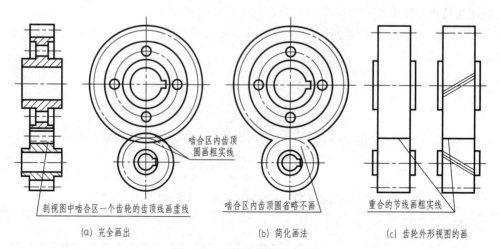

剖视图中啮合区一个齿轮的齿顶线画虚线

啮合区内齿顶圆画粗实线

啮合区内齿顶圆省略不画

重合的节线画粗实线

(a) 完全画出   (b) 简化画法   (c) 齿轮外形视图的画

图 5-54 圆柱齿轮的啮合画法

两啮合的齿轮画法如图 5-54 所示。其啮合区的局部放大图如图 5-55 所示。

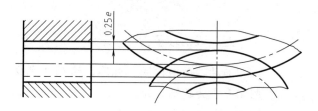

图 5-55　轮齿啮合区的局部放大图

（3）齿轮工作图的识读　圆柱齿轮的工作图，除了具有一般零件图的内容外，右上角还有一参数表。下面以图 5-56 为例，说明识读齿轮工作图的步骤。

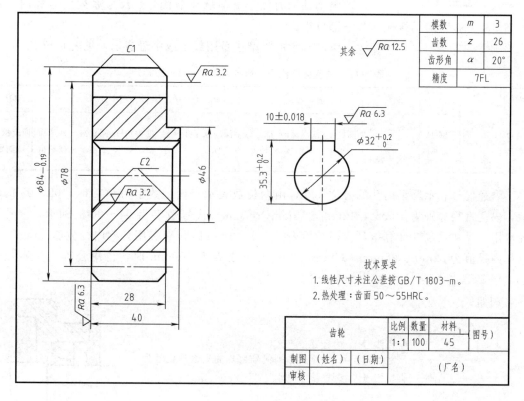

图 5-56　圆柱齿轮的零件图

①　概括了解　从标题栏可知该零件为齿轮，材料为 45 钢，使用主视图和局部视图表达齿轮的结构。

②　详细分析　从右上角的参数表可知，该齿轮模数为 3mm，齿数为 26 齿，齿形角 20°，精度按 7FL 制造。主视图中没有画出轮齿的排列方向，而参数表也没有列出螺旋角，故可判断这是一直齿圆柱齿轮。圆筒形轮毂向右凸出，从局部视图可看出轴孔上部有一键槽。轴孔和轮齿两端分别有倒角 $C2$、$C1$。齿轮以轴线和轮毂右端面为尺寸基准。齿顶圆直径 $\phi84_{-0.19}^{0}$、轴孔直径 $\phi32_{0}^{+0.2}$、键槽宽 10 ± 0.018 和深度尺寸 $35.3_{0}^{+0.2}$ 都有公差要求，其他未注公差尺寸按 GB/T 1803—2003 制造。齿面、轴孔的表面粗糙度要求最高。齿面进行热处理，硬度应达到 50～55HRC。

③ 归纳总结 通过上述分析之后，应对齿轮的结构、尺寸和技术要求再进行综合归纳，形成对齿轮的总体认识。

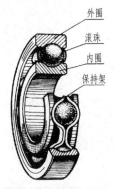

图 5-57 滚动轴承的结构

外圈
滚珠
内圈
保持架

四、滚动轴承

滚动轴承由内圈、外圈、滚动体和保持架组成，在机器中用于支承旋转轴，如图 5-57 所示。轴承内圈套在轴上与轴一起转动，外圈装在机座孔中。

滚动轴承是标准组件，不单独画零件图，其结构和尺寸可根据代号从有关标准中查得。

1. 滚动轴承的基本代号

滚动轴承的代号由轴承类型代号、尺寸系列代号和内径代号三部分组成。

滚动轴承的类型代号用数字或字母表示，见表 5-17 所列。

表 5-17　轴承类型代号（摘自 GB/T 272—1993）

代号	0	1	2	3	4	5	6	7	8	N	U	QJ
轴承类型	双列角接触球轴承	调心球轴承	调心滚子轴承和推力调心滚子轴承	圆锥滚子轴承	双列深沟球轴承	推力球轴承	深沟球轴承	角接触球轴承	推力圆柱滚子轴承	圆柱滚子轴承	外球面球轴承	四点接触球轴承

内径代号表示轴承内孔的公称尺寸，由两位数表示。代号数字为 00，01，02，03 的轴承，内孔直径分别为 10mm，12mm，15mm，17mm；代号数字为 04～96 的轴承，内孔直径可用代号数乘以 5 计算得到。但轴承内径为 1～9mm 时，直接用公称内径数值（mm）表示；内径值为 22mm、28mm、32mm，以及大于或等于 500mm 时，也用公称内径直接表示，但要用"/"与尺寸系列代号隔开。

例如：

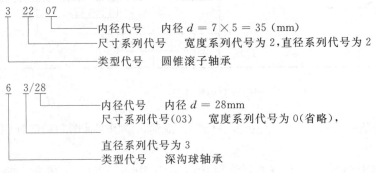

3　22　07
├─ 内径代号　　内径 $d = 7 \times 5 = 35$（mm）
├─ 尺寸系列代号　宽度系列代号为 2，直径系列代号为 2
└─ 类型代号　圆锥滚子轴承

6　3/28
├─ 内径代号　　内径 $d = 28$mm
├─ 尺寸系列代号（03）　宽度系列代号为 0（省略），
│　　　　　　　　　　直径系列代号为 3
└─ 类型代号　深沟球轴承

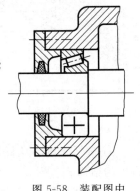

图 5-58　装配图中
轴承的规定画法

除基本代号外，还可添加前置代号和后置代号，进一步表示轴承的结构形状、尺寸、公差和技术要求等。

2. 滚动轴承的画法

国家标准对滚动轴承的画法作了规定，分为通用画法、特征画法和规定画法三种。

滚动轴承的代号和画法见表 5-18 所列。滚动轴承在装配图中的画法如图 5-58 所示。

表 5-18 滚动轴承的代号和画法

轴承类型	深沟球轴承 (GB/T 276—2013)	圆锥滚子轴承 (GB/T 297—1994)	推力球轴承 (GB/T 301—1995)
轴承结构	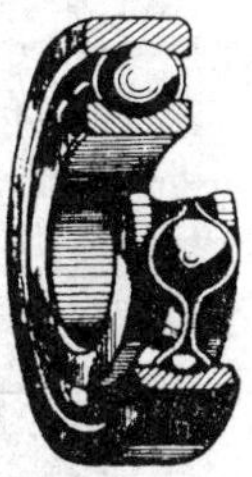		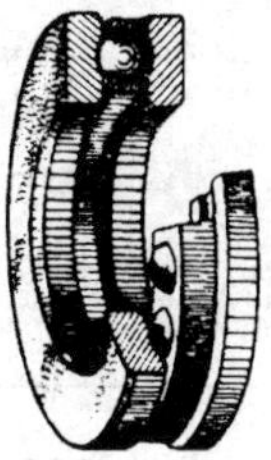
通用画法	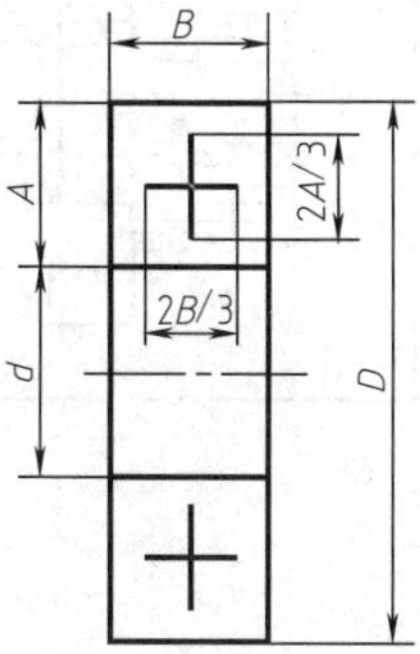	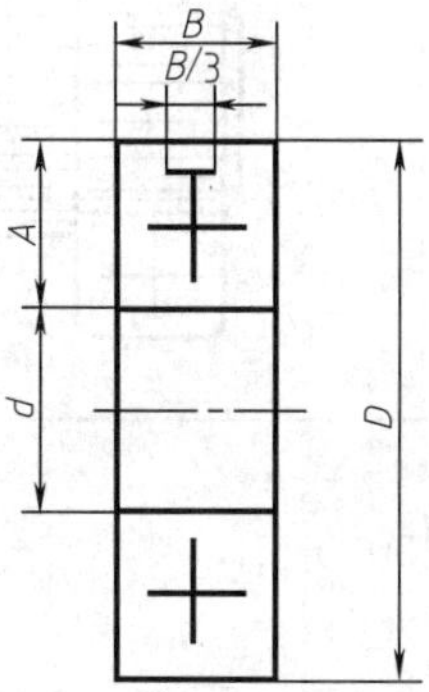	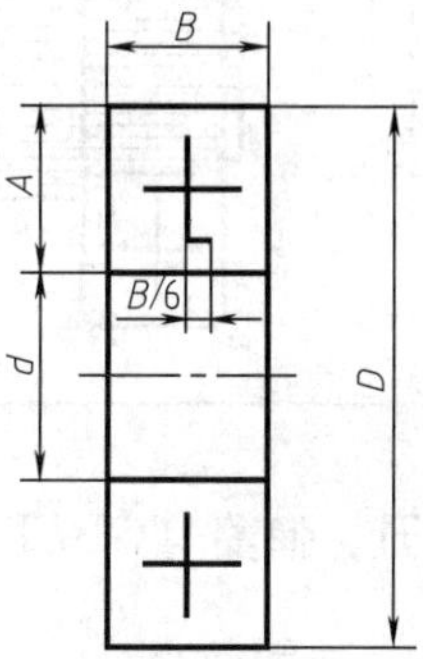
特征画法	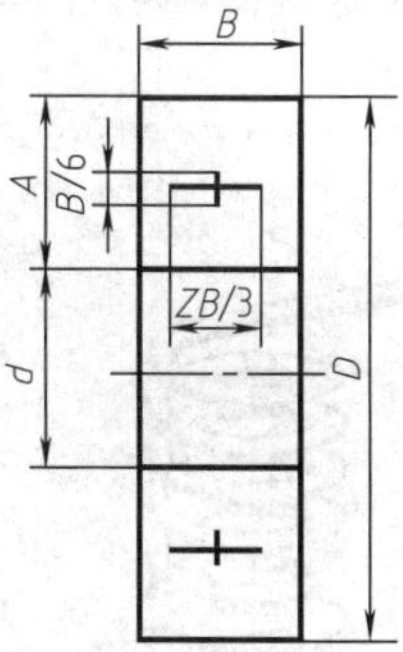	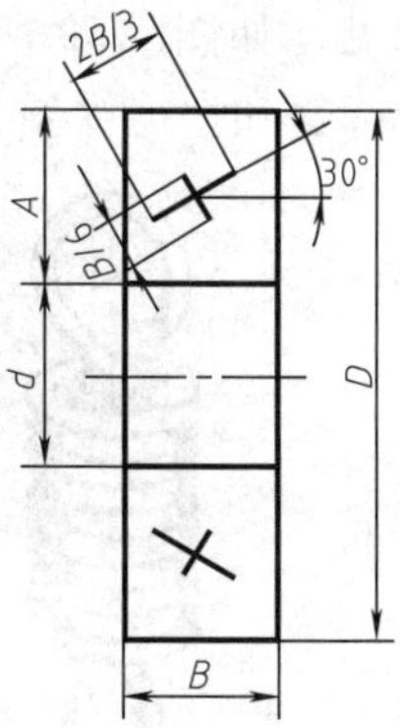	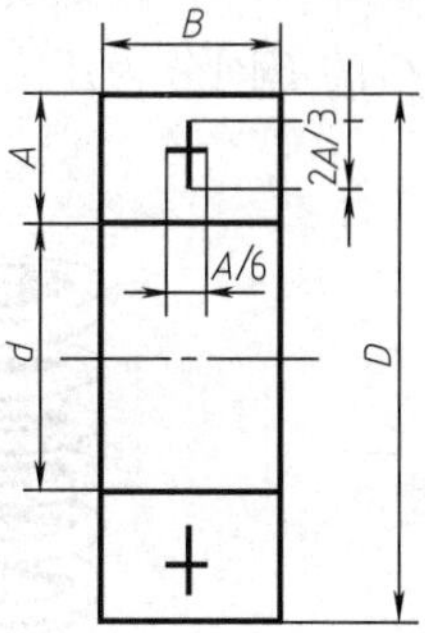
规定画法	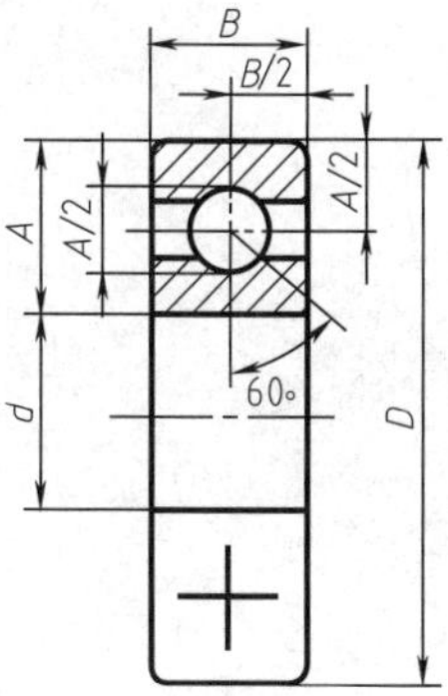	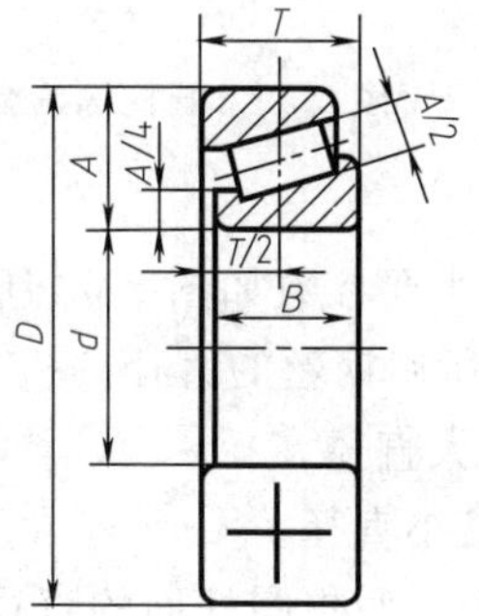	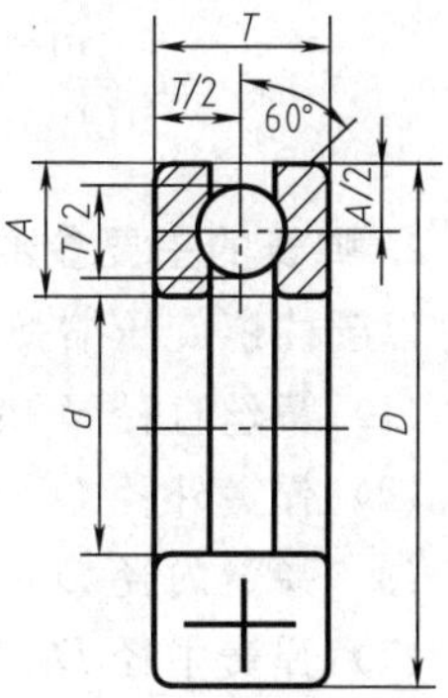

续表

轴承类型	深沟球轴承 (GB/T 276—2013)	圆锥滚子轴承 (GB/T 297—1994)	推力球轴承 (GB/T 301—1995)
轴承代号示例	滚动轴承 6 2 12 GB/T 276—1994 └─内径 $d=12×5=60$(mm) └─尺寸系列代号 └─类型代号(深沟球轴承)	滚动轴承 3 03 08 GB/T 297—1994 └─内径 $d=8×5=40$(mm) └─尺寸系列代号 └─类型代号(圆锥滚子轴承)	滚动轴承 5 13 05 GB/T 301—1995 └─内径 $d=5×5=25$(mm) └─尺寸系列代号 └─类型代号(推力球轴承)
装配示意图			

五、弹簧 (GB/T 4459.4—2003)

1. 弹簧简介

弹簧是一种储能元件，广泛用于减振、测力、夹紧等。弹簧的类型有螺旋弹簧、蜗卷弹簧、板弹簧等，以螺旋弹簧最为常见。如图 5-59 所示为圆柱螺旋弹簧，圆柱螺旋弹簧按承受载荷的不同分为压力弹簧、拉力弹簧和扭力弹簧。

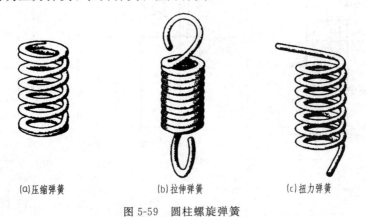

(a)压缩弹簧　　　　　(b)拉伸弹簧　　　　　(c)扭力弹簧

图 5-59　圆柱螺旋弹簧

2. 弹簧的主要参数

以圆柱螺旋压缩弹簧为例，主要参数如图 5-60 所示。

(1) 簧丝直径 d　制造弹簧所用钢丝的直径。

(2) 弹簧外径 D　弹簧的最大直径。

(3) 弹簧内径 D_1　弹簧的最小直径。

(4) 弹簧中径 D_2　过簧丝中心假想圆柱面的直径，$D_2=D-d$。

(5) 节距 t　相邻两有效圈上对应点间的轴向距离。

（6）圈数 弹簧中间节距相同的部分圈数称为有效圈数（n）；为使弹簧平衡、端面受力均匀，弹簧两端应磨平并紧，磨平并紧部分的圈数称为支承圈数（n_2），有 1.5 圈、2 圈及 2.5 圈三种。

弹簧的总圈数 $n_1 = n + n_2$。

（7）自由高度 H_0 在弹簧不受力的情况下弹簧的高度。

$$H_0 = nt + (n_2 - 0.5)d$$

（8）弹簧展开长度 L 即制造弹簧用的簧丝长度，可按螺旋线展开。

$$L \approx n_1 \sqrt{(\pi D_2)^2 + t^2}$$

（9）旋向 分为左旋和右旋两种。

3. 弹簧的画法

国家标准（GB/T 4459.4—2003）对弹簧的画法进行了规定。圆柱螺旋弹簧按需要可画成视图、剖视图及示意图，其画法如图 5-61 所示。

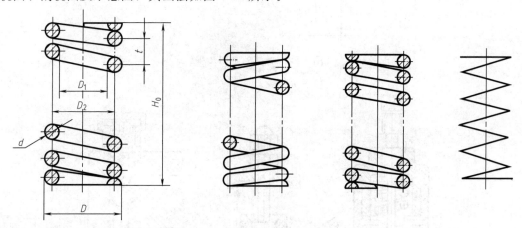

图 5-60 圆柱螺旋压缩弹簧主要参数   图 5-61 螺旋弹簧的画法

（1）规定画法

① 在平行于弹簧轴线的视图中，各圈的螺旋轮廓线画成直线。

② 无论左旋还是右旋，均可按右旋画出，但左旋螺旋弹簧要注写"LH"表示左旋。

③ 有效圈数在四圈以上的螺旋弹簧，允许在两端仅画两圈（支承圈除外），中间断开省略不画。

④ 无论螺旋压缩弹簧的支承圈数多少，支承圈数按 2.5 圈、磨平圈数按 1.5 圈画出。

如图 5-62 所示为螺旋弹簧的作图步骤。

（2）装配图中弹簧的画法 装配图中弹簧的画法如图 5-63 所示。画图时应注意以下几点。

① 在装配图中，将弹簧看成一个实体，被弹簧挡住的结构不画出，如图 5-63(a) 所示。

② 在剖视图中，若被剖切的弹簧簧丝断面直径在图中小于或等于 2mm 时，断面不画剖面线，而将其涂黑表示，如图 5-63(b) 所示。

③ 簧丝直径或厚度在图形上小于或等于 2mm 时，允许用单线（粗实线）示意画出，如图 5-63(c) 所示。

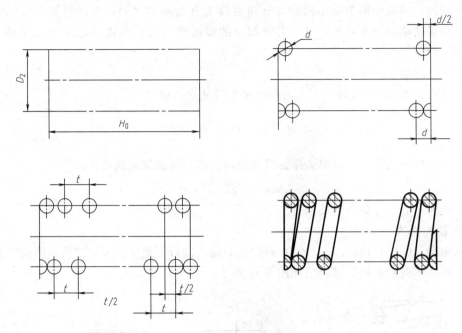

图 5-62 弹簧的画图步骤

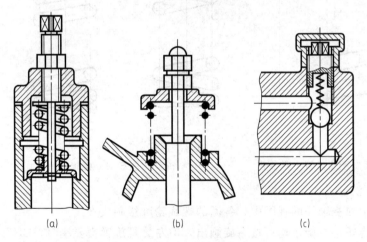

(a)　　　　　　　(b)　　　　　　　(c)

图 5-63 装配图中弹簧的画法

第六节　零件图的阅读及典型零件分析

机器中的零件千变万化，其结构形状是根据零件的作用及工艺要求而定的。虽然零件的种类很多，但从其功能、结构特征来分，可归纳为轴套类、盘盖类、叉架类、箱壳类四类典型的零件。每类零件的结构、工艺、表达及尺寸标注都有其共同的特点，了解这些特点有利于读图，掌握其画图的一些规律。

一、识读零件图的步骤

识读零件图，一般可按下述步骤进行。

1. 概括了解

（1）看标题栏　了解零件名称、材料、比例等。先看零件的名称，以确定零件的类型，估计零件的大致作用和形状结构，这对读懂零件图会有很大的帮助。例如看到轴的零件图时，只要熟悉零件分类，就知道轴属于轴套类零件，主体结构由几段圆柱或圆锥同轴组成。看图分析结构时，你就会把各轴段当作圆柱或圆锥来想了。

（2）了解视图配置　要了解各视图的名称及相互间的关系，看图的方向。

2. 详细分析

（1）分析零件的结构　以前面归纳的零件大致形状为基础，结合视图，用形体分析的方法详细分析出零件的各个结构。

（2）分析尺寸　分析尺寸基准、各结构的定形、定位尺寸。

（3）分析技术要求　分析表面结构要求、尺寸公差、形位公差、材料热处理及表面处理等技术要求的高低及其原因。

3. 归纳总结

在对零件各个方面分析之后，最后还要总结一下，综合归纳出零件的结构、形状特点和加工要求。

二、典型零件及其零件图

许多零件在结构上有着共同的特点，据此可把零件分为四类，即轴套类、盘盖类、叉架类和箱壳类。

总结见表 5-19。

表 5-19　四类零件的结构和工艺特点、视图表达和尺寸标注特点

零件种类	零件举例	结构和工艺特点	视图表达特点	尺寸标注特点
轴类	轴、销、套筒等。 图 5-64 图 5-65	此类零件主要由共轴的回转体构成；零件上常有轴肩、退刀槽、键槽、销孔、中心孔、倒角、圆角等结构　机械加工以车、磨为主	主视图常按其加工位置放置（轴线水平），基本视图往往只需一个，其局部结构常用断面图、局部视图、局部放大图等	回转轴线既是往后的设计基准，也是车、磨时的工艺基准。轴向除有设计基准外，还有工艺基准 对中心孔、键槽、退刀槽等的尺寸标注已标准化，可从手册中查得
盘盖类	带轮、端盖等。 图 5-66 图 5-67	与轴类零件相似，但轴向长度较短，且常有较大的、与其他零件相结合的端面，四周有安装孔，还常有轮辐、肋等结构，毛坯料多为铸件、锻件。加工以车、削为主	与轴类相似，主视图将轴线水平放置，一般两个基本视图，且常采用单一剖、旋转剖和复合剖的全剖视图	轴向尺寸常以相邻零件的接触面为基准，径向尺寸以轴线为设计基准和工艺基准 标注尺寸时需考虑铸造工艺及各种加工的基本要求
支架类	各种拔叉，支架等。 图 5-68 图 5-69	结构形状不规则，有时弯曲，有时倾斜；常有肋、各种孔、凸台等结构 零件多为铸件、锻件，加工位置多变	主视图常遵循形状特征原则，基本视图一般需两个以上，并常选用斜视图、斜剖视、局部视图、局部剖视图和断面图等表达方法	常以主要孔的中心线、主要的工作面，端面和对称面作尺寸基准；对弯曲、倾斜等不规则结构要根据设计要求，结合尺寸分析标注尺寸，尺寸标注时应考虑铸造工艺及各种加工的基本要求

续表

零件种类	零件举例	结构和工艺特点	视图表达特点	尺寸标注特点
箱壳类	箱体外壳等。 图 5-70 图 5-71	常有内腔、轴孔和大的基准平面，内外部结构形状随其作用和其相邻零件而定 　此类零件多为铸件，加工位置多变	主视图常按其工作位置放置，基本视图常需两个以上，并广泛应用各种视图和剖视图，表达方式灵活	常选零件的底面、结合面、端面、对称面和主要孔的轴线为基准 　标注尺寸时要考虑铸造工艺及各种加工的基本要求

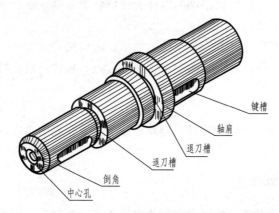

图 5-64　轴类零件常见结构和工艺特点

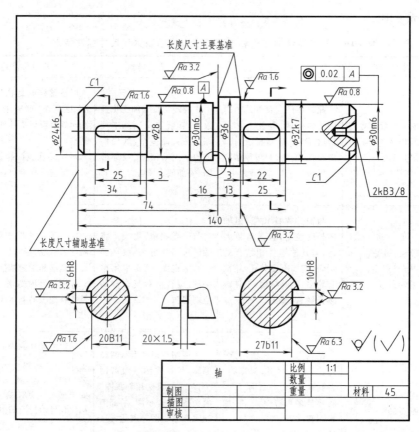

图 5-65　轴类零件常见视图表达和尺寸标注特点

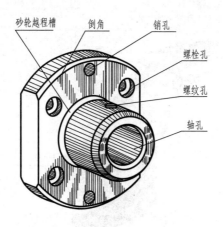

图 5-66 盘盖类零件常见结构和工艺特点

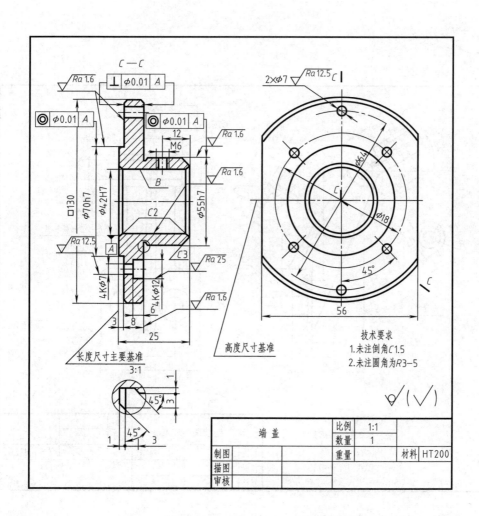

图 5-67 盘盖类零件常见视图表达和尺寸标注特点

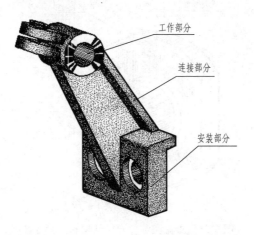

图 5-68　支架类零件常见结构和工艺特点

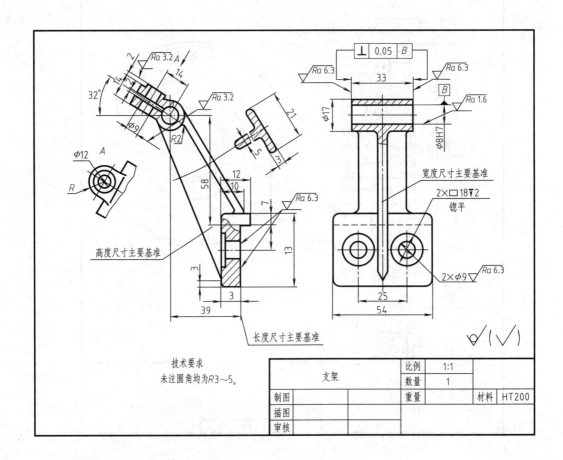

图 5-69　支架类零件常见视图表达和尺寸标注特点

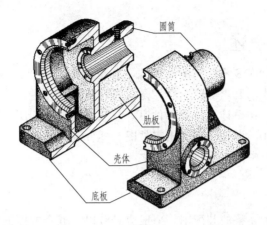

图 5-70 箱壳类零件常见结构和工艺特点

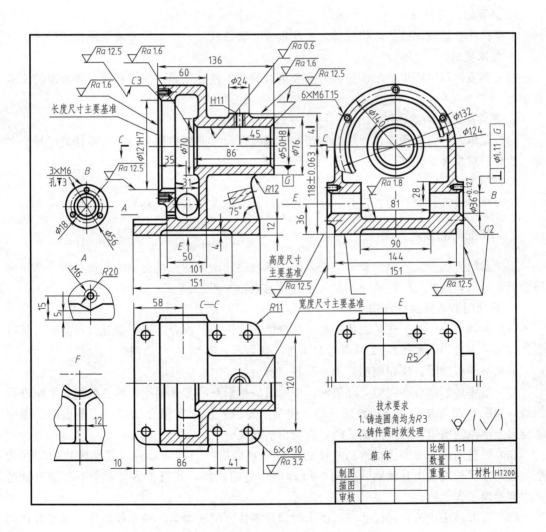

图 5-71 箱壳类零件常见视图表达和尺寸标注特点

第七节　装配图概述

一台机器或部件是由许多零件装配而成的，装配图是表达机器（或部件）的结构形状、装配关系、工作原理和技术要求等的图样，是机器（或部件）进行装配、检验、安装、使用及维修的主要技术依据。在设计机器或部件时，一般先画出装配图，然后根据它所提供的结构、工作运动情况及尺寸，设计绘制画出零件图。零件制造出来后，还要根据装配图进行装配，因此，装配图是生产中的重要技术文件之一。

一、装配图的内容

与零件图一样，一张完整的装配图，一般应具有以下五个方面的内容。见图 5-72 所示。

1. 一组视图

表达机器或部件的工作原理、各零件之间的装配连接关系以及主要零件的基本结构形状。

2. 必要的尺寸标注

主要标注机器或部件的规格尺寸、装配尺寸、安装尺寸、外形尺寸及其他重要尺寸。

3. 技术要求

用文字或符号说明机器的性能、装配要求、验收条件、试验、调试和使用等方面的要求和指标。

4. 零件序号、明细栏

对装配体上的每一种零件，按顺序用数字编写序号。明细栏用来说明各零件的序号、名称、数量、材料和备注等。

5. 标题栏

填写机器或部件的名称、图号、绘图比例以及责任人签名和日期等。

二、装配图的表达方法

装配图的表达方法，第四章介绍的视图、剖视图、断面图、简化画法、规定画法在装配图中仍能运用，除此之外，装配图又有它特殊的表达方法。

1. 装配图的特殊表达方法

（1）拆卸画法　为了使装配体中被挡部分能表达清楚，或者为避免重复，可假想将某些零件拆卸后再投影，如图 5-72 球阀的左视图，就是拆去零件 13 后绘制的。

采用拆卸画法时，应在视图的上方注写"拆去件××"字样。

（2）沿零件的结合面剖切　在装配图中，可假想沿某些零件的结合面选取剖切平面进行剖切，如图 5-72 球阀中的 B—B 剖视图，就是沿着填料压紧套结合面剖切后画出的。图中结合面上不画剖面线，但阀杆被截断，应画出剖面线。

（3）假想画法　为了表示运动零件的极限位置或部件与相邻零件（或部件）的相互关系，可用双点画线画出其轮廓，如图 5-72 球阀中的俯视图，其扳手的另一个极限位置就是采用假想画法表示的。

（4）夸大画法　按实际尺寸难以画出的薄片零件、细丝弹簧、微小间隙等，可不按比例而适当夸大画出，或直接涂黑表示，见图 5-72 球阀中的件 5。

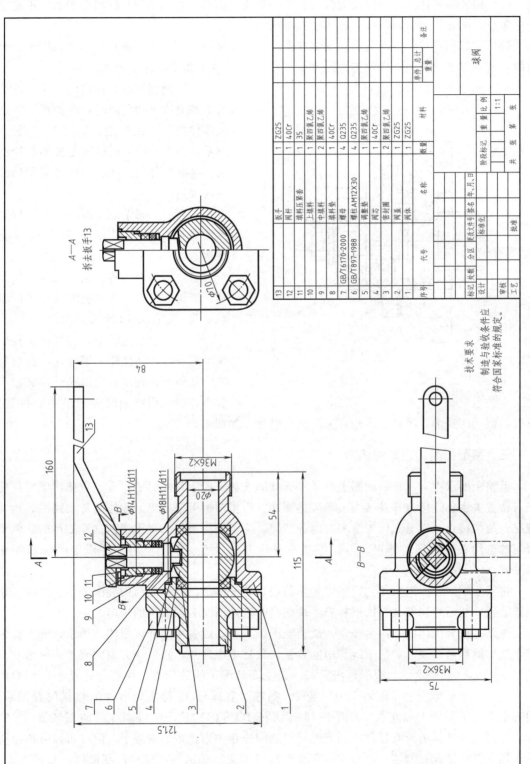

序号	代号	名称	数量	材料	备注
13		扳手	1	ZG25	
12		阀杆	1	40Cr	
11		填料压紧套	1	35	
10		上填料	1	聚四氯乙烯	
9		中填料	2	聚四氯乙烯	
8		填料座	1	40Cr	
7	GB/T6170-2000	螺母	4	Q235	
6	GB/T897-1988	螺柱AM12X30	4	Q235	
5		调整垫	1	聚四氯乙烯	
4		阀芯	1	40Cr	
3		密封圈	2	聚四氯乙烯	
2		阀盖	1	ZG25	
1		阀体	1	ZG25	

球阀

技术要求
制造与验收条件应
符合国家标准的规定。

图5-72 球阀

2. 装配图的规定画法

（1）相邻两零件的接触面或配合面只画一条线。而非接触、非配合的两个表面，不论其间隙多小，都必须画出两条线，如图 5-72 所示。

（2）相邻两零件的剖面线，其倾斜方向应相反或间隔不同；同一零件在不同视图上的剖面线，其倾斜方向及间隔应保持一致，如图 5-72 中的件 1 阀体与件 2 阀座。

（3）剖切面通过标准件、实心件的基本轴线或对称平面时，在剖视图中这些零件应按不剖处理。如图 5-72 件 12 所示，主视图中的阀杆就是按不剖绘制的。这些零件上的孔、键槽可采用局部剖视表达。

上面三点属于规定画法，为了提高绘图速度，还可采用下面两点简化画法。

（1）零件上一些常见的结构，如倒角、圆角、退刀槽等在装配图中可以省略不画。如图 5-73 所示。

（2）对于装配图中，有规律重复出现的标准件，如螺栓、螺母在不影响看图的基础上，允许只画出一处，其余可省略，而只用点画线表示出中心位置。

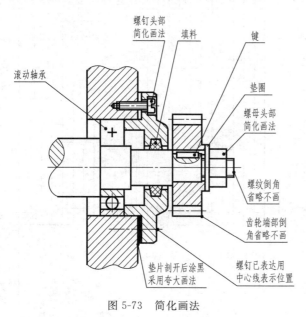

图 5-73　简化画法

螺钉、螺母的头部、滚动轴承均可采用简化画法。如图 5-73 所示。

三、装配图表达方案的选择

就整个要求而言，在装配图上对零件形状的表达一般不是主要的，重点应把所属零件的相对位置关系、连接方式及装配关系表达清楚。根据图形可分析出装配体的传动路线、运动情况、结构特点，以及如何操纵和控制等情况。为了能用适量的视图达到这样的目的，就要恰当的选用各种视图、剖视、断面等基本表达方法，还要善于使用各种规定画法和简化画法。

选择主视时，一般应使主视图能较多的表达装配体的结构和主要的装配关系，并按工作位置放置，然后再选其他视图以补充主视图没有表达而又必须表达的内容。

思路：以装配体的功用为线索，从装配干线入手，优先考虑和装配体功用密切的主要装配干线，然后是次要的装配干线和辅助装置，最后考虑连接，定位等方面的表达。

如图 5-72 球阀所示，根据球阀只有一条主要装配干线的特点，主视图选择了全剖中的单一剖，它清楚地表达了阀体 1 和阀盖 2、阀芯 4 和阀杆 12 等主要零件的相互位置关系，同时也表达了阀体 1 和阀盖 2、扳手 13 和阀杆 12 等的连接、密封圈 3 及防漏装置 5、9、10。可以说，球阀的所有零件的相互位置和装配连接关系是表达清楚了，因而可以分析出阀的作用和工作情况；阀芯 4 上的水平孔是沟通阀体两边孔道的，靠它控制流体流量的大小；在图示状态下全通，流量最大；阀芯 4 孔道开度的大小，由扳手 13 通过阀杆 12 控制，转动扳手时，阀芯跟着旋转以改变通道大小或截止。

半剖视的左视图，主要是表达阀芯 4 的开槽情况；卸掉扳手 13（即不画）是为了显示出阀盖 2 上限位凸块的情况；B—B 剖视表示阀盖 2 上限位凸块和扳手 13 的相互关系，表明限位凸块限制扳手 13 转动的范围（90°内旋转）。

俯视图是外形图，用双点画线画出扳手 13，表明它和阀芯 4 的另一极限位置。这时球阀处于截止状态。

总之，装配图的视图表达方案与零件图的视图表达方案在重点选择上应有所不同。零件图上要求把所有细小结构都要表达出来，否则，加工不出来。而装配图对某一个零件结构的表达不是主要的，而把重点放在了零件之间的相互位置和装配连接关系上。

四、装配图的尺寸标注

装配图主要用来表达机器或部件中各零件之间的装配关系和工作原理，并用来指导装配工作的。所以不需要也不可能注上所有的尺寸，它只要求注出与装配关系有关的尺寸，比如装配、检验、安装或调试等，常见的有下列几种形式。

1. 特性尺寸

表示装配体（机器或设备）的性能和规格、特征的尺寸。如图 5-72 球阀通径 $\phi20$，它表示球阀的工作能力。

2. 装配尺寸

表示装配体中各零件之间装配关系的尺寸。

（1）配合尺寸　表示零件间有配合性质的尺寸。如 $\phi50H11/h11$

（2）相对位置尺寸　表示零件间较重要的相对位置尺寸（即第三章中讲授的定位尺寸），如图 5-72 球阀中 84、54 等。

3. 安装尺寸

表示部件安装在机器或基础上所需的尺寸。如图 5-72 球阀中 $\phi70$ 来确定两螺栓的确切位置。

4. 外形尺寸

表示装配体的总长、总宽、总高尺寸，这类尺寸是便于包装、运输、安装及厂房设计的依据，如总长 115、总宽 75、总高 121.5 等。

5. 其他重要尺寸

这类尺寸是在设计过程中，经过计算或选定的，但又不属于上述几类尺寸中的一些重要尺寸。

以上五类尺寸，并不是任何一张装配图上全部都有，要看具体情况而定，有时，同一个尺寸往往有几层含义。总之，应根据装配体的具体情况和装配图的具体作用标出恰当的尺寸。

五、零部件序号的编写（GB/T 4458.2—2003）

为了便于生产管理和看装配图时查找零件，对装配图中的每一种零件都应进行编号，并在标题栏的上方或另外的图纸上列出零部件的明细表，图中零部件的序号应与明细表中的序号一致。

（1）在装配图中，每种零件都应编一个序号。如有几个零件相同时（指结构形状、尺寸和材料都相同）则在图中对其中一种进行编号，其数量在明细表中填明。如图 5-72 球阀中密封圈 3、螺柱 6 和螺母 7。但对结构形状相同，而尺寸或材料不同的零件，应各自进行编号。

（2）指引线应从所指零件的可见轮廓线内引出，在起始处画一小圆点（实心点）而在另一端画一水平短划线或小圆。如图 5-74（a）所示。

（3）指引线应注意尽可能分布均匀，不要相交，当指引线通过有剖面线的部分时，不要与剖面线平行，避免造成看图误会。

（4）指引线允许画成折线，但只允许曲折一次，如图 5-74（d）。对于螺纹紧固件装配关系清楚的零件组，允许采用公用指引线，如图 5-74（e）所示。

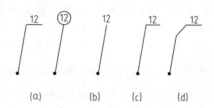

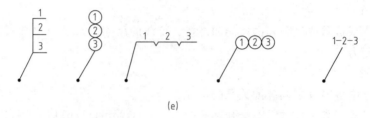

图 5-74　序号的编写方法

（5）零件序号应沿水平或垂直方向按顺时针（或逆时针）方向顺序排列整齐，并尽可能均匀分布，如图 5-72 球阀所示。

六、标题栏和明细表

标题栏的内容、尺寸与格式，仍与前面第一章图 1-3 相同，在装配图中应有明细表，它一般要填写的内容有：序号、代号、名称、数量、材料、重量、备注等等，也可以根据实际情况去加减。

明细表一般配置在标题栏的上方，由下而上的顺序去填写，当位置不够时，可以靠在标题栏的左方由下而上的延续（注意应以细实线结束）。

当装配图中不能在标题栏的上方配置明细表时，可作为装配图的续页，按 A4 幅面单独绘出，这时的顺序应由上而下延续，并且应在下方配置标题栏，并在标题栏中填写与装配图相一致的名称和代号。

七、技术要求

指对机器、部件的性能、装配、安装、检验和使用等方面应达到的要求。在装配图中，只用视图、尺寸还不能表示对机器的全部要求，还必须在装配图上注出对机器或部件的性能、装配、安装、检验和使用方面应达到的要求，技术要求一般注写在图纸的空白处。

八、装配结构

为保证装配体的质量，在设计装配体时，应注意到零件之间装配结构的合理性，在装配图上需要把这些结构正确地反映出来。

1. 接触面与配合面的结构

（1）两个相接触的零件：同一方向上只能有一对接触面，这样即保证装配工作能顺利地进行，而且给加工带来很大的方便。如图 5-75（a）、（b）所示。

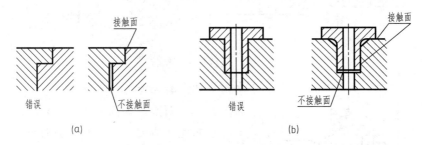

图 5-75　两零件接触面的画法

（2）为保证零件在转折处接触良好，应把转折处加工成圆角、倒角或退刀槽。如图5-76所示。

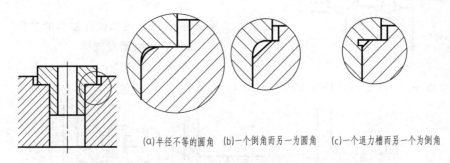

图 5-76　两零件接触面转角处的画法

（3）在装配体中，尽可能合理地减少零件与零件之间的接触面积，常做出沉孔与凸台结构，这样使机械加工的面积减少，保证接触的可靠性，并且可以降低加工成本。如图 5-77所示。

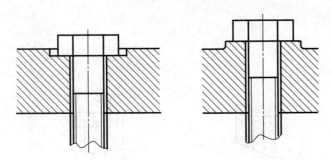

图 5-77　沉孔与凸台结构

2. 部件中常采用圆柱销或圆锥销定位，以保证重装后两零件间相对位置的精度

为了加工销孔和拆卸销子方便，应尽量将销孔做成通孔，如图 5-78 所示。

3. 轴上零件的固定方法

为防止轴上零件如齿轮、滚动轴承在机器运转时产生轴向窜动，在设计时要有定位结构。常用的定位形式有轴肩、挡圈、凸缘、螺母等，见图 5-79 所示。

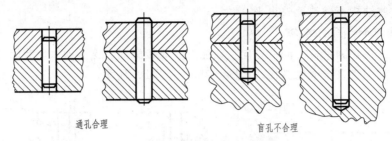

通孔合理　　　　　　　　　　盲孔不合理

图 5-78　定位销装配结构

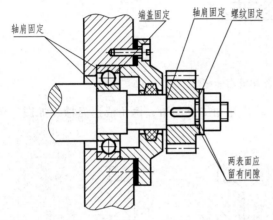

图 5-79　轴上零件的固定方法

4. 螺纹紧固件连接

对螺纹紧固件连接，装配结构要考虑装拆是否方便，要留有足够的空间，如图 5-80（a）、（b）所示。

九、画装配图

画装配图是用图形、尺寸、符号或文字来表达设计意图和设计要求的过程。

1. 了解机器或部件

在画装配图之前，要对机器或部件进行全面细致的了解。弄清它的用途、工作原

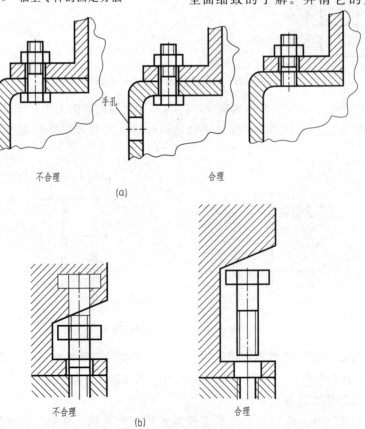

不合理　　　　　　　　　　　合理

(a)

不合理　　　　　　　　　　　合理

(b)

图 5-80　考虑装拆方便

理、零件间的装配关系，各个零件结构形状的作用。

2. 选择视图

首先选择主视图，所选的主视图应符合工作位置，并以表达部件的主要结构和较多地显示零件间的相对位置以及装配、连接关系为好，主视选择好后，再根据实际需要，选剖视或其他视图作补充说明。所选的一组视图要求重点突出，相互配合，避免重复。

3. 画装配图的要点

视图方案确定以后，应根据总体尺寸的大小及所选视图的数量，确定图形比例，计算幅面大小，此时，应将标注尺寸、编号、标题栏、明细表以及填写技术要求所需要的位置，一起计算在内。

下面以机用虎钳为例，说明画装配图的方法和步骤（机用虎钳轴测图及机用虎钳装配示意图如图 5-81 及图 5-82 所示）。

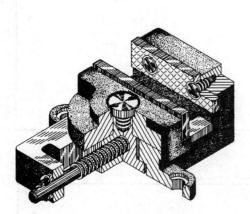

图 5-81　机用虎钳轴测图

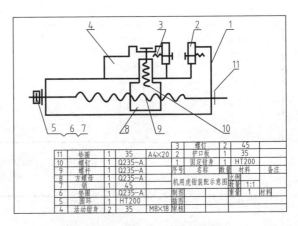

11	垫圈	1	35	A4×20	3	螺钉	2	45
10	螺钉	1	Q235-A		2	护口板	1	35
9	螺杆	1	Q235-A		1	固定钳身	1	HT200
8	方螺母	1	Q235-A		序号	名称	数量	材料	备注
7	销	1	45		机用虎钳装配示意图		比例 1:1		
6	垫圈	1	Q235-A				数量 1		
5	圆环	1	HT200		制图		重量 1	材料	
4	活动钳身	2	35	M8×18	审核				

图 5-82　机用虎钳装配示意图

画机用虎钳的装配图，可按主要装配干线画出固定钳身 1——螺杆 9——活动钳身 4——方螺母 8——左右护口板 2——螺钉 3——圆环 5——垫圈 6——销 7——螺钉 10 的局剖——垫圈 11——其他。这时要注意解决好零件间的轴向定位关系，两相邻零件表面的接触关系和零件间的相互遮挡等问题。

（1）画各基本视图的主要中心线及画图基准线，如图 5-83（a）所示。

（2）画固定钳身各视图的轮廓线，如图 5-83（b）所示。

（3）沿主要装配干线依次画齐零件，如图 5-83（c）所示。

（4）画次要的装配干线，剖面线、标尺寸、编序号、填写技术要求、明细表和标题栏。检查全图，最后进行加深加粗，完成全图。如图 5-83（d）所示。

4. 关于装配图画法的讨论

为了进一步明确装配图的画图要领，现就画图时可能遇到的几个具体问题，说明一下：

（1）先画哪个零件为好　对有经验的人来说，并不存在这个问题，但对缺乏工厂实践的来说，往往不知从哪里画起。要记住，一定是从装配主线上找出装配基准件，这个基准件就是首先画出的零件。当装配基准件不明显时，则先画主要零件。见图 5-83（a）就是以固定钳身为基准件展开的。

（2）关于相邻零件的定位问题　一般轴上的轴肩端面可用来定位，如图 5-83 中 11 右端。但是不是定位面，还要根据情况分析，零件的止口、结合面等都是定位面。如图 5-83

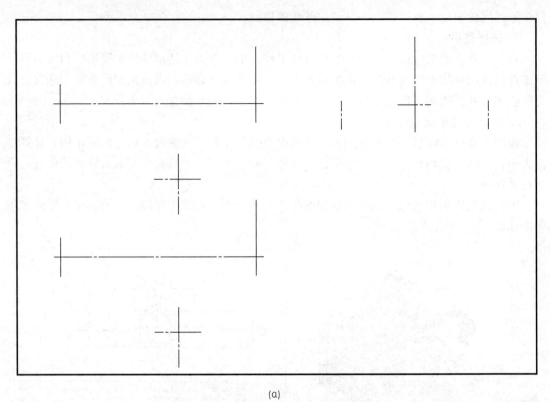

(a)

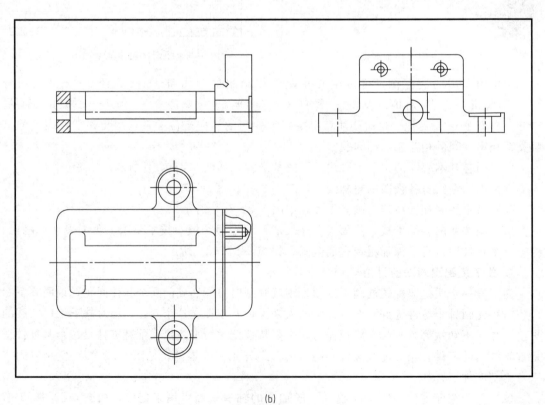

(b)

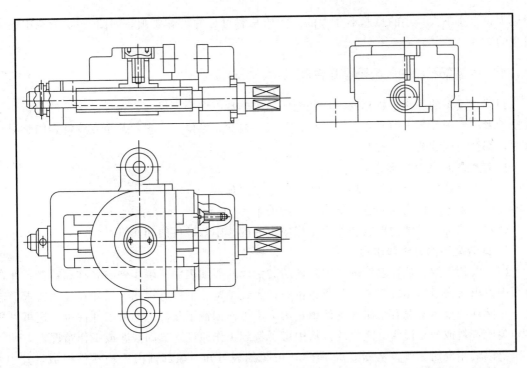

(c)

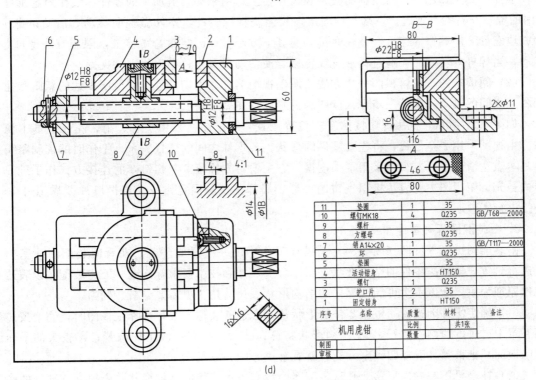

11	垫圈	1	35	
10	螺钉MK18	4	Q235	GB/T68—2000
9	螺杆	1	35	
8	方螺母	1	Q235	
7	销A14×20	1	35	GB/T117—2000
6	环	1	Q235	
5	垫圈	1	35	
4	活动钳身	1	HT150	
3	螺钉	1	Q235	
2	护口片	2	35	
1	固定钳身	1	HT150	
序号	名称	质量	材料	备注

机用虎钳	比例		共1张
	数量		
制图			
审核			

(d)

图 5-83　机用虎钳的装配图

中 2 是把结合面作为定位面。

（3）可见性的判别　一般根据零件的相互位置关系判断出远近、上下，按先近后远，先上后下的顺序，先画近的、上的，后画远的、下的，然后根据尺寸大小判别可见性，如果近小远大，上小下大，小的总遮不完大的，大的总有可见的投影要画。如图 5-83 俯视中固定钳身的虚线。

十、读装配图和由装配图画零件图

画图与读图的思路正好相反。读装配图是根据现有图形、尺寸、符号、文字的分析，了解设计者的意图和要求的过程。在设计、制造、检验、维修工作中，甚至专业课程的学习过程中，都会遇到读装配图的问题。

1. 读装配图的基本要求

（1）了解装配体的名称、用途、结构及工作原理。

（2）了解各零件之间的连接形式、装配关系。

（3）搞清各零件结构形状和作用，想象出装配体中各零件的动作过程。

2. 读装配图的方法和步骤

（1）概括了解 从标题栏中了解部件的名称，从明细表中了解零件的名称和数量，并在视图中找出所表示的相应零件及其所在位置；大致浏览一下所有视图、尺寸和技术要求，这时，对部件的整体情况有个粗浅的认识，为下步工作创造了条件。如果条件许可，还可以找些相关的资料或产品说明书之类的，从中可了解到工作原理、传动线路或工作情况。

仍以机用虎钳为例，从图 5-83 所示，由明细表可知，该部件由 8 种零件组成，其中 2 种标准件。其工作原理：机用虎钳安装在工作台上，用来夹紧被加工的零件。装在固定钳身 1 内的螺杆 9 右端有轴肩，左端有销固定，只能绕轴线转动，不能做轴向移动。活动钳身 4 和方块螺母 8 用螺钉 3 连接，方块螺母 8 与其下方凸台和固定钳身 1 接触，限制方块螺母 8 转动，当螺杆 9 转动时，通过梯形螺纹传动，使活动钳身 4 移动，将零件夹紧。

（2）阅读视图 了解视图表达方法，明确视图名称、剖切位置、看懂所表达的意图和他们相互之间的关系，为下一步深入读图和拆画零件图做准备。

如图 5-83 所示，机用虎钳按照工作位置放置，装配图共采用了主、俯、左三个基本视图。主视图采用了全剖视，将主要零件的形状、各零件之间的位置关系、工作时的传动路线等基本表达清楚了。左视图采用了半剖视，它主要对方螺母 8 与螺钉 3 的连接方式作了进一步的补充。俯视图主要表达机用虎钳的外形、局部剖视对固定钳身 1 与护口片 2 靠螺钉 10 连接进行了说明。

3. 由装配图拆画零件图

由装配图拆画零件图（图 5-84）是设计工作中的一个重要环节，在看懂装配图的基础上进行。首先要解决零件的结构形状，然后解决尺寸和技术要求等问题。因为装配图以表达工作原理为主，所以不大可能把零件的结构形状表达清楚，更需要分析、判断。

（1）确定零件的视图 根据零件的形状选择合适的表达方案，选择主视图时，完全按照第五章中讲过的原则去执行，（①结构形状特征；②加工位置；③工作位置；④较大的平面接触地面）把该零件看能归到哪一类，就有解决它的办法了。

（2）补全投影和确定形状 凡从装配图中没有表达清楚的结构形状，应根据该部分的作用加以确定，并补画出来。如在装配图中被省略的工艺结构（倒角、退刀槽）在零件图中应全部补齐。如图 5-85～图 5-87 中的倒角、退刀槽都应画出，并进行尺寸标注。

（3）确定零件的尺寸 由于装配图上尺寸很少，在确定零件的尺寸时，对在装配图上已经注出的零件尺寸，应在相关零件图上直接注出；未注的尺寸，在装配图上按比例直接量

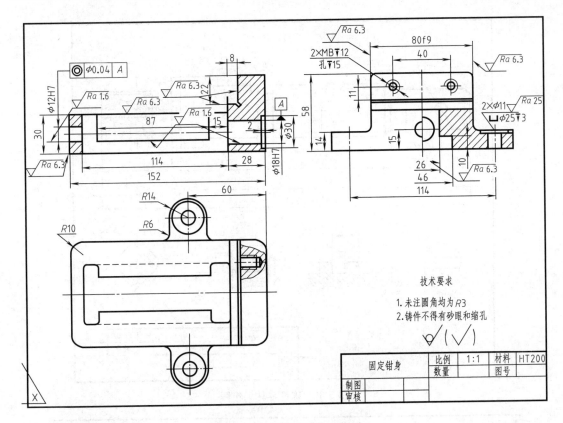

图 5-84 固定钳身零件工作图

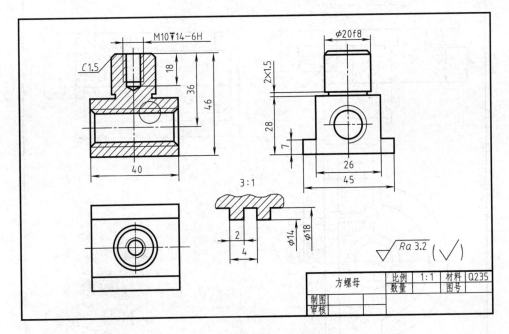

图 5-85 方螺母零件工作图

取，数值可做适当圆整；标准件的尺寸则通过查表确定。

（4）确定表面结构要求、注写技术要求　根据表面的作用进行选择，有密封要求和耐腐

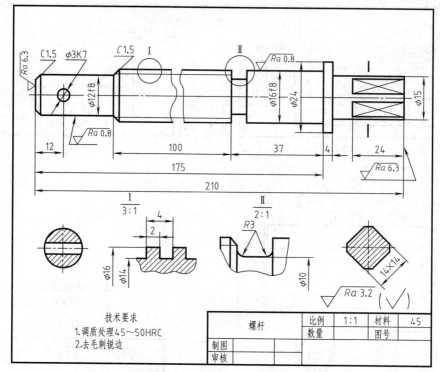

图 5-86 螺杆零件工作图

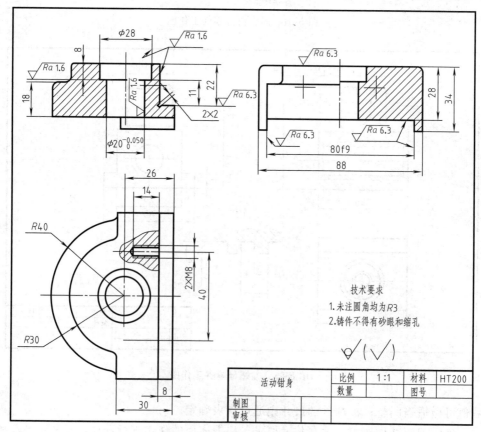

图 5-87 活动钳身零件工作图

蚀的表面、有相对运动和配合要求的表面，表面结构要求较高；不接触的、甚至不需要机械加工的自由表面，表面结构要求较低。技术要求的制定和注写得正确与否，将直接影响零件的加工质量和使用要求，但它涉及许多专业知识。所以填写技术要求时，可用类比的方法，参考有关类似或相近产品图纸去制定。

总之，考虑上述的几点因素后，动脑拆画时，一定要从相邻两零件的结合面（剖面线相反）一边拆，一边分析，避免把别的零件的"胳膊"或"腿"拆下来。

第八节　零部件测绘

根据现有的部件（或机器）和零件进行绘图、测量，并整理出零件图和装配图的工作过程称为测绘。在生产实践中，对原有机器进行维修或技术改造时，常常要测绘。仿造或设计新产品时，也需要测绘有关机器的一部分或全部，供设计参考。

测绘的方法和步骤大致可分为：了解测绘的对象和拆卸零件，画装配示意图，画零件草图，画部件装配图和画零件工作图。

一、了解测绘的对象

要搞好测绘工作，首先要对部件进行全面的了解和分析，通过观察实物以及参考有关产品说明书等资料，了解部件的用途、性能、工作原理，装配关系和结构特点等。下面以齿轮油泵为例，见图 5-88 所示，说明测绘的一般顺序和方法。

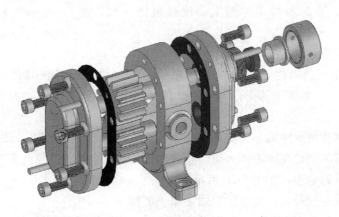

图 5-88　齿轮油泵

齿轮油泵的工作原理：外部输入动力，主动轴通过键的作用带动齿轮旋转，在密封的泵体内腔中，当齿轮的啮合齿逐渐分开时，右侧进油口容积增大，压力降低，油被吸入泵内，随着齿轮的转动，齿槽内的油便被不断送到出油口。如图 5-89 所示。

二、拆卸零件

在初步了解部件的基础上，依次拆卸各零件，通过对零件的作用和结构分析，可以进一步了解部件中各零件的装配关系，对于复杂部件，为了便于在拆散零件后装配复员成部件，最好在拆卸时绘制出部件的装配示意图，如图 5-90 所示。用以记录各部件的名称、数量和零件间的一些装配连接关系，作为重新装配部件和将来画装配图时的参考。把部件看作透明

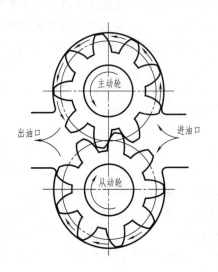

图 5-89 齿轮油泵的工作原理

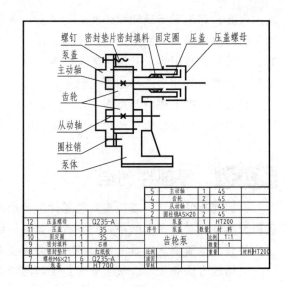

图 5-90 齿轮油泵装配示意图

5	主动轴	1	45
4	齿轮	1	45
3	从动轴	1	45
2	圆柱销A5×20	2	45

12	压盖螺母	1	Q235-A			
11	压盖	1	35			
10	固定圈	1	35			
9	密封填料	1	石棉			
8	密封垫片	1	红纸板			
7	螺栓M6×21	6	Q235-A			
6	泵盖	1	HT200			

序号	泵盖	数量	材 料
	齿轮泵	比例	1:1
		数量	
		重量	材料HT200

体来画，即画外形轮廓，又画内部结构，有些零件如轴，轴承，齿轮，弹簧等，应按《机械制图》国家标准中的规定符号表示。没有规定符号的，用简单的线条，画出它的大致轮廓。即装配结构示意图。为了避免零件的丢失和产生混乱，一方面要妥善保管零件，另一方面可对各零件进行编号，并注写零件的名称及数量，同一种零件一般只编号一次。示意图上的编号，装配图与零件图上的编号最好一致，这样一一对应，更容易绘图和读图。

拆卸零件时要注意以下两点。

（1）拆卸要使用适当的工具，按拆卸顺序进行。对于不可拆卸的连接，如：焊接、过盈配合连接等，一般不应拆开，以免破坏零件间的配合精度，并可以节省测绘的时间。

（2）拆下的零件按顺序编号，妥善保管小零件，如：螺钉，垫片，键销等，防止丢失。重要的零件及精度等级较高的零件，要防止碰伤，变形或生锈，以免影响精度。

齿轮油泵的拆卸顺序：如图 5-90 所示。

右端：旋去压盖螺母，取出压盖、固定圈、填料。

左端：拆去圆柱销和螺钉、卸下泵盖、把两齿轮连轴就可以卸下了。

拆开后，画出每个零件草图（标准件除外）。

三、画零件草图

所谓零件草图——以徒手、目测，按实物大致比例画出的零件图。

测绘零件的工作，常常是在机器工作的现场进行的，且要求在尽可能短的时间内完成。由于受条件的限制，一般先徒手画出零件草图。零件草图是画装配图和零件图的依据。因此，画草图时必须认真，细心，如果有错误或遗漏，会给以后的工作带来困难，甚至对生产造成损失。画草图的要求是：图形正确，表达清晰，尺寸完整，线型分明，它的内容和画图的步骤等都与零件图相同。

测绘时对标准件（如：螺栓、螺母、垫圈、键和销等）不必画零件草图，只要测得几个主要尺寸，从相应的标准中查出规定标记，将这些标准件的名称、数量和规定标记在装配图中列入表即可。

除标准件以外的一般零件都应该测绘，目测零件各部分的尺寸比例，徒手绘制而成。一般先确定表达方案，画出图形，然后进行尺寸分析，画出尺寸界线，尺寸线，箭头，再实际测量尺寸，将所测数据填上。

四、画零件工作图

（1）画草图时，对视图表达方案的选择，往往因时间的限制来不及反复推敲，允许选的多些，以保证表达的完整无缺。在画零件工作图时根据零件草图并结合有关资料再仔细筛选，在表达清楚的前提下，尽量减少视图的数量，用尺规或计算机画出零件工作图。

（2）零件上的工艺结构如倒角、圆角、凸台、退刀槽等应全部画出，但如缺陷、缩孔、裂纹等不应在图上画出。

（3）零件的技术要求，如表面结构要求，尺寸公差，形位公差，材料热处理及表面处理等可根据零件的性质，工作要求加以确定，也可以参阅同类产品的图纸类比确定。

（4）零件上标准结构要素（如螺纹、退刀槽、键槽等）的尺寸在测量以后，应查阅有关手册，核对无误后再定。零件非加工面及不重要的尺寸应圆整为适当的整数，并尽量符合标准尺寸系列，两零件的配合尺寸或结合面的相关尺寸，应在测量后及时填入工作图中。

图 5-91～图 5-99 是经过整理后的齿轮油泵的零件图和装配图。

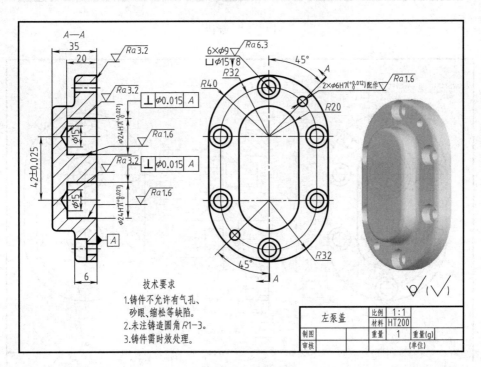

图 5-91　左泵盖

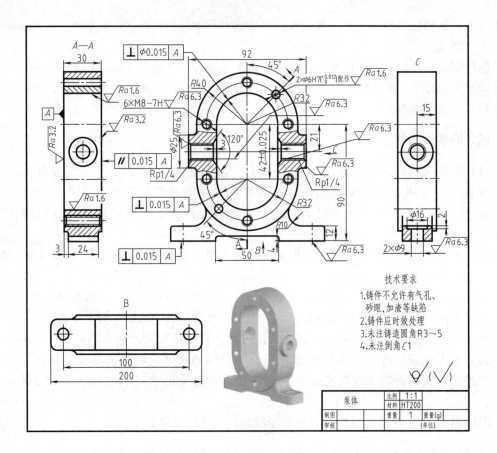

图 5-92 泵体

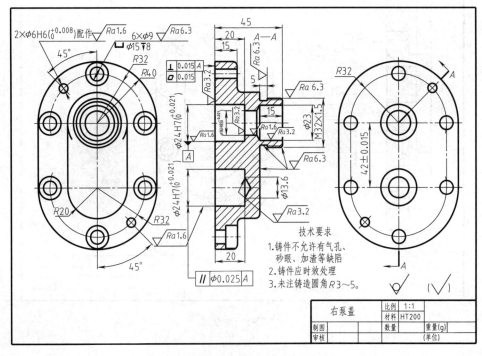

图 5-93 右泵盖

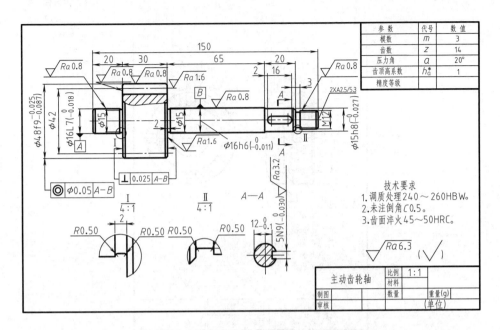

图 5-94 主动齿轮轴

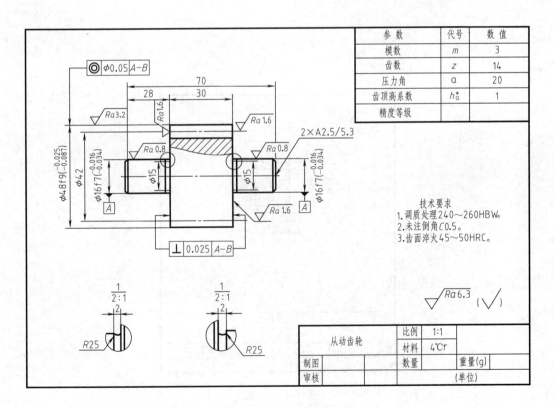

图 5-95 从动齿轮轴

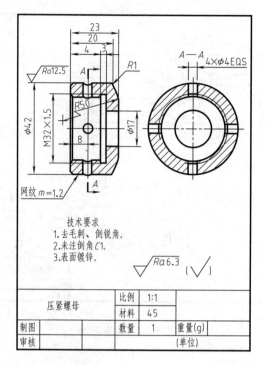

图 5-96　压紧螺母

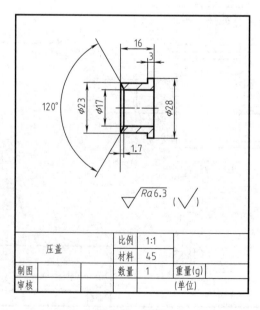

图 5-97　压盖

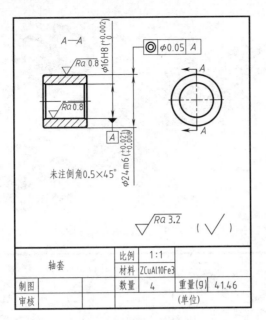

图 5-98 轴套

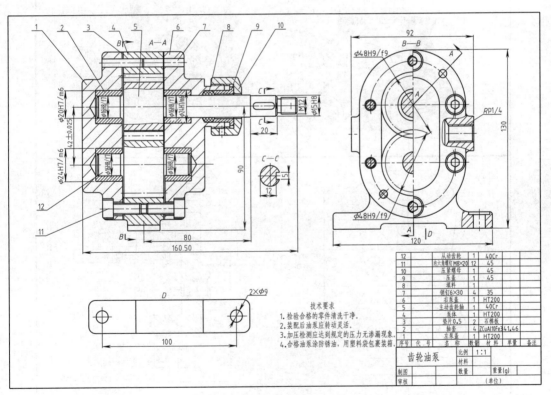

图 5-99 齿轮油泵装配图

画图练习

（1）根据给出的润滑油泵爆炸图，分析它的工作原理，画出装配示意图。见图 5-100 所示。

（2）根据给出的润滑油泵的三个零件图，画出其装配图。见图 5-101～图 5-103 所示。

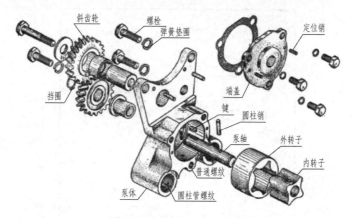

图 5-100　润滑油泵爆炸图

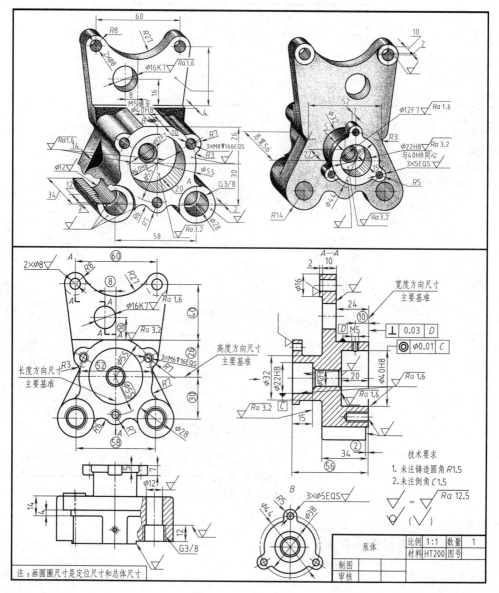

图 5-101　泵体零件图

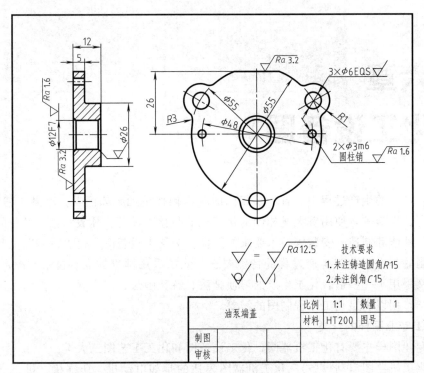

图 5-102 端盖零件图

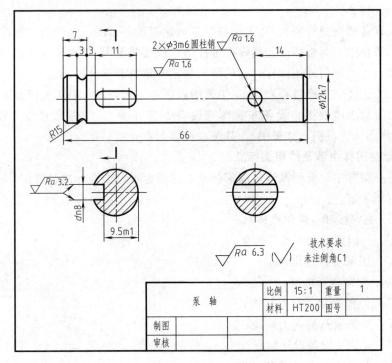

图 5-103 泵轴零件图

第六章
化工设备图

在化工产品的生产过程中，有许多相同的基本操作单元，如蒸发、冷凝、精馏、吸收、干燥、混合、反应等，使用着大量相同的化工机器与化工设备。凡表示化工设备的形状、大小、结构、性能和制造、安装等技术要求的图样称为化工设备图。化工设备图也是按"正投影法"绘制的。由于化工生产过程的特殊要求，除了采用国家标准《技术制图》、《机械制图》外，又采用了一些适合化工生产的习惯画法、特殊画法、规定画法、简化画法，成为化工专业图样，用以满足化工工程制图的需要。

1. 化工专业图样的分类

化工专业图样主要有化工机器图、化工设备图和化工工艺图三大类。

（1）化工机器图（动设备）　化工机器图表达的是如电动机、压缩机、机泵、过滤机等设备的图样。这种图样着重考虑防腐、防漏、防噪等化工企业的特殊要求，它的画法与第五章机械图完全一样。

（2）化工设备图（静设备）　化工设备图包括化工设备总图、装配图、部件图、零件图、管口方位图、表格图、焊接图（包括焊接零件图、焊接装配图、焊接零件装配图、节点图）、国家标准图样、企业部门通用图样，它的画法规定本章将着重介绍。

（3）化工工艺图（生产过程）　化工工艺图包括方案流程图（总工艺流程图）、物料流程图、工艺管道及仪表流程图、设备布置图（设备安装详图）、管道布置图（管架图、管件图）、管道轴测图（管段图、空视图），其画法在第七章介绍。

2. 化工专业图样中涉及的相关标准

在化工专业图样中，要涉及许多国家标准、部颁标准、企业标准与规定，在绘图、读图过程中应该有所了解：

① GB——国家标准（强制性质）；

② GB/T——国家标准（推荐性质）；

③ GBJ——国家工程建设标准；

④ GBn——国家内部标准；

⑤ HG/T——国家化工行业标准；

⑥ SH/T——国家石油化工标准；

⑦ CD/T——化工设备设计标准；

⑧ Q/TH——机械、化工通用标准；

⑨ JB/T——原机电部、原化工部、原劳动部、石化总公司标准；

⑩ SY——原石油工业部标准；

⑪ TH——原化工部标准。

　概述

一、 化工设备的类型及结构特点

（一）化工设备的基本类型

化工设备的种类很多，且应用很广，较典型的化工设备有以下几种。

（1）容器　主要用来储存原料、中间产品和成品等。按形状分有圆柱形、球形等，圆柱形容器应用最广，图 6-1(a) 为一圆柱形卧式容器。

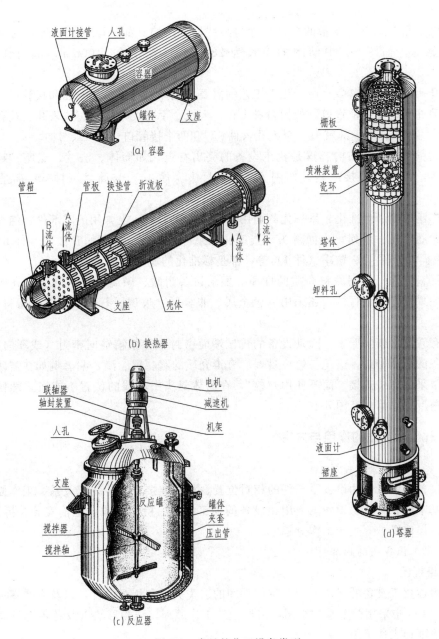

图 6-1　常见的化工设备类型

（2）换热器　主要用来使两种不同温度的物料进行热量交换，以达到加热或冷却之目的，换热器的基本形状如图 6-1（b）所示。

（3）反应器　主要用来使物料在其中间进行化学反应，生成新的物质，或者使物料进行搅拌、沉降等单元操作。反应器形式很多，也称为反应罐或反应釜，有的还安装有搅拌装置。图 6-1（c）为搅拌式反应器。

（4）塔器　用于吸收、洗涤、精馏、萃取等化工单元操作。塔器多为立式设备，其断面一般为圆形。塔器的高度和直径之比，一般相差较大。其基本形状如图 6-1（d）所示。

（二）化工设备的结构特点

（1）多为薄壁钢板卷制的回转壳体　形状多为圆柱、圆球、圆锥、圆环，如图 6-2 所示。

（2）尺寸相差悬殊　设备的总体尺寸与某些局部结构（如壁厚、管口等）的尺寸，往往相差很悬殊。如图 6-2 中储罐的总长为 2807mm，直径为 1400mm，但筒体壁厚只有 6mm。

（3）开孔多、接管口多　由于化工工艺的需要，壳体上有较多的开孔和接管口，用以安装各种零部件和连接各种管道。如物料进出孔、人孔、手孔、采样孔、仪表孔、视孔等。如图 6-2 所示的储罐，其上部就有一个人孔（件 9）和两个接管口（件 11、13）。

（4）大量采用焊接结构　这是化工设备的突出特点，如筒体、法兰、支座、封头、人孔、接管等，都采用焊接结构。如图 6-2 中，封头（件 14）与筒体（件 5）都是焊接而成的。

（5）广泛采用了标准化、系列化的通用零部件　化工设备上常用的零部件，绝大多数已经标准化、通用化、系列化，如封头、支座、机泵等。如图 6-2 中的管法兰（件 6）、人孔（件 9）、液面计（件 4）、鞍座（件 1）等，都是标准化的零部件。

（6）材料特殊　根据原料介质的性质，要求设备耐酸、碱腐蚀；耐高温、高压、高真空。因而除采用专用钢材外，还采用有色金属、非金属（玻璃、石墨、尼龙、塑料、陶瓷、皮革等）。

（7）有较高的密封要求　除动设备的机械端面密封和盘根箱轴向密封（或环向），还要考虑静设备的介质密封，避免易燃、易爆、有毒介质的跑、冒、滴、漏。例如在需防泄漏的设备中通常采用螺柱连接（而不使用螺栓），在筒体封头中心线的位置不能布置螺栓，而是错开一定角度（见第二节图 6-10）。

二、 化工设备图的作用与内容

（一）化工设备图的作用

化工设备图用以表达设备零部件的相对位置、相互连接方式、装配关系、工作原理和主要零件的基本形状。化工设备图应用在设备的加工制造、检测验收、运输安装、拆卸维修、开工运行、操作维护等生产工作过程中。

（二）化工设备图的内容

1. 一组视图

用以表达化工设备的工作原理、零部件间的装配关系和相对位置，以及主要零件的基本形状。如图 6-2 中采用两个基本视图，将储罐的工作原理、结构形状以及各零部件间的装配关系比较清晰地表达了出来。

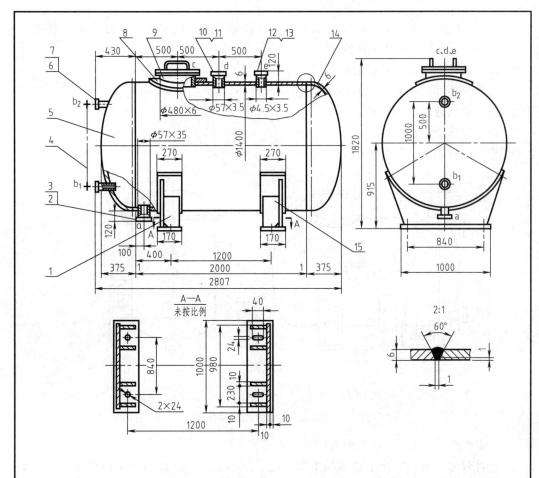

技术要求

1. 本设备按GB150《钢制焊接容器技术条件》进行制造、试验和验收。

2. 本设备全部采用电焊焊接，焊条型号为E4303。焊接接头的型号，按GB 985—1988规定，法兰焊按相应标准。

3. 设备制成后，作 0.15MPa 水压试验。

4. 表面涂铁红色酚醛底漆。

技术特性表

工作压力/MPa	常压	工作温度/℃	20～60
设计压力/MPa		设计温度/℃	
物料名称			
焊缝系数φ		腐蚀裕度/mm	0.5
容器类别		容积/m³	3

管口表

符号	公称尺寸	连接尺寸,标准	连接面形式	用途或名称
a	50	JB/T 81-94	平面	出料口
b₁₋₂	15	JB/T 81-94	平面	液面计接口
c	450	JB 577-79		人孔
d	50	JB/T 81-94	平面	进料口
e	40	JB/T 81-94	平面	排气口

15	JB/T4712	鞍座 BI 1400-S	1	Q235-A·F	
14	JB/T4737	椭圆封头DN1400×6	2	Q235-A·F	
13		接管φ45×3.5	1	10	l=30
12	JB/T 81-94	法兰40-2.5	1	Q235-A	
11		接管φ57×3.5	1	10	l=30
10	JB/T812-94	法兰 50-25	1	Q235-A	
9	JB 577-79	人孔 DN450	1	Q235-A·F	
8	JB/T5736	补强圈dN450×6-A	1	Q235-B	
7		接管φ18×3	2	10	
6	JB/T 81-94	法兰 15-16	2	10	
5		筒体DN1400×6	1	Q235-A	H=2000
4	HG5-1368-8	液面计R6-1	1		l=1000
3		接管φ57×3.5	1	10	l=125
2	JB/T 81-94	法兰 50-25	1	Q235-A	
1	JB/和4712	鞍座 BI 1400-F	1	Q235-A·F	
序号	图号或标准号	名 称	数量	材 料	备 注

（设计单位）			比例	材料
			1:5	
制图		储罐	质量	
设计		φ1400		
描图		V_N=3.9m³	（图号）	
审核			共1张第1张	

图 6-2 储罐

2. 尺寸标注

（1）尺寸基准　要使标注的尺寸满足制造、检验、安装的需要，必须合理选择尺寸基准，常选用的尺寸基准有以下几种（如图 6-3 所示）：

① 设备筒体和封头焊接时的中心线；

② 设备筒体和封头焊接时的环向焊缝；

③ 设备容器法兰的端面；

④ 设备支座的底面；

⑤ 管口的轴线与壳体表面的交线等。

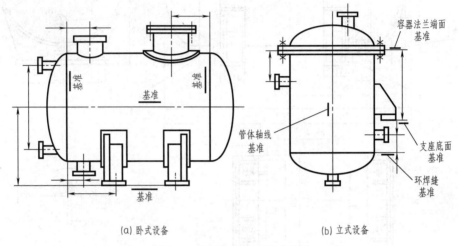

图 6-3　化工设备常用尺寸基准

（2）尺寸种类　化工设备图中的尺寸主要包括以下几类。

① 特性尺寸　是反映化工设备的主要性能、规格，与生产能力相关的数据尺寸，如内径、容积等。图 6-2 中的筒体内径 φ1400mm、筒体长度 2000mm 即为特性尺寸。

② 装配尺寸　是表示零部件之间装配关系和相对位置的尺寸，如图 6-2 中 500mm，表明了人孔与进料口的相对位置。

③ 安装尺寸　用来表明设备安装在基础、墙面、梁柱或其他构架上所需的尺寸，如图 6-2 中的 1200mm、840mm。

④ 外形尺寸　用来表示设备总长、总高、总宽（或外径）的尺寸，以确定该设备所占的空间，为包装、运输、安装，或厂房设计提供数据。如图 6-2 中的总长 2807mm、总高 1820mm、总宽（筒体的外径）1412mm。

⑤ 规格尺寸　通常指标准化零部件的外形规格尺寸，如人孔、液面计等。如图 6-2 中人孔的规格尺寸 φ450mm×6mm。

⑥ 其他尺寸　经设计计算确定的重要工艺尺寸，焊缝结构形式尺寸，以及不另行绘图的重要零件的主要尺寸。如强度计算的相应筒体壁厚、防沉积计算的锥度、安全计算的压力排空管口及排空安全高度、真空度计算后喷射泵的颈口尺寸。

3. 化工表格

（1）管口表（接管表）　管口表是说明设备上所有管口的用途、规格、连接面形式等内容的一种表格，其形式见表 6-1 所列，具体内容如图 6-2 储罐。

填写管口表的内容时应注意以下内容。

①"符号"栏内的字母应与图中管口的符号一一对应，按小写字母 a、b、c、…顺序，自上而下填写。当管口规格、用途及连接面形式完全相同时，可合并成一项填写。

②"公称尺寸"栏内填写管口的公称直径。无公称直径的管口，则按管口实际内径填写。

表 6-1 管口表

符号	公称尺寸	连接尺寸、标准	连接面形式	用途或名称	
10	20	(50)	15	25	

③"连接尺寸、标准"栏内填写对外连接管口的有关尺寸和标准；不对外连接的管口（如人孔、视镜等），则不填写具体内容；螺纹连接管口填写螺纹规格。

（2）技术特性表 技术特性表是表明设备的主要技术特性的一种表格。其内容包括：工作压力、工作温度、设计压力、设计温度、物料名称等。对于不同类型的设备，需增加相关内容，如容器类，增加全容积（m³），其形式见表 6-2 和表 6-3 所列。

表 6-2 技术特性表（一）

内容	管程	壳程
工作压力/MPa		
设计压力/MPa		
物料名称		
换热面积/m²		
40	40	40
120		

表 6-3 技术特性表（二）

工作压力/MPa		工作温度/℃	
设计压力/MPa		设计温度/℃	
物料名称			
焊缝系数		腐蚀裕度/mm	
容器类别			
40	20	(40)	20
120			

4. 技术要求

技术要求是用文字说明在图中不能（或没有）表示出来的内容。针对化工设备的特点，除了机械通用技术条件外，要着重提出设备在制造、验收时应遵循的标准、规范和规定，以及在其他方面的特殊要求，通常包括以下几个方面。

（1）制造依据条件 这是设备加工、制造或施工的主要依据。包括国家、部级、行业、企业的标准、规定、规范、手册等。

（2）验收标准及方法 包括材料检验、试验方法手段、热处理方式等。

（3）施工要求　尤其对焊接工艺的要求，如焊缝布置、接头形式、坡口要求、焊条规格等。也包括机械加工内容、装配条件、现场制作、预制吊装等过程的要求。

（4）质量检验　包括对焊缝质量的检验，如介质渗透、超声波探伤、射线探伤等。或者对设备的整体验收，如盛水试漏、气密性试验、水压试验等。

（5）保温防腐要求　涂、喷防腐剂或防锈漆，制作防腐层，介质标志色及安全变色漆，保温隔音的方法、材料、规格等。

（6）运输、安装要求　包装形式、运输标志、保管事项等。

5. 标题栏、序号、明细表

与机械图基本相同。

第二节　化工设备图的表达方法

一、 多次旋转的表达方法

由于设备壳体四周分布有各种管口和零部件，为了在主视图上清楚地表达它们的形状和

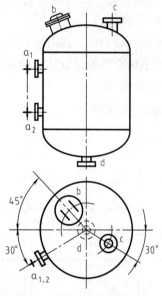

图 6-4　多次旋转的表达方法

轴向位置，主视图可采用多次旋转的画法。即假想将设备上不同方位的管口和零部件，分别旋转到与主视图所在的投影面平行的位置，然后进行投影，以表示这些结构的形状、装配关系和轴向位置。如图 6-4 所示，人孔是按逆时针方向（从俯视图看）假想旋转 45°后，在主视图上画出的。

采用多次旋转的表达方法时，一般不作标注。但这些结构的轴向方位要以管口方位图（或俯视图、左视图）为准。

二、 管口方位的表达方法

化工设备上的接管口和附件较多，其方位在设备制造、安装和使用时都很重要，必须在图样中表达清楚。

由于化工设备图采用了旋转法表达管口，所以用管口方位图，来表示管口在设备上的真实方位。

管口方位图中以中心线表明管口方位，用单线（粗实线）示意画出设备管口。同一管口，在主视图和方位图中应标注相同的小写拉丁字母。如图 6-5 所示。

当俯（左）视图必须画出，而管口方位在俯（左）视图上已表达清楚时，可不必画出管口方位图。

三、 局部结构的表达方法

对于设备上某些细小的结构，按总体尺寸所选定的绘图比例无法表达清楚时，可采用局部放大的画法，其画法和标注与机械图相同。可根据需要采用视图、剖视、断面等表达方法，必要时，还可采用几个视图表达同一细部结构，如图 6-6(a) 所示为裙座的局部放大图。焊接结构的局部放大图又称节点图，如图 6-6(b) 所示。

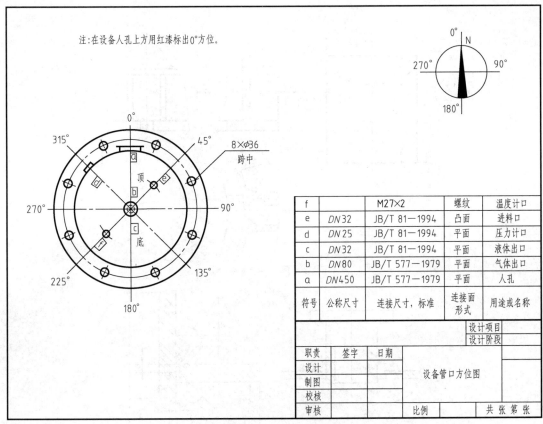

图 6-5 管口方位图

四、 断开与分段（层）的表达方法

当设备总体尺寸很大，又有相当部分的结构形状相同（或按规律变化时），可采用断开画法。如图 6-7(a) 所示的填料塔设备。

有些设备（如塔器）形体较长，又不适于用断开画法。为了合理地选用比例和充分利用图纸，可把整个设备分成若干段（层）画出，如图 6-7(b) 所示。

五、 夸大的表达方法

对于设备中尺寸过小的结构（如薄壁、垫片、折流板等），无法按比例画出时，可采用夸大画法，即不按比例，适当地夸大画出它们的厚度或结构。如图 6-2 中的筒体壁厚，就是未按比例而夸大画出的。

六、 化工设备的简化画法

（一）单线示意画法

设备上某些结构已有零部件图，或另外用剖视图、断面图、局部放大图等方法已表示清楚时，装配图上允许用单线（粗实线）表示。如图 6-8 所示的列管式换热器。

（二）管法兰的简化画法

化工设备图中，不论法兰的连接面是什么形式（平面、凹凸面、榫槽面），管法兰的画法均可简化成如图 6-9 所示的形式。

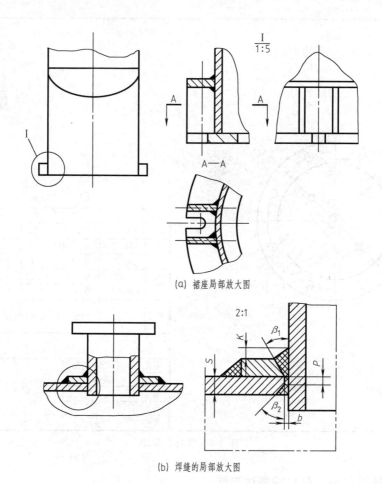

(a) 裙座局部放大图

(b) 焊缝的局部放大图

图 6-6　局部放大图

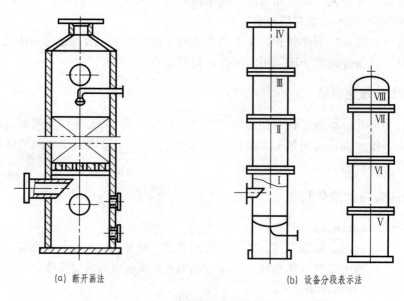

(a) 断开画法

(b) 设备分段表示法

图 6-7　断开画法与分层画法

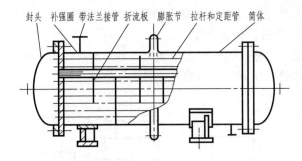

封头 补强圈 带法兰接管 折流板 膨胀节 拉杆和定距管 筒体

图 6-8 单线示意画法

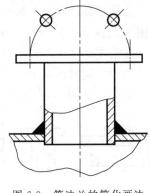

图 6-9 管法兰的简化画法

（三）重复结构的简化画法

1. 螺栓孔和螺栓连接的简化画法

螺栓孔可用中心线和轴线表示，而圆孔的投影则可省略不画，如图 6-10(a) 所示。装配图中的螺栓连接可用符号"×"（粗实线）表示，若数量较多，且均匀分布时，可以只画出几个符号表示其分布方位，如图 6-10(b) 所示。

2. 填充物的表示法

当设备中装有同一规格的材料和同一堆放方法的填充物时，在剖视图中，可用交叉的细实线表示，同时注写规格和堆放方法；对装有不同规格的材料或不同堆放

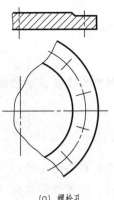

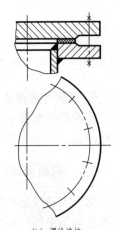

(a) 螺栓孔　　　　(b) 螺栓连接

图 6-10 螺栓孔和螺栓连接的简化画法

方法的填充物，必须分层表示，并分别注明填充物的规格和堆放方法，如图 6-11 所示。

3. 管束的表示法

当设备中有密集的管子，且按一定的规律排列或成管束时，在装配图中可只画出其中一根或几根管子，其余管子均用中心线表示，如图 6-12 所示。

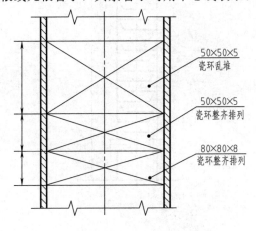

50×50×5
瓷环乱堆

50×50×5
瓷环整齐排列

80×80×8
瓷环整齐排列

图 6-11 填充物的表示法

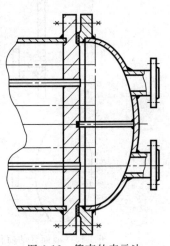

图 6-12 管束的表示法

4. 标准零部件和外购零部件的简化画法

标准零部件都有标准图，在设备图中不必详细画出，可按比例画出其外形特征的简图，如图 6-13 所示，同时在明细栏中注写名称、规格、标准号等。

外购零部件在设备装配图中，只需根据尺寸按比例用粗实线画出其外形轮廓简图，如图 6-14 所示，同时在明细栏中注明其名称、规格、主要性能参数和"外购"字样。

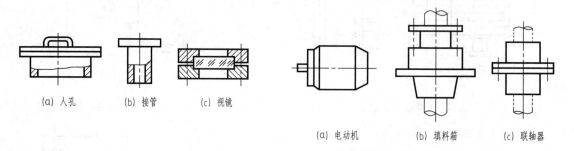

图 6-13   标准零部件的简化画法   图 6-14   外购零部件的简化画法

5. 液面计的简化画法

在设备装配图中，带有两个接管的玻璃管液面计，可用细点划线和符号"＋"（粗实线）简化表示，如图 6-15 所示。

七、 设备整体的示意画法

为了表达设备的完整形状、有关结构的相对位置和尺寸，可采用设备整体的示意画法，即按比例用单线（粗实线）画出设备外形和必要的设备内件，并标注设备的总体尺寸、接管口、人（手）孔的位置等尺寸，如图 6-16 所示。

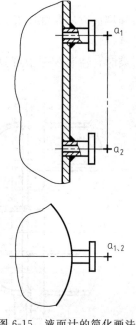

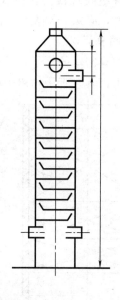

图 6-15   液面计的简化画法   图 6-16   设备的整体示意画法

第三节 化工设备图中焊缝的表示

焊接是化工设备制造、安装中最常见的不可拆连接工艺结构，工件被焊接后所形成的接缝称为焊缝。在工程图样中，焊缝有两种表达方法：图示法和标注法。

一、 焊接方法及焊接接头的形式

焊接方法主要包括熔化焊、固相压力焊、钎焊三大类共几十种。

焊接方法可用文字在技术要求中注明，也可用数字代号直接注写在引线尾部。表 6-4 为部分焊接方法相应的数字代号。

表 6-4　　焊接方法代号（摘自 GB/T 5185—2005）

代号	焊接方法	代号	焊接方法	代号	焊接方法	代号	焊接方法
111	手工电弧焊	311	氧-乙炔焊	21	点焊	91	硬钎焊
12	埋弧焊	312	氧-丙烷焊	22	缝焊	916	感应硬钎焊
181	碳弧焊	321	空气-乙炔焊	291	高频电阻焊	942	火焰软钎焊

根据金属构件连接部分相对位置的不同，常见的焊缝接头形式如图 6-17 所示。

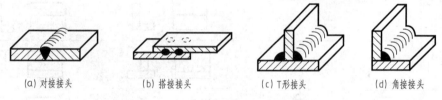

　(a) 对接接头　　　　(b) 搭接接头　　　　(c) T形接头　　　　(d) 角接接头

图 6-17　焊缝接头形式

二、 焊缝的规定画法

根据 GB/T 12212—2012 规定，焊缝在图样中用图示表达法有如下规定（图 6-18）。

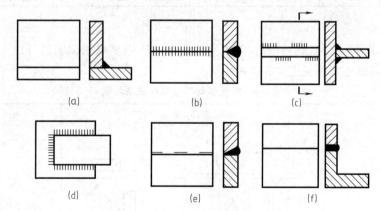

　　(a)　　　　　　　(b)　　　　　　　(c)

　　(d)　　　　　　　(e)　　　　　　　(f)

图 6-18　焊缝规定画法

① 对于可见焊缝，用细实线绘制的栅线表示，并保留焊接构件相交的轮廓线。

② 对于不可见焊缝，只用粗实线绘制焊接构件相交的轮廓线。

③ 在剖视图或断面图中，一般应画出焊缝的形式，金属熔焊区应涂黑表示。

④ 对于设备上某些重要的焊缝，需用局部放大图（亦称节点图），详细地表示出焊缝结构的形状和有关尺寸。

⑤ 在视图中将某些加工完毕的金属构件视为整体时，其焊缝可以省略不画。

三、 焊缝的符号表示法

1. 基本符号

表示焊缝横截面形状的符号。近似于焊缝横断面坡口的形状，基本符号用粗实线绘制。常用焊缝基本符号、图示法及标注法示例见表 6-5 所列。

表 6-5　常用焊缝基本符号、图示法及标注法示例

名称	符号	示意图	图示法	标注方法
I 型焊缝	||		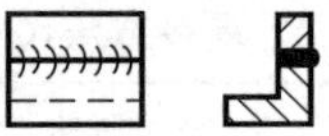	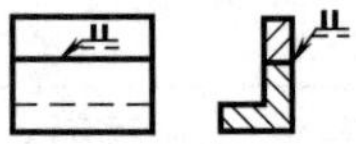
V 型焊缝	V		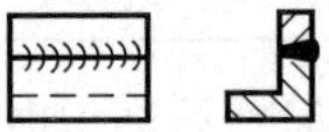	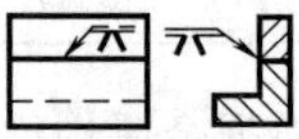
角焊缝	△		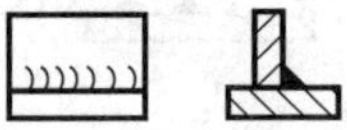	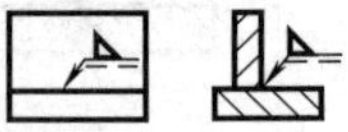
点焊缝	○	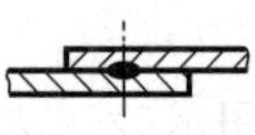	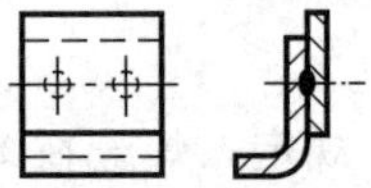	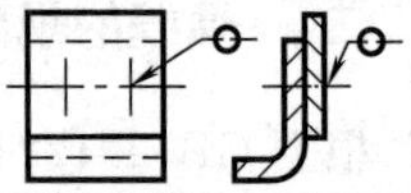

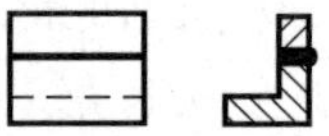

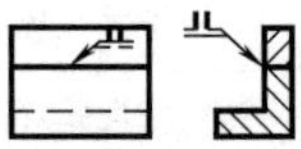

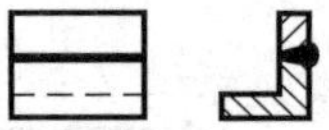

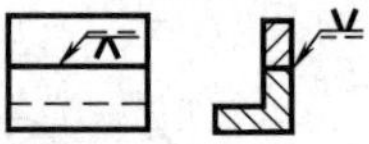

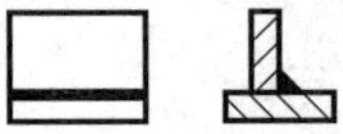

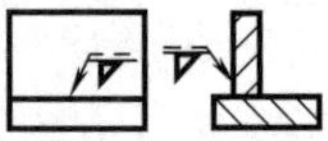

2. 辅助符号

表示焊缝表面形状特征的符号，用粗实线绘制。不需要确切说明时可以不用辅助符号。常用辅助符号及标注示例见表 6-6 所列。

表 6-6　常用辅助符号及标注法示例

名称	符号	形式及标注示例	说明
平面符号	—	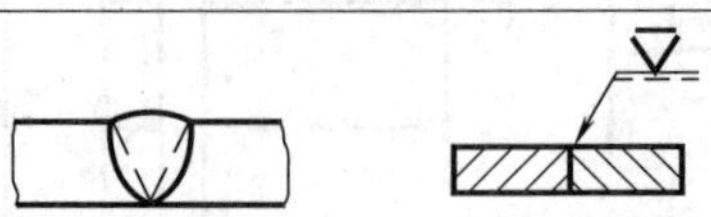	表示 V 形对接焊缝表面齐平
凹面符号	⌣	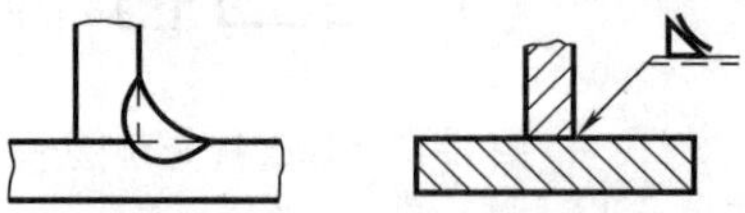	表示角焊缝表面凹陷
凸面符号	⌢	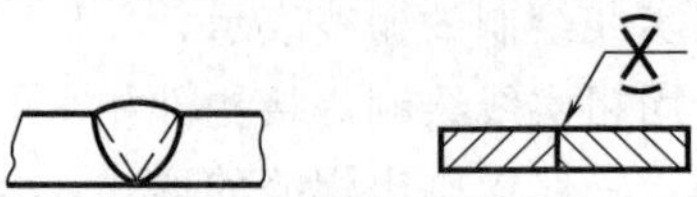	表示 X 形对接焊缝表面凸起

3. 补充符号

为了补充说明焊缝某些特征的符号，用粗实线绘制，见表6-7所列。

表6-7 补充符号及标注示例

名 称	符号	形式及标注示例	说 明
带垫板符号	▭		表示V形焊缝的背面尾部有垫板
三面焊缝符号	⊏		工件三面焊接，开口方向与实际方向一致
周围焊缝符号	○		表示在现场沿工作周围施焊
现场符号	◣		
尾部符号	⊏		表示用焊条电弧焊

4. 焊缝尺寸符号

用字母符号代表对焊缝的尺寸要求，见表6-8所列。焊缝尺寸一般不标注，如设计或生产需要时，将其具体数值注写在基本符号上下方及左右两侧。

5. 指引线

用细实线绘制，由带箭头的指引线和虚、实两条基准线组成，如图6-19所示。基本符号绘制在实线上，表示箭头所指是焊缝可见面。绘制在虚线上，表示箭头所指是焊缝背面。

图6-19 焊缝指引线

表6-8 焊缝尺寸符号的含义及标注位置（摘自 GB/T 324—1988）

名 称	符号	标注位置	名 称	符号	标注位置
工件厚度	δ		根部间隙	b	
坡口深度	H		坡口角度	α	基本符号上方（或下方）
钝边高度	p	基本符号左侧（焊缝横截面尺寸）	坡口面角度	β	
焊角尺寸	K		焊缝长度	l	
焊缝宽度	c		焊缝间隙	e	基本符号右侧（焊缝长度方向尺寸）
焊缝余高	h		焊缝段数	n	

第四节　化工设备的标准化零部件

一、筒体和封头

1. 筒体

筒体是用来进行化学反应，处理或储存物料的设备主体部分，一般由钢板卷焊成形，其大小由工艺要求确定。筒体的主要尺寸是直径、高度（或长度）和壁厚。卷制成形的筒体，其公称直径系指筒体的内径。采用无缝钢管作筒体时，其公称直径系指钢管的外径（当直径小于 500mm 时，可用无缝钢管作筒体）。筒体直径应在国家标准《压力容器公称直径》所规定的尺寸系列中选取，见表 6-9 所列。

标记示例：筒体 GB/T 9019—2001　$DN1200$　表示公称直径为 1200mm 的筒体。

表 6-9　压力容器公称直径（摘自 GB/T 9019—2001）　　　　单位：mm

钢　板　卷　制（内径）											
300	350	400	450	500	550	600	650	700	750	800	900
1000	1100	1200	1300	1400	1500	1600	1700	1800	1900	2000	2100
2200	2300	2400	2500	2600	2800	3000	3200	3400	3500	3600	3800
4000	4200	4400	4500	4600	4800	5000	5200	5400	5500	5600	5800
6000	—	—	—	—	—	—	—	—	—	—	—

无　缝　钢　管（外径）					
159	219	273	325	337	426

在明细栏中，一般采用"$DN1200 \times 12$，H(L)＝2500"来表示公称直径为 1200mm，高或长为 2500mm 的筒体。

2. 封头

封头与筒体一起构成设备的壳体，如图 6-20 所示。

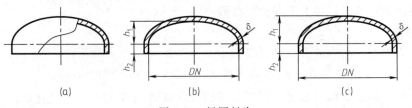

图 6-20　椭圆封头

封头与筒体可直接焊接，也可分别焊上容器法兰，再用螺栓、螺母连接。封头有椭圆形、锥形等多种，其中常用的是椭圆形封头，如图 6-20(a) 所示。

封头一般与筒体配套使用，当筒体由钢板卷焊成形时，筒体所对应的封头，其公称直径为内径，如图 6-20(b) 所示；当采用无缝钢管作筒体时，筒体所对应的封头，其公称直径为外径，如图 6-20(c) 所示。

标记示例：椭圆封头 GB/T 25198—2010　$DN1200 \times 12$-16MnR

表示内径为 1200mm，名义厚度 12mm，材质为 16MnR 的椭圆封头。

标准椭圆形封头的规格和尺寸系列，参见附录中的附表 19。

二、法兰连接

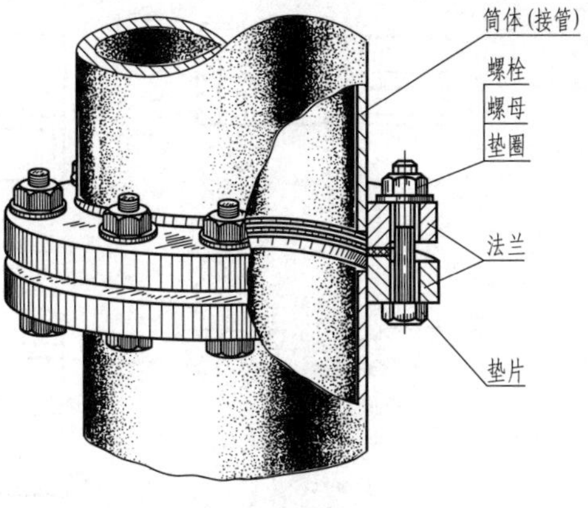

法兰连接属于可拆连接。在化工设备上应用非常普遍。化工设备上用的标准法兰有管法兰和压力容器法兰（又称设备法兰）两大类。前者用于管道的连接，后者用于设备筒体与封头的连接，如图 6-21 所示。

标准法兰的主要参数是公称直径（DN）和公称压力（PN），管法兰的公称直径为所连接管子的外径，压力容器法兰的公称直径为所连接的筒体（或封头）的内径。

图 6-21　管道法兰连接

1. 管法兰

管法兰主要用于管道的连接，如图 6-22 所示。按与管子的连接方式分为板式平焊法兰［图 6-22(a)］、对焊法兰［图 6-22(b)］、整体法兰［图 6-22(c)］和法兰盖［图 6-22(d)］等。

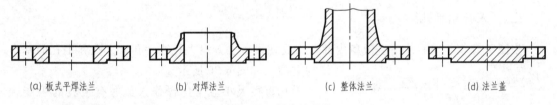

(a) 板式平焊法兰　　(b) 对焊法兰　　(c) 整体法兰　　(d) 法兰盖

图 6-22　管法兰种类

法兰密封面形式如图 6-23 所示，主要有凸面［图 6-23(a)］，凹凸面［图 6-23(b)］，榫槽面［图 6-23(c)］三种。

标记示例：JB/T 4701—2000 法兰 100-2.5

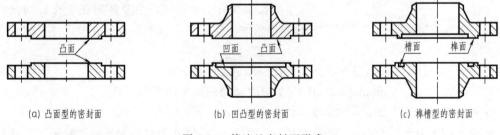

(a) 凸面型的密封面　　(b) 凹凸型的密封面　　(c) 榫槽型的密封面

图 6-23　管法兰密封面形式

表示管法兰的公称直径为 100mm，公称压力为 2.5MPa，尺寸系列为 2 的凸面板式钢制管法兰。凸面板式平焊法兰规格可参见附录中的附表 20。

2. 容器法兰

容器法兰用于设备筒体与封头的连接，其结构形式有甲型平焊法兰、乙型平焊法兰和长颈对焊法兰三种。

容器法兰的密封面形式有平面密封面（分三种形式，其代号分别为 PⅠ，PⅡ，PⅢ），榫（S）、槽（C）密封面，凹（A）、凸（T）密封面等，其密封面结构如图 6-24 所示。

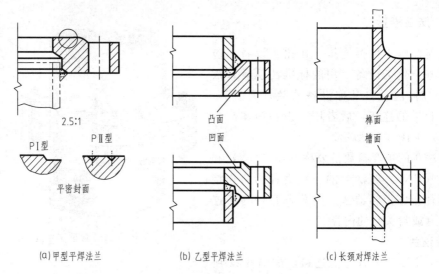

图 6-24　压力容器法兰的结构形式

设备法兰尺寸规格可参见附录中的附表 21。

三、人孔和手孔

为便于安装、检修或清洗设备内部，需要在设备上开设人孔或手孔。人孔和手孔的基本结构类同，如图 6-25 所示。

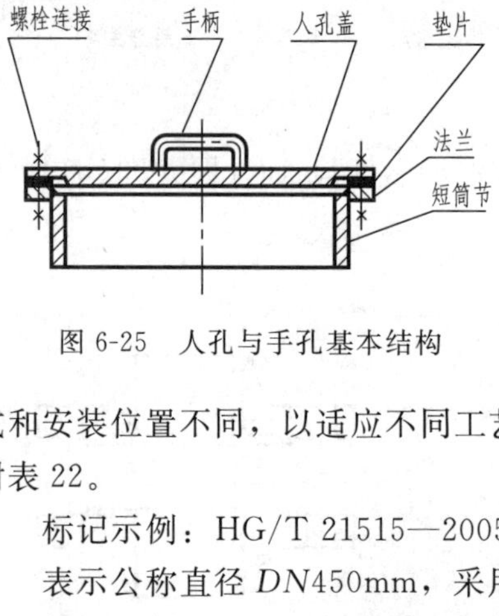

手孔直径大小应考虑操作人员握有工具的手能顺利通过，标准中有 $DN150\mathrm{mm}$ 和 $DN250\mathrm{mm}$ 两种。人孔大小，既要考虑人员的安全进出，又要避免开孔过大影响容器壁强度。圆形人孔最小直径为 $400\mathrm{mm}$，最大为 $600\mathrm{mm}$。

当设备的直径超过 $900\mathrm{mm}$ 时，应开设人孔。人（手）孔结构有多种形式，主要区别在于孔盖的开启方式和安装位置不同，以适应不同工艺和操作条件的需要。人（手）孔的有关尺寸见附录中的附表 22。

图 6-25　人孔与手孔基本结构

标记示例：HG/T 21515—2005　人孔（R.A-2070）450

表示公称直径 $DN450\mathrm{mm}$，采用 2707 耐酸碱橡胶垫片的常压人孔。

标记示例：HG/T 21518—2005　手孔Ⅱ（A.G）250-0.6

表示公称压力为 $0.6\mathrm{MPa}$，公称直径为 $250\mathrm{mm}$，采用Ⅱ类材料和石棉橡胶板垫片的板式平焊法兰手孔。

四、支座

支座用来支承设备的质量，固定设备的位置。按设备结构形状、安放的位置、材料和载荷情况的不同而有多种形式。下面介绍较常用的几种典型支座。

1. 耳式支座

耳式支座简称耳座，又称为悬挂式支座，广泛用于立式设备，其结构形状如图 6-26 所示。一般设备筒体上四周均匀分布有四个耳座。

标记示例：JB/T 4712.3—2007　耳座 A3

表示 A 型带垫板 3 号耳式支座。

2. 鞍式支座

鞍式支座适用于卧式设备，是应用最为广泛的一种支座。其结构如图 6-27 所示。

标记示例：JB/T 4712.1—2007　鞍座 BⅢ 900-S

表示公称直径为 900mm，重型带垫板，120°包角的滑动式鞍式支座。

3. 裙式支座

在化工设备中，对于高大的塔器设备和大载荷锥底容器，常采用非标准化的裙式支座。根据工艺要求和载荷不同，裙式支座分为圆筒形和圆锥形。

五、 补强圈

补强圈是用来弥补设备因开孔过大而造成的强度损失，其结构如图 6-28(a) 所示。

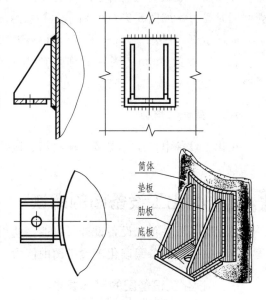

图 6-26　耳式支座

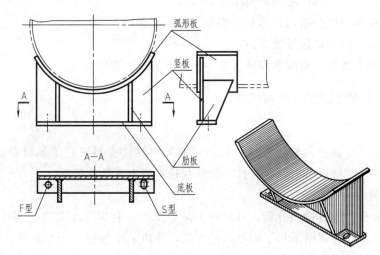

图 6-27　鞍式支座

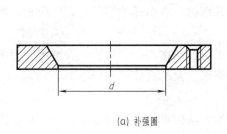

(a) 补强圈

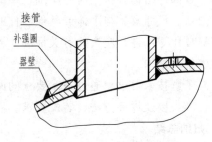

(b) 补强结构

图 6-28　补强圈

补强圈的形状应与被补强部分壳体的形状相符，使之与设备壳体密切贴合，焊接后能与壳体同时受力，如图 6-28(b) 所示。补强圈的结构尺寸，见附录中的附表 24。

标记示例：JB/T 4736—2002　补强圈　$DN100×8$-D-Q235-B

表示厚度为 8mm，接管公称直径 $DN100$mm，坡口类型为 D 型，材料 Q235-B 的补强圈。

六、 其他标准件

在化工设备中，还有视镜、填料箱、搅拌器、液面计等标准件，可查相关标准手册。

第五节　化工设备图的阅读

化工设备图是化工设备设计、制造、使用和维修中的重要技术文件，从事化工生产的工程技术人员必须具备阅读化工设备图的能力。

一、 读化工设备图的基本要求

通过对化工设备图的阅读，应达到以下基本要求。

① 了解设备的用途、工作原理、结构特点和技术要求。

② 了解设备上各零部件之间的装配关系和有关尺寸。

③ 了解设备零部件的结构、形状、规格、材料及作用。

④ 了解设备上的管口数量及方位。

⑤ 了解设备在制造、检验和安装等方面的标准和技术要求。

二、 读化工设备图的方法和步骤

1. 概括了解

看标题栏，了解设备名称、规格、绘图比例等内容；看明细栏了解设备各零部件的名称、数量等内容；了解设备的管口、技术特性及技术要求等基本情况。

2. 详细分析

(1) 视图分析　通过视图分析，可以看出设备图上共有多少个视图，哪些是基本视图，还有其他什么视图，各视图采用了哪些表达方法，分析采用各种表达方法的目的。

(2) 装配连接关系分析　分析各部件之间的相对位置及装配连接关系。

(3) 零部件结构分析　对照明细栏中的序号，将零部件逐一从视图中分离出来，分析其结构、形状、尺寸及其与主体或其他零件的装配关系。

对标准化零部件，应查阅有关标准，弄清楚其结构。有图样的零部件，则应查阅相关图纸，弄清楚其结构。

(4) 了解技术要求　通过技术要求的阅读，了解设备在制造、检验、安装等方面所依据的技术标准，以及焊接方法、装配要求、质量检验等方面的具体要求。

3. 归纳总结

通过详细分析后，将各部分内容加以综合归纳，从而得出设备完整的结构形状，进一步了解设备的结构特点、工作特性、物料的流向和操作原理等。

三、 读图实例

读列管式固定管板换热器（图 6-29）。

1. 概括了解

从标题栏、明细栏、技术特性表等可知，该设备的名称是列管式固定管板换热器，用途是使两种不同温度的物料进行热量交换，其规格为 $DN800\text{mm} \times 3000\text{mm}$（壳体内径×换热管长度），换热面积 $F = 107.5\text{m}^2$，绘图比例 1：10，由 28 种零部件所组成。

换热器管程内的介质是水，工作压力为 0.45MPa，工作温度为 40℃；壳程内介质是甲醇，工作压力为 0.5MPa，工作温度为 67℃，换热器共有 6 个接管，其用途、尺寸见管口表。

该设备采用了主、左两个基本视图，四个局部放大图，一个零件图和一个示意图。

2. 详细分析

（1）视图分析　图中主视图采用全剖视以表达换热器的主要结构及各管口和零部件在轴线方向的位置和装配情况。主视图还采用了断开画法，以省略中间重复结构，简化作图。换热器内部的管束也采用了简化画法，仅画出几根，其余均用中心线表示。

A—A 剖视图表示了各管口的周向方位和换热管的排列方式。

四个局部放大图均画成剖视图，其中Ⅰ表达管板（件 4）与管箱之间的装配连接关系，Ⅱ表示隔板槽的结构，Ⅲ表示拉杆（件 12）与管板（件 4）的连接方式，Ⅳ表达换热管（件 15）与管板（件 18）的连接方式。示意图用以表达折流板在设备轴向的排列情况。

（2）装配连接关系分析　该设备筒体（件 24）和管板（件 4），封头（件 21）和容器法兰（件 18）的连接都采用焊接，具体结构见局部放大图Ⅰ。各接管与壳体的连接均采用焊接，封头与管板采用法兰连接。法兰与管板之间放有垫片（件 27）形成密封，防止泄漏。换热管（件 15）与管板的连接采用焊接，见局部放大图Ⅳ。

拉杆（件 12）左端螺纹旋入管板，拉杆上套入定距管用以固定折流板之间的距离，见局部放大图Ⅰ；折流板间距等装配位置的尺寸见折流板排列示意图；管口轴向位置与周向方位可由主视图和 A—A 剖视图读出。

（3）零部件结构形状分析　设备主体由筒体（件 24），封头（件 21）组成。筒体内径为800mm，壁厚为 10mm，材料为 16MnR，筒体两端与管板焊接成一体。管箱（件 1）、封头（件 21）通过法兰、螺栓与筒体连接。

换热管（件 15）共有 472 根，固定在左、右管板上。筒体内部有弓形折流板（件 13）14 块，折流板间距由定距管（件 10）控制。所有折流板用拉杆（件 12）连接，左端固定在管板上（见放大图Ⅲ），右端用螺母锁紧。折流板的结构形状需阅读折流板零件图。

鞍式支座和管法兰均为标准件，其结构、尺寸需查阅有关标准定。

其他零部件的结构形状读者自行分析。

（4）了解技术要求　从图中的技术要求可知：该设备按钢制压力容器的三个相关标准进行制造、实验和验收，采用电弧焊，制造完成后，进行水压实验。

3. 归纳总结

通过上述分析可知：换热器的主体结构由圆柱形筒体和椭圆形封头构成，其内部有 472

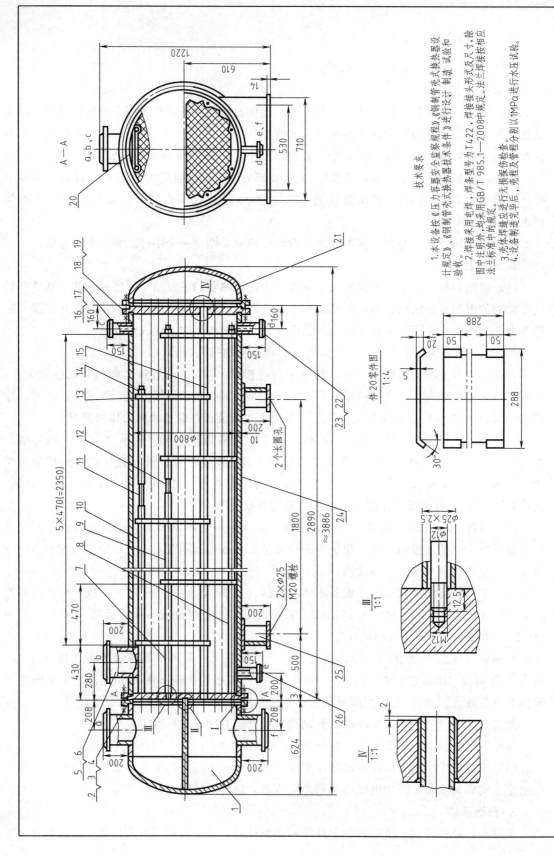

技术要求

1.本设备按《压力容器安全监察规程》《钢制管壳式换热器设计规定》、《钢制管壳式换热器技术条件》进行设计制造 试验和验收。

2.焊接采用电焊,焊接型号为T422,焊接头形式及尺寸,除图中注明外,均采用GB/T 985.1—2008中规定。法兰焊接按相应法兰标准中的规定。

3.壳体焊缝应进行无损探伤检查。

4.设备制造完毕后,壳程及管程分别以1MPa进行水压试验。

件20零件图
1:4

Ⅲ
1:1

Ⅳ
1:1

A—A

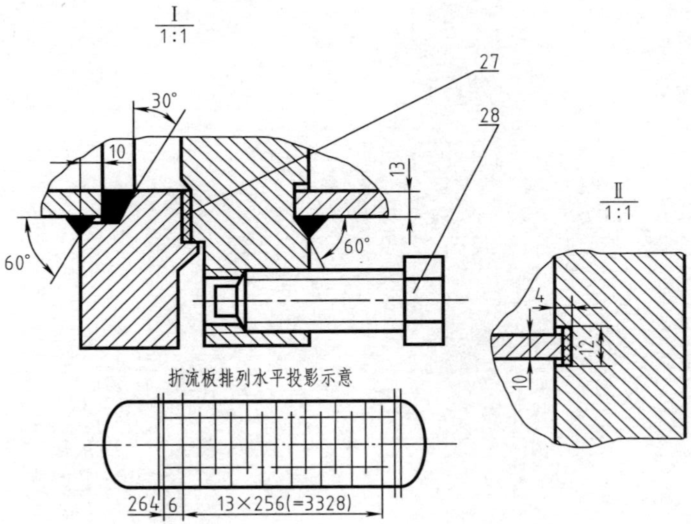

技术特性表

名称	管程	壳程
设计压力/MPa	0.6	0.6
工作压力/MPa	0.45	0.5
设计温度/℃	100	100
操作温度/℃	40	67
物料名称	循环水	甲醇
程数	II	I
腐蚀裕度/mm	1.5	2
焊缝系数 ϕ	0.85	0.85
容器类别	II	I
换热面积/m²	107.5	

管口表

符号	公称尺寸	连接尺寸、标准	连接面形式	用途或名称
a	200	PN1 DN200JB/T 81	平面	冷却水进口
b	200	PN1 DN200JB/T 81	凹面	甲醇蒸气入口
c	20	PN1 DN20JB/T 81	凹面	放净口
d	70	PN1 DN70JB/T 81	凸面	甲醇物料出口
e	20	PN1 DN20JB/T 81	凸面	排净口
f	200	PN1 DN200JB/T 81	平面	冷却水出口

设备总质量 3540kg

明细表

序号	图号或标准	名称	数量	材料	单件/备注
16	S20-056-3	接管 φ25×3	2	10	l=155
15		换热管 φ25×2.5	472	10	l=3000
14	GB/T 41	螺母 M12	16		
13	S20-056-3	折流板	14	Q235-A	l=10
12	S20-056-3	拉杆 φ12	6	10	l=2908
11	S20-056-3	拉杆 φ12	2	10	l=157
10		定距管 φ25×2.5	8	10	l=930
9		定距管 φ25×2.5	20	10	l=460
8		定距管 φ25×2.5	2	10	l=856
7		定距管 φ25×2.5	6	10	l=386
6	JB/T 81	法兰 200-10	1	16MnR	l=217
5		接管 φ219×6	1	10	l=217
4	S20-056-2	前管板	1	16MnR	
3	GB/T 41	螺母 M20	48		
2	GB/T 5780	螺栓 M20×40	48		
1	S20-056-2	管箱	1	16MnR	

序号	代号或标准	名称	数量	材料	备注
28	S20-056-3	顶丝 M20	8	Q235-A	
27	JB/T 4704	垫片 800-0.6	1	耐油橡胶石棉板	
26	GB/T 81	法兰 20-10	1	Q235-A	
25	JB/T 4712	鞍座 B1800-F·S	2	Q235-A·F	
24		筒体 φ800	1	16MnR	l=2908
23	JB/T 81	法兰 70-10	1	Q235-A	l=157
22		接管 φ76×4	1	10	
21	JB/T 4737	填料函封头 DN800×10	1	Q235-A	
20	S20-056-1	防冲板	1	Q235-A	
19	JB/T 4704	垫片 800-0.6	1	耐油橡胶石棉板	
18	S20-056-2	后管板	1	16MnR	
17	GB/T 81	法兰 20-10	1	Q235-A	

折流板排列水平投影示意
264[6] 13×256(=3328)

（设计单位）

制图		比例 1:10	固定管板换热器 φ800×300	
设计			质量	S20-056-1
描图				共3张第1张
审核				

$\dfrac{\text{I}}{1:1}$ $\dfrac{\text{II}}{1:1}$

图6-29 列管式固定管板换热器

根换热管和 14 块折流板。

设备工作时，冷却水自接管 a 进入换热管，流经管箱上半部分进入换热管到右端封头内，通过下半部的换热管进入管箱下部，经由接管 f 流出；温度高的物料从接管 b 经防冲板（件 20，其作用是防止工艺物料入口速度过高而对换热管产生剧烈冲击）进入壳体，经折流板迂回流动，与管程内的冷却水进行热量交换后，由接管 d 流出。

第七章

化工工艺图

化工工艺图主要包括工艺流程图、设备布置图、管道布置图和管道轴测图。

第一节 工艺流程图

一、工艺流程图概述

工艺流程图是用来表达化工生产过程与联系的图样，下面介绍几种常见的化工工艺图。

1. 方案流程图（原理流程图）

工艺方案流程图是在工艺设计之初提出的一种示意图。它以工艺装置的主项为单元进行绘制，按照工艺流程的顺序，将设备和工艺流程线从左至右展开画在同一平面上，并附以必要的标注和说明。如图 7-1 所示为脱硫系统工艺方案流程图。

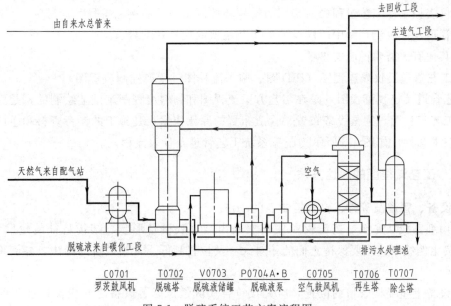

图 7-1　脱硫系统工艺方案流程图

从图中可知：天然气来自配气站，进入罗茨鼓风机（C0701）加压后，送入脱硫塔（T0702），与此同时，来自脱硫液储罐（V0703）的脱硫液，经脱硫液泵（P0704A）打入脱硫塔中，在塔中气液两相逆流接触，经过化学吸收过程，天然气中有害物质硫化氢被脱硫液吸收脱除。脱硫后的天然气进入除尘塔（T0707），在塔内经水洗除尘后去造气工段。

另一方面，脱硫塔出来的废脱硫液经过脱硫液泵（P0704B）打入再生塔（T0706），与空气鼓风机（C0705）送入的新鲜空气逆向接触。空气吸收废脱硫液中的硫化氢，产生的酸性气体送到回收工段的硫黄回收装置（图中未画出）；由再生塔出来的再生脱硫液经脱硫液泵（P0704A）打入脱硫塔循环使用。

2. 首页图

在工艺设计施工图中，将所采用的部分规定，以图表形式绘制成首页图，以便于识图和更好地使用各设计文件，首页图如图7-2所示，它包括如下内容。

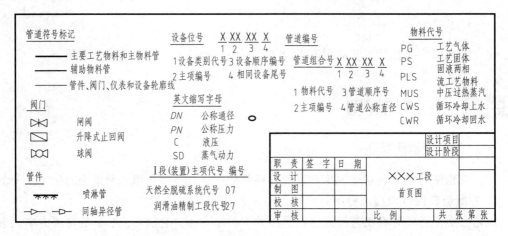

图 7-2 首页图

① 管道及仪表流程图中所采用的管道图例、符号、设备位号、物料代号和管道编号等。

② 仪表控制在工艺过程中所采用的检测和控制系统的图例、符号、代号等。

③ 管道及仪表流程图中所涉及的装置及主项的代号和编号。

④ 其他有关需要说明的事项。

3. 工艺管道及仪表流程图（PID图、施工流程图、生产控制流程图）

工艺管道及仪表流程图，是在工艺方案流程图和物料流程图基础上绘制的，是内容更为详细的工艺流程图。它是设备布置、管道布置的原始依据；是施工的参考资料和生产操作的指导性技术文件。如图7-3所示为脱硫系统工艺管道及仪表流程图。

二、 工艺流程图的表达方法

1. 设备、管道及管件、仪表控制点的画法

① 用细实线从左至右按流程顺序依次画出能反映设备形状、结构特征的轮廓示意图。一般不按比例绘制，但要保持它们的相对大小及位置高低。常用设备的画法，参阅附录中的附表25。

② 设备上重要接管口的位置，应大致符合实际情况。各设备之间应保留适当距离，以便布置流程线。

③ 管道上所有的阀门和管件，用细实线按标准规定的图形符号（参阅附录中的附表26），在相应处画出。

④ 仪表控制点，以细实线在相应的管道设备上用符号画出（表7-1）。符号包括图形符号和字母代号。它们组合起来表达工业仪表所处理的被测变量和功能，或表示仪表、设备元

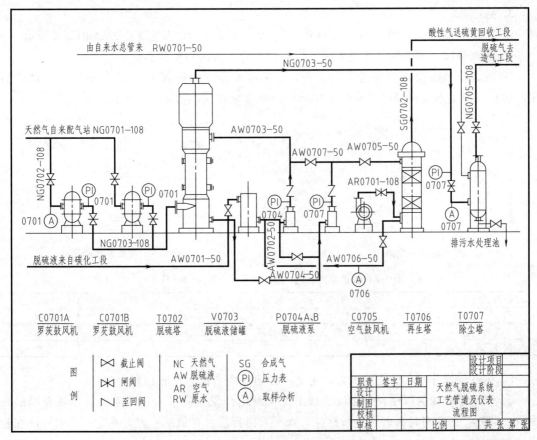

图 7-3　脱硫系统工艺管道及仪表流程图

件、管线的名称。仪表图形符号是一直径约为 10mm 的细实线圆圈，用细实线连到设备轮廓线或工艺管道的测量点上，如图 7-4 所示。

表 7-1　**仪表安装位置的图形符号**（摘自 HG 20505—1992）

序 号	安装位置	图形符号	备 注	序 号	安装位置	图形符号	备 注
1	就地安装仪表	○		3	就地仪表盘面安装仪表	▽	
		─○─	嵌在管道中	4	集中仪表盘面后安装仪表	⊖	
2	集中仪表盘面安装仪表	⊖		5	就地仪表盘面后安装仪表	⊜	

2. 流程线的画法

① 用粗实线画出各设备之间的主要物料流程线；用中实线画出其他辅助物料的流程线。线型参阅《HG/T 20519.32》。

② 流程线一般画成水平线和垂直线（不用斜线），转弯一律画成直角。

③ 当流程线发生交错时，应将其中一线断开或绕弯通过。一般同一物料线交错，按流程顺序"先不断后断"。不同物料线交错，主物料线不断，辅助物料线断，即"主不断辅断"。

④ 在两设备之间的流程线上，至少应有一个流向箭头。

3. 标注

① 将设备的名称和位号，在流程图上方或下方靠近设备示意图的位置排成如图7-3所示。

② 在水平线（粗实线）的上方注写设备位号，下方注写设备名称。

③ 设备位号由设备类别代号（表7-2）、主项编号（两位数字）、设备顺序号（两位数字）和相同设备数量尾号（大写拉丁字母）四个部分组成，如图7-5所示。

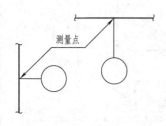

图7-4 仪表的图形符号

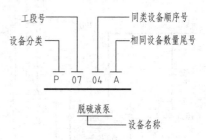

图7-5 设备位号的标注

表7-2 设备类别代号（摘自 HG/T 2051.35—1992）

设备类别	泵	火炬、烟囱	容器	其他机械	其他设备	计量设备
代号	P	S	V	M	X	W
设备类别	塔	工业炉	换热器	反应器	起重设备	压缩机
代号	T	F	E	R	L	C

④ 在流程线开始和终止的上方，用文字说明介质名称、来源和去向。

⑤ 管道流程线的标注。管道流程线上除应画出介质流向箭头，并用文字标明介质的来源或去向外，还应对每条管道进行标注，水平管道标注在管道的上方，垂直管道则标注在管道的左方（字头向左）。

管道应标注四部分内容，即管道号（或称为管段号）（由三个单元组成，即物料代号、工段号、管段序号）、管径、管道等级和隔热（或隔声）代号，总称为管道组合。其标注格式如图7-6(a)所示，也可将管道等级和隔热（或隔声）标注在管道下方，如图7-6(b)所示。

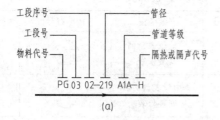

(a)

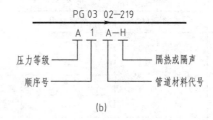

(b)

图7-6 管道的标注

国家标准规定，物料代号以英文名称的第一个字母（大写）来表示，见表7-3所列。

表7-3 物料名称及代号（摘自 HG/T 20519.36—1992）

代号	物料名称	代号	物料名称	代号	物料名称
PG	工艺气体	DW	饮用水、生活用水	CA	压缩空气
PL	工艺液体	RW	原水、新鲜水	IA	仪表空气
PS	工艺固体	WW	生产废水	HS	高压蒸汽
PGL	气液两相流工艺物料	SC	蒸汽冷凝水	TS	拌热蒸汽
PLS	液固两相流工艺物料	CWR	循环冷却水回水	DR	排液、导淋
PGS	气固两相流工艺物料	CWS	循环冷却水上水	VT	放空

⑥ 仪表及仪表位号的标注。在检测控制系统中构成一个回路的每个仪表（或元件），都应有自己的仪表位号。仪表位号由字母代号组合与阿拉伯数字编号组成。

第一位字母表示被测变量，后面字母表示仪表的功能，用两位数字表示工段号，用两位数字表示回路顺序号，如图7-7所示。在施工流程图中，仪表位号中的字母代号填写在圆圈的上半圆中，数字编号填写在圆圈的下半圆中，如图7-8所示。被测变量及仪表功能的字母组合示例见表7-4所列。

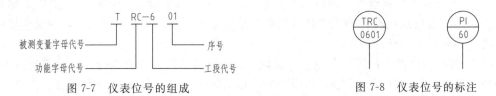

图 7-7　仪表位号的组成　　　　　　　　　　　　图 7-8　仪表位号的标注

表 7-4　被测变量及仪表功能字母组合示例

仪表功能	被测变量								
	温度 T	温差 TD	压力 P	压差 PD	流量 F	物位 L	分析 A	密度 D	未分类 的量 X
指示　I	TI	TDI	PI	PDI	FI	LI	AI	DI	XI
记录　R	TR	TDR	PR	PDR	FR	LR	AR	DR	XR
控制　C	TC	TDC	PC	PDC	FC	LC	AC	DC	XC
报警　A	TA	TDA	PA	PDA	FA	LA	AA	DA	XA
开关　S	TS	TDS	PS	PDS	FS	LS	AS	DS	XS
指示、控制	TIC	TDIC	PIC	PDIC	FIC	LIC	AIC	DIC	XIC
记录、报警	TRA	TDRA	PRA	PDRA	FRA	LRA	ARA	DRA	XCT

三、工艺流程图的阅读（PID）

看工艺管道及仪表流程图的目的是为选用、设计、制造各种设备提供工艺条件；可以摸清并熟悉现场流程，掌握开停工顺序，维护正常生产操作；还可判断流程控制操作的合理性，进行工艺改革和设备改造及挖潜；通过流程图还能进行事故设想，提高操作水平和预防、处理事故的能力。

现以图7-3所示脱硫系统工艺管道及仪表流程图为例，介绍读图的方法和步骤。

① 掌握设备的数量、名称、和位号。天然气脱硫系统的工艺设备共有9台。其中有相同型号的罗茨鼓风机两台（C0701A、B），一个脱硫塔（T0702），一个脱硫液储罐（V0703），两台相同型号的脱硫液泵（P0704A、B），一台空气鼓风机（C0705），一个再生塔（T0706），一个除尘塔（T0707）。

② 了解主要物料的工艺流程。由配气站来的天然气原料，经罗茨鼓风机从脱硫塔底部进入，在塔内与脱硫液气液两相逆流接触，天然气中的有害物质硫化氢，经过化学吸收过程，被脱硫液吸收脱除。然后进入除尘塔，在塔中经水洗除尘后，由塔顶馏出，去造气工段。

③ 了解辅助介质物料流程线。由碳化工段来的脱硫液进入脱硫液储罐（V0703），由脱硫液泵（P0704A、B）抽出后，从脱硫塔（T0702）上部打入。从脱硫塔底部出来的废脱硫液，经脱硫液泵抽出打入再生塔（T0706），在塔中与新鲜空气逆流接触，空气吸收废脱硫

液中的硫化氢后，产生的酸性气体送到硫黄回收装置；从再生塔底部出来的再生脱硫液由脱硫液泵回收打入脱硫塔后循环使用。

④ 了解动力或其他介质系统流程。两台并联的罗茨鼓风机（工作时一台备用）是整个系统的流动介质的动力。空气鼓风机的作用是从再生塔下部送入新鲜空气，将废脱硫液里的含硫气体除去，通过塔顶排空管送到硫黄回收装置。

由自来水总管提供除尘水源，从除尘塔上部进入塔中。

⑤ 了解仪表控制点情况。在两台罗茨鼓风机、两台脱硫液泵的出口和除尘塔下部物料入口处，共有五块就地安装的压力指示仪表。在天然气原料线、再生塔底出口和除尘塔料气入口处，共有三个取样分析点。

⑥ 了解阀门种类、作用、数量等。脱硫工艺系统各管段均装有阀门，对物料进行控制。共使用了三种阀门，截止阀 8 个，闸阀 6 个，止回阀 2 个，止回方向只可由脱硫液泵打出，不可逆向回流，以保证安全生产。

⑦ 在现场对照实况读图时，对各种设备、管线，可利用表面标志颜色进行识别。如：红色为消防专用，蓝色为工业空气和仪表空气，黑色为电器电缆，黄色为有毒、腐蚀介质，绿色为水介质，银灰色一般为石化物料或蒸汽，天蓝色是安全变色漆。

第二节　设备布置图

一、建筑图简介

工艺流程设计所确定的全部设备，必须根据生产工艺的要求和具体情况，在厂房建筑内外合理布置，固定安装，以保证生产的顺利进行。另外厂房建筑设计还要考虑生产辅助设施，相关建筑物，检修场地及各种管道的敷设。

1. 厂房的结构

厂房属于工业建筑，与民用建筑的功能不同，但其组成部分是相似的。

民用建筑的"进深"和"开间"，在厂房建筑中，称为"跨度"和"柱距"。厂房的结构如图 7-9 所示，主要分为：

① 起支承荷载作用的承重结构，如基础、柱、墙、梁、楼板等；

② 防止外界自然的侵蚀或干扰的围墙结构，如屋面、外墙、雨篷等；

③ 沟通房屋内外与上下的交通结构，如门、走廊、楼梯、台阶、坡道等；

④ 起保护墙身作用的排水结构，如挑檐、天沟、雨水管、勒脚、散水、明沟等；

⑤ 起通风、采光、隔热作用的窗户、天井、隔热层等；

⑥ 起安全和装饰作用的扶手、栏杆、女儿墙等。

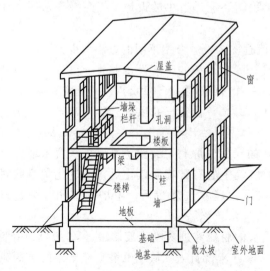

图 7-9　某厂房构造

2. 建筑图的视图

建筑施工图是用正投影原理绘制出的、

用以指导施工的图样，主要包括总平面图、平面图、立面图、剖面图和构造详图等。
图 7-10 是与某厂房构造相应的厂房建筑图。

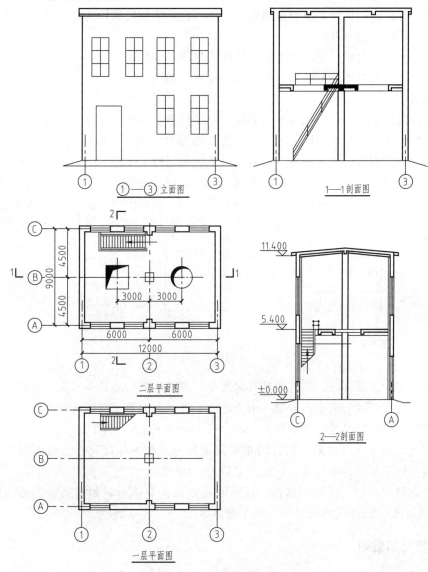

图 7-10 某厂房建筑图

（1）平面图 建筑平面图是假想用一水平剖切面把房屋的门洞、窗台以上部分切掉
并移走，然后向下投射得到的水平剖切俯视图，沿底层切开的称为"底（首）层平面
图"，沿二层切开的称为"二层平面图"，依次类推，相同楼层共用一个平面图称为"标
准层平面图"。

平面图主要表示房屋的平面形状、大小、朝向；各种不同用途房间的内部分隔布置情
况；内外入口、走道、楼梯等交通联系；墙、柱的位置及门窗类型和位置。

（2）立面图 建筑立面图是向平行于房屋某一外墙面的投影面所作的视图，可用定位轴
线号来命名，如①～③立面图。也可按方向来确定名称，如南立面图，北立面图。

立面图用于表示房屋外形的长度、高度、层数，门窗的大小、样式、位置、层面形式，
台阶、雨篷、阳台、烟囱外墙装修组合等外貌，以及用以推敲建筑立面上的形体比例、装

饰、艺术处理等，如图 7-10 所示。

（3）剖面图　建筑剖面图是假想用一个或几个正平面或侧平面，沿铅垂方向把房屋剖开绘制的视图，其位置选择在能反映房屋内部结构特征，或有代表性的复杂部位，并尽量通过门窗、洞口、楼梯通道等部位。

剖面图主要表示房屋内部沿高度方向的结构形式，分层情况和主要承重构件的相互关系及各层梁、板的位置与墙柱的联系、材料及高度等，如图 7-10 所示。

3．建筑图的标注

（1）定位轴线编号　定位轴线是用来确定房屋的墙、柱和屋架等主要承重构件位置，以及标注尺寸的基准线，在平面图上的定位轴线需要编号，水平方向的编号采用阿拉伯数字，由左向右依次填写在圆圈内；竖直方向的编号采用大写拉丁字母，由下往上依次注写在圆圈内。在剖面图和立面图上，只注写墙（两端）的定位轴线编号。

（2）平面图尺寸　一般情况下，建筑图的尺寸要注成封闭的，如图 7-11 所示。

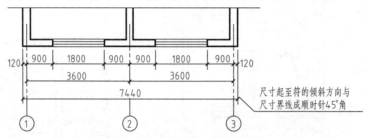

图 7-11　平面图尺寸标注示例

平面图尺寸分三道标注：最外面是外包尺寸，表明建筑物总长和总宽；中间是定位轴线尺寸，表明开间和进深的大小；最里一道是表示门窗、孔洞等结构的详细尺寸，如标出设备定位及预留孔洞的定位尺寸，其单位为 mm，只注数字不注尺寸单位。

（3）剖面图尺寸　房屋某一部分的相对高度尺寸，称为标高尺寸。剖面图上只标注地面、楼板面及屋顶面的标高尺寸。标高尺寸以 m 为单位。

（4）注写视图名称　视图的名称，注写在各视图的正下方，如首层平面图、二层平面图、1—1 剖面图、2—2 剖面图和①～③立面图等。

二、设备布置图

用来表示设备与建筑物、设备与设备之间的相对位置，并能指导设备安装的图样，称为设备布置图。它是进行管道布置设计、绘制管道布置图的依据。在设计中一般提供下列图样图表："分区索引图"、"设备布置图"、"设备安装图"、"管口方位图"以及"设备一览表"和"设备地脚螺栓表"。

（一）分区索引图

由于化工装置趋向大型化、联合化，管道布置图需要分区绘制，以便查找。因此需要绘制分区索引图，一般以小区为基本单位进行绘制，小区数不得超过 9 个，超过时采用大区与小区结合方式，但大区数也不得超过 9 个。如图 7-12 所示为润滑油精制装置分区索引图。

1．画法

一般利用设备布置图复制成二底图后进行绘制，分区界线用粗双点划线（线宽 0.9～1.2mm），大区与小区结合时，小区用中粗双点划线（0.5～0.7mm）。

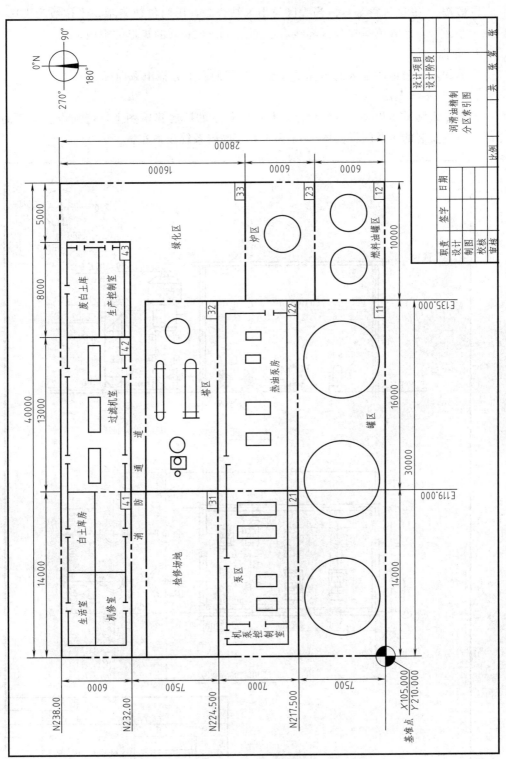

图 7-12 润滑油精制装置分区索引图

2. 编号

一般按 1～9 区进行编号。当大区与小区结合时，用两位数表示，十位数为大区号，个位数为小区号，区号填写在分区界线右下角 16mm×6mm 的矩形方框内。

3. 图标

在图的左下角标注全区的坐标基准点，在图的右上方标出方向标。

（二）设备布置图

设备布置图采用正投影方法绘制，是在简化了的厂房建筑图上，增加设备布置的内容，是指导设备安装的主要图样。图 7-13 为天然气脱硫系统设备布置。

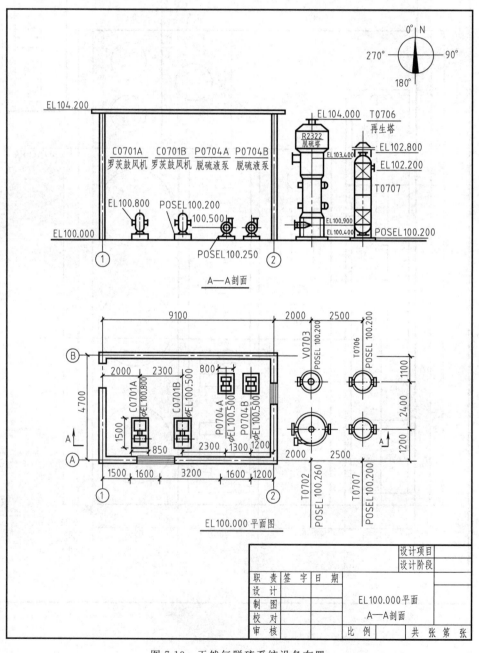

图 7-13　天然气脱硫系统设备布置

1. 设备布置图的内容

（1）一组视图　包括平面图和剖面图，用来表示厂房建筑的基本结构，以及设备在厂房内外的布置情况。

平面图主要表示厂房建筑的方位、占地大小、内部分隔情况以及与设备安装定位有关的建筑物的结构形状和相对位置。剖面图是在厂房建筑的适当位置上，垂直剖切后绘出的，用来表达设备沿高度方向的布置安装情况。

（2）尺寸及标注　设备布置图中一般要标注建筑物与设备、设备与设备之间的定位尺寸。同时还要标注厂房建筑定位轴线的编号、设备的名称和位号以及注写必要的说明等。

（3）安装方位标　即设计北向标志，是确定设备安装方位的基准，一般画在图样右上方。

（4）标题栏　注写图名、图号、比例、设计者等。

2. 设备的合理布置

（1）满足生产工艺要求　根据工艺需要，考虑工艺顺序、设备重量、动静设备等，将设备分别安装在不同楼层或地下。根据实际地形，如山区、平地、南方、北方、风沙、雨水等，结合厂房结构特点，因地制宜布置。

（2）符合经济原则　按工艺顺序布置，可以减少管线、配件，且热量损失少；按分区布置，则便于安装，操作和检修；按高位差布置，可节省动力设备；若就近布置，可防止动力损失，提高效能。例如真空泵要靠近抽真空设备，冷凝器要靠近容器抽出口。

（3）符合安全要求　有毒设备应安置在下风，易燃设备应保持间距，并考虑防火隔墙。易爆设备远离主厂房，并采用防爆建筑。振动设备考虑布置在底层。要考虑门的大小、开启方向、重量及闭合锁的形式等。例如安放易爆设备的建筑门一定要朝外开。

（4）便于安装检修　考虑检修的通道、平台、场地的大小。同类设备留出统一检修场地。立式设备人孔应面对空场或检修通道。人孔尽量布置在一条线上。

（5）考虑操作，检修的方便　设备之间应有足够的畅通人行道和物运通道。操作室、操作台视野要开阔，便于观察设备运行。振动设备要考虑减振措施，并远离操作室及仪表控制台。

设备布置影响因素较多，稍有不周的细小问题也可能给施工、操作和检修带来不便，甚至引发事故。所以要多学习、观察，综合考虑多方面因素，如环境、污染等，使设备布置更趋合理。

3. 设备布置图的画法与标注

绘制设备布置图时，应以工艺施工流程图、厂房建筑图、设备设计条件清单等原始资料为依据。通过这些图样资料，充分了解工艺过程的特点和要求以及厂房建筑的基本结构等。

下面简要介绍设备布置图的绘图方法和步骤。

（1）绘制设备布置平面图

① 用细点划线画出建筑物的定位轴线，再用细实线画出房屋建筑（厂房）的平面图，以及表示厂房基本结构的墙、柱、门、窗、楼梯等。

② 用细点划线画出设备的中心线，用粗实线画出设备、支架、基础、操作平台等基本轮廓。若有多台规格相同的设备，可只画出一台，其余则用粗实线简化画出其基础的轮廓投影，如图 7-13 所示罗茨鼓风机的画法。

③ 标注厂房定位轴线编号和定位轴线间的尺寸，标注设备基础的定形和定位尺寸，注出设备位号和名称（应与工艺流程图一致）。

（2）绘制剖面图　剖面图应完全、清楚地反映出设备与厂房高度方向的位置关系，在充分表达的前提下，剖面图的数量应尽可能少。

① 用细实线画出厂房剖面图。与设备安装定位关系不大的门窗等构件，以及表示墙体材料的图例，在剖面图上则一概不予表示。

② 用粗实线画出设备的立面图（被遮挡的设备轮廓一般不予画出）。

③ 标注厂房定位轴线和定位轴线间的尺寸；标注厂房室内外地面标高（一般以底层室内地面为基准，作为零点进行标注，单位为 m，取小数点后三位，高于基准相加，低于基准相减）；标注厂房各层标高；标注设备基础标高；必要时标注各主要管口中心线、设备最高点等标高；最后注写设备位号和名称。

（3）绘制方位标　方位标由粗实线画出的直径为 20mm 的圆圈及水平、垂直的两轴线构成，并分别在水平、垂直等方位上注以 0°、90°、180°、270°等字样，如图 7-13 中右上角所示。一般采用建筑北向（以"N"表示）作为零度方位基准。该方位一经确定，凡必须表示方位的图样（如管口方位图、管段图等）均应统一。

（4）完成图样　注出必要的说明；填写标题栏；检查、校核，最后完成图样。

4. 设备布置图的阅读

阅读设备布置图的目的，是为了了解设备在工段（装置）的具体布置情况，指导设备的安装施工以及开工后的操作、维修或改造，并为管道布置建立基础。现以图 7-13 天然气脱硫系统设备布置图为例，介绍读图的方法和步骤。

（1）了解概况　根据流程图，了解基本工艺过程；通过分区索引图了解设备分区情况，以及设备占用建筑物和相关建筑的情况。由标题栏可知，该设备布置图有两个视图，一个为"EL100.000 平面图"，另一个为"A—A 剖面图"。图中共绘制了八台设备，分别布置在厂房内外（塔区和泵区）。厂房外塔区露天布置了四台静设备，有脱硫塔（T0702）、除尘塔（T0707）、脱硫液储罐（V0703）和再生塔（T0706）。泵区在厂房建筑内。有两台罗茨鼓风机（C0701A.B）和两台脱硫液泵（P0704A.B）。

（2）了解建筑物尺寸及定位　图中只画出了厂房建筑定位轴线①、②和Ⓐ、Ⓑ。其横向轴线间距为 9.1m，纵向轴线间距为 4.7m，厂房地面标高为 EL100.000m，房顶标高为 EL104.200m。

（3）掌握设备布置情况　从图中可知，罗茨鼓风机的主轴线标高为 ϕEL100.800m，横向定位为 2.0m，相同设备间距为 2.3m，基础尺寸为 1.5m×0.85m，支承点标高是POSEL100.200m。脱硫塔横向定位是 2.0m，纵向定位是 1.2m，支承点标高是POSEL100.250m，塔顶高 EL104.000m，料气入口管口标高是 EL100.900m，稀脱硫液入口管口标高是 EL103.400m。废脱硫液出口管口标高是 EL100.400m。脱硫液储罐（V0703）的支承点标高是 POSEL100.200m，横向定位是 2.0m，纵向定位是 1.1m。图中右上角的安装方位标（设计北向标志），指明了有关厂房和设备的安装方位基准。

第三节　管道布置图

一、　管道的图示方法

管道布置图又称配管图，主要表达管道及其附件在厂房建筑物内外的空间位置、尺寸和规格，以及与有关机器、设备的连接关系。配管图是管道安装施工的重要技术文件。

1. 管道的规定画法

（1）管道的表示法　在管道布置图中，公称通径（DN）大于或等于 400mm（或 16in）的管道，用双线表示，小于或等于 350mm（或 14in）的管道用单线表示。如果在管道布置图中，大口径的管道不多时，则公称通径（DN）大于或等于 250mm（或 10in）的管道用双线表示，小于或等于 200mm（或 8in）的管道，用单线表示，如图 7-14 所示。

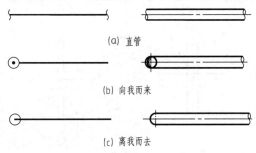

(a) 直管

(b) 向我而来

(c) 离我而去

图 7-14　管道的表示法

（2）管道弯折的表示法　向下弯折 90°角的画法，如图 7-15(a) 所示；向上弯折 90°角的管道画法，如图 7-15(b) 所示；大于 90°角的弯折管道，如图 7-15(c) 所示。二次弯折的管道，如图 7-15(d)、(e) 所示。

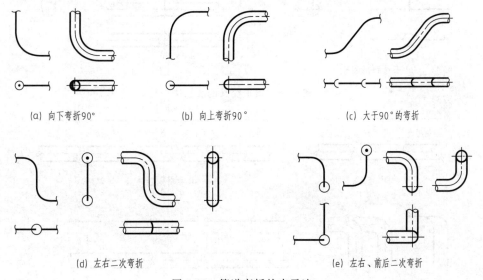

(a) 向下弯折90°　　　(b) 向上弯折90°　　　(c) 大于90°的弯折

(d) 左右二次弯折　　　　(e) 左右、前后二次弯折

图 7-15　管道弯折的表示法

（3）管道交叉的表示法　当管道交叉时，一般表示方法如图 7-16(a) 所示。若需要表示两管道的相对位置时，将下面（后面）被遮盖部分的投影断开，如图 7-16(b) 所示，或将下面（后面）被遮盖部分的投影用虚线表示，如图 7-16(c) 所示，也可将上面的管道投影断裂表示，如图 7-16(d) 所示。三通或管道分叉的表示法，如图 7-16(e)、(f) 所示。

（4）管道重叠的表示法　当管道的投影重合时，将可见管道的投影断裂表示，不可见管道的投影则画至重影处（稍留间隙），如图 7-17(a) 所示。当少于四条管道的投影重合时，可以用断裂符号数量加以区别，如图 7-17(b) 所示。当多条的管道投影重合时，可在管道投影断裂处，注上相应的小写字母加以区分，如图 7-17(d) 所示。当管道转折后投影重合时，则后面的管道画至重影处，并稍留间隙，如图 7-17(c) 所示。

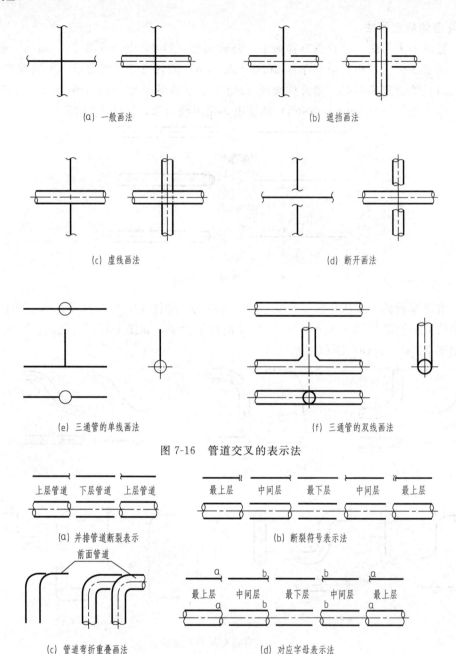

(a) 一般画法　　　　　　(b) 遮挡画法

(c) 虚线画法　　　　　　(d) 断开画法

(e) 三通管的单线画法　　　　　　(f) 三通管的双线画法

图 7-16　管道交叉的表示法

(a) 并排管道断裂表示　　　　　　(b) 断裂符号表示法

(c) 管道弯折重叠画法　　　　　　(d) 对应字母表示法

图 7-17　管道重叠的表示法

（5）管道连接的表示法　当两段直管相连时，根据连接的形式不同，其画法也不同。常见的四种连接形式及画法见表 7-5 所列。

（6）管件、管件与管道连接的表示法　见附录中的附表 27《管道与管件连接的表示法（HG/T 20519.33—1992）》，其中连接符号之间的是管件。

2. 管架的编号和管架的表示方法

（1）管架的表示法　管道是利用各种形式的管架安装并固定在建筑或基础之上的。管架的形式和位置在管道平面图上用符号表示，如图 7-18（a）所示。

（2）管架的编号　管架的编号由五部分内容组成，标注的格式如图 7-18（b）所示。管架类别和管架生根部位的结构，用大写英文字母表示，详见表 7-6 所列。

表 7-5　管道的连接方式

连接方式	轴测图	装配图	规定画法	
法兰连接			单线	
			双线	
承插连接			单线	
			双线	
螺纹连接			单线	
			双线	
焊接			单线	
			双线	

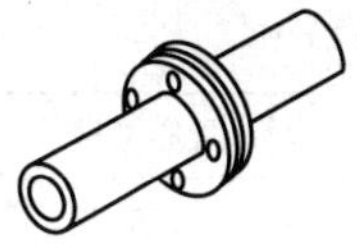

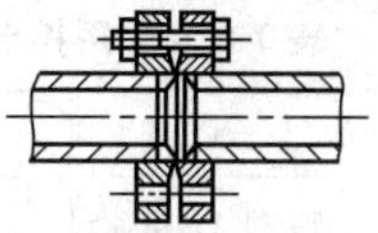

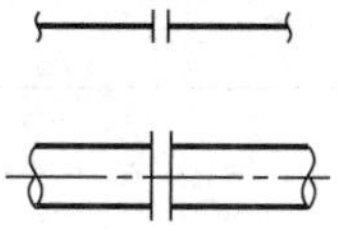

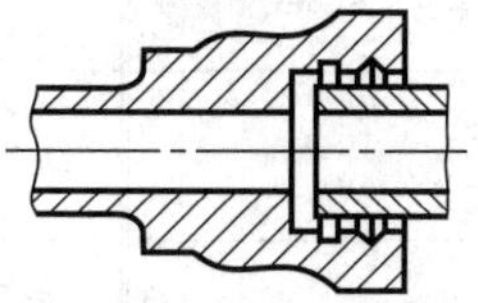

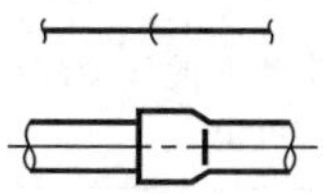

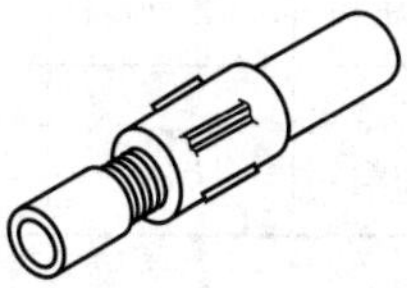

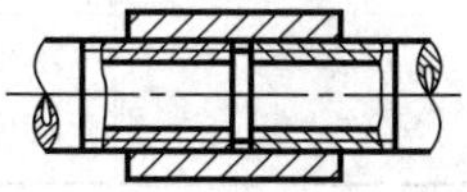

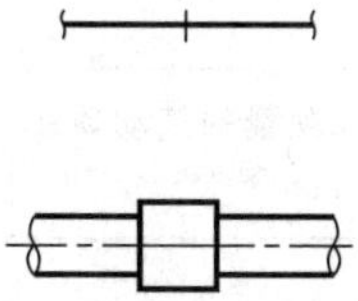

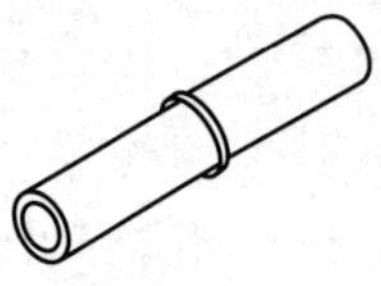

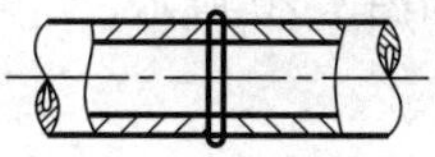

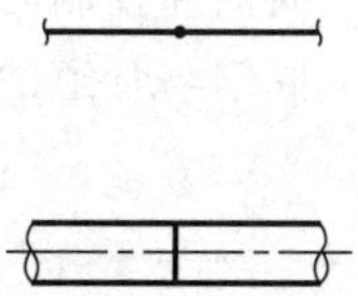

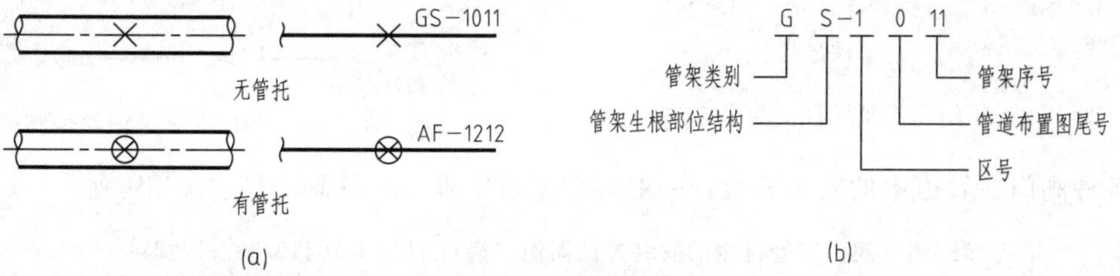

GS－1011　无管托

AF－1212　有管托

G　S-1　0　11
管架类别
管架生根部位结构
管架序号
管道布置图尾号
区号

(a)　　　　(b)

图 7-18　管架的表示法及编号方法

表 7-6　管架类别和管架生根部位的结构（摘自 HG/T 20519.29—1992）

管架类别					
代 号	类 别	代 号	类 别	代 号	类 别
A	固定架	H	吊架	E	特殊架
G	导向架	S	弹性吊架	T	轴向限位架
R	滑动架	P	弹簧支架	—	—
管架生根部位的结构					
代 号	结 构	代 号	结 构	代 号	结 构
C	混凝土结构	S	钢结构	W	墙
F	地面基础	V	设备		

　　管廊及外管上的通用型托架，仅注明导向架及固定架的编号，凡未注编号、仅有管架图例者均为滑动管托。

【例 7-1】　GS-01　0 表示无管托　　　　　　　AS-11　1 表示有管托

3. 阀门及仪表控制元件的表示法

阀门在管道中用来调节流量，切断或切换管道，对管道起安全、控制作用。常用的阀门图形符号见《HG/T 20519.32》。常用的控制元件符号见表 7-7 所列。

表 7-7　常用控制元件符号

型　式	图形符号	备　注	型　式	图形符号	备　注
通用的执行机构		不区别执行机构型式	电磁执行机构	S	
带弹簧的气动薄膜执行机构			活塞执行机构		
电动机执行机构	M		带气动阀门定位器的气动薄膜执行机构		
无弹簧的气动薄膜执行机构			执行机构与手轮组合(顶部或侧面安装)		

阀门和控制元件图形符号的一般组合方式，如图 7-19 所示。

阀门与管道的连接方式，如图 7-20 所示。

图 7-19　阀门和控制元件的组合方式　　　　图 7-20　阀门与管道的连接画法

各种阀门在管道中的安装方位，一般应在管道中画出，其画法见表 7-8 所列。

表 7-8　阀门在管道中的安装方位图例（摘自 HG/T 20519.33—1992）

名　称	主　视　图	俯　视　图	左　视　图	轴　测　图
闸阀				
截止阀				
节流阀				
止回阀				
球阀				

二、 管道布置图的内容

图 7-21 为某工段管道布置图，从中可以看出，管道布置图包括以下一些内容。

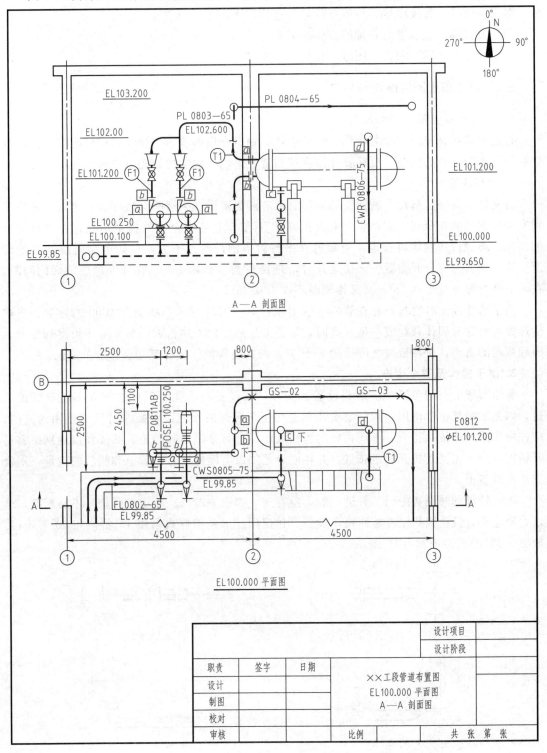

图 7-21 某工段管道布置图

（1）视图　以平面图为主，表达整个车间（主项）的设备、建筑物的简单轮廓以及管道、管件、阀门、仪表控制点等布置安装情况（本例只画出了部分的布置安装情况）。

（2）尺寸　注出管道及管件、阀门、控制点等的平面位置和标高尺寸，对建筑物轴线编号，对设备位号、管段序号、控制点代号等进行标注。

（3）方位标　表示管道安置的方位基准。

（4）标题栏　填写图名、图号、比例、责任者等。

三、 管道布置图的画法与标注

（一）管道布置图的绘制原则

管道布置将直接影响工艺操作、安全生产、输出介质的能量损耗及管道的投资，同时也存在管道布置美观的问题。现简要介绍合理布置管道的一些主要原则及应考虑问题。

1. 物料因素

对易燃、易爆、有毒及腐蚀性的物料管道应避免敷设在生活间、楼梯和走廊处，并应配置安全装置（如安全阀、防爆膜及阻火器等），其放空管要引至室外指定地点，并符合规定的高度。腐蚀性强的物料管道，应布置在平行管道的外侧或下方，以防泄漏时腐蚀其他管道。冷、热管道应分开布置，无法避开时，热管在上，冷管在下。管外保温层表面的间距，在上下并行时不少于 0.5m，交叉排列时不少于 0.25m。

为了防止停工时物料积存在管内，管道设计时一般应有 1/100 至 5/1000 的坡度。当被输送的物料含有固体颗粒或黏度较高时，管道坡度还应比上述值大一些。对于坡度和坡向无明确规定的管道，可将敷设坡度定为 2/1000，坡向朝着便于流体流动和排放的方向。

2. 便于操作及安全生产

管道布置的空间位置不应妨碍设备的操作，如设备的人孔、手孔的前方不能有管道通过，以免影响其正常使用。阀门要安装布置在便于操作的部位，对操作时频繁使用的阀门，应按操作的顺序依次排列。不同物料的管道及阀门，可涂刷不同颜色的油漆加以区别。容易开错的阀门，相互要拉开间距布置，并在明显处加以明确的标志。管道和阀门的重量，不要支承在设备上。

距离较近的两设备之间，管道一般不应直连，如图 7-22(a) 所示。因垫片不易配准，难以紧密连接，且会因热胀冷缩而损坏设备。建议用波形伸缩器或采用 45°斜接和 90°弯连接，如图 7-22(b)～图 7-22 (d) 所示。

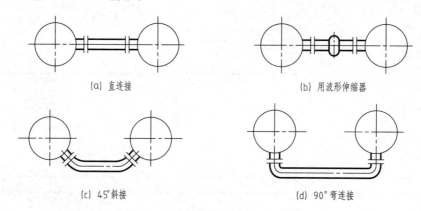

(a) 直连接　　　　　　　　　　(b) 用波形伸缩器

(c) 45°斜接　　　　　　　　　(d) 90°弯连接

图 7-22　两设备较近时的管道连接

不同材料的管道与管架之间（如不锈钢管与碳钢管架），不应直接接触，以防止电化学腐蚀。管道通过楼板、屋顶、墙壁或裙座时，应安装一个直径较大的管套，管套两端伸出50mm左右。管道的敷设，要避免通过电动机、配电盘、仪表盘的上方，以防止管道中介质的跑、冒、滴、漏造成事故。

此外，对于管道上的温差补偿装置、管架的间距，管子在管架上的固定端及活动端分布等问题，都要给予充分考虑和注意，还应顾及电缆、照明、仪表、暖风等其他管道。

3. 考虑施工、操作及维修方便

对敷设集中的并行管道，应将较重的管道布置在管架的支承部位，将支管及管件较多的管道安排在并行管的外侧。引出支管时，如是气体管或蒸汽管要从管上方引出，液体管则在管下方引出。有可能时管道要集中布置，共用管架。除了进行温差补偿需要外，管道应尽量走直线，且不应妨碍交通、门窗、设备使用及维修。在行走的过道地面至2.2m的空间，也不应安装管道。管道应避免出现"气袋"、"口袋"或"盲肠"，如图7-23所示。

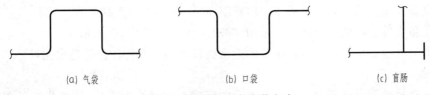

(a) 气袋　　　　　　　　　(b) 口袋　　　　　　　　(c) 盲肠

图7-23　管道的不良安装方式

管道应集中并架空布置，应尽量沿厂房墙壁安装，管道与墙壁间应能容纳管件、阀门等，同时也要考虑方便维修。

（二）管道布置图的画法

1. 确定表达方案

绘制管道布置图应以管道及仪表流程图和设备布置图为依据。管道布置图一般只绘制平面布置图。当平面布置图中局部表达不清时，可绘制剖视图或轴测图，该剖视图或轴测图可画在管道平面布置图边界线以外的空白处，或画在单独的图纸上。

对于多层建筑物、构筑物的管道平面布置图，应按层次绘制。如果在同一张图纸上绘制几层平面图时，应从最低层起、在图纸上由下至上或由左至右依次排列，并在各平面图下方分别注明"EL100.000平面"、"EL×××.×××平面"等。

2. 确定比例、选择图幅、合理布局

表达方案确定以后，再确定恰当的比例和选择合适的图幅，便可进行视图的布局。

3. 绘制视图

作图步骤大致如下。

① 画厂房平面图。为突出管道的布置情况，厂房平面图用细实线画出。建筑物或构筑物应按比例、根据设备布置图画出柱、梁、楼板、门、窗、操作台、楼梯等。

② 设备平面布置。用细实线按比例以设备布置图所确定的位置，画出设备的简单外形（应画出中心线和管口方位）和基础、平台、楼梯等的平面布置图。

③ 按流程顺序和管道布置原则及管道线型的规定，画出管道平面布置图。

④ 画出管道上的阀门、管件、管道附件等。

⑤ 用直径为10mm的细实线圆圈，表示管道上的检测元件（压力、温度、取样等），圆圈内按管道及仪表流程图中的符号和编号填写。

（三）管道布置图的标注

在管道布置图中，需标注设备、管道的标高及建筑物的尺寸。

标准规定，基准地面的设计标高为 EL100.000（m），高于基准地面往上加，低于基准地面往下减。例如：EL112.500，即比基准地面高 12.5m；EL99.000，即比基准地面低 1m。

管道布置图中的标高以米为单位，小数点后取三位数，至毫米为止；管子公称通径 DN 及其尺寸一律以毫米为单位，只注数字，不注单位。

1. 建筑物

标注建筑物、构筑物的定位轴线号和轴线间的尺寸，并标注地面、楼板、平台面、梁顶的标高。

2. 设备

在管道布置图上，设备中心线的上方标注与流程图一致的设备位号，在下方标注设备支承点的标高。

标注设备支承点的标高时，采用"POSEL×××.×××"的形式。

标注设备主轴中心线的标高时，采用"ϕEL×××.×××"的形式。

剖视图上的设备位号，注写在设备的近侧或设备内，并标注设备的定位尺寸。

3. 管道

用单线表示的管道在其上方（双线表示的管道在中心线上方），标注与流程图一致的管道代号，在下方标注管道标高。

当标高以管道中心线为基准时，只需标注"EL×××.×××"。

当标高以管底为基准时，加注管底代号，如"BOPEL×××.×××"。

四、 管道布置图的阅读

阅读管道布置图的目的，是了解管道、管件、阀门、仪表控制点等，在车间（装置）中的具体布置情况，主要解决如何把管道和设备连接起来的问题。由于管道布置设计是在工艺管道及仪表流程图和设备布置图的基础上进行的，因此在读图前，应该尽量找出相关的工艺管道及仪表流程图、设备布置图及分区索引图等图样，了解生产工艺过程和设备配置情况，进而搞清楚管道的布置情况。

阅读管道布置图时，应以平面图为主，配合剖面图，逐一搞清楚管道的空间走向。再看有无管段图及设计模型，有无管件图、管架图或蒸汽伴热图等辅助图样，这些图都可以帮助阅读管道布置图。

现以图 7-21 为例，说明阅读管道布置图的大致步骤。

1. 概括了解，明确视图关系

图 7-21 是某工段的局部管道布置图。图中表示了物料经离心泵到冷却器的一段管道布置情况，图中画了两个视图，一个是 EL100.00 平面图，一个是 A—A 剖面图。

2. 了解厂房构造尺寸及设备布置情况

图中厂房横向定位轴线①、②、③，其间距为 4.5m，纵向定位轴线Ⓑ，离心泵基础标高 EL100.250m，冷却器中心线标高 ϕEL101.200m。

3. 分析管道走向

参考工艺管道及仪表流程图和设备布置图，找到起点设备和终点设备，以设备管口为主，按管道编号，逐条明确走向，遇到管道转弯和分支情况，对照平面图和剖面图将其投影关系搞清。

图中离心泵有进出两部分管道，一条是原料从地沟中出来，分别进入两台离心泵，另一条是从泵出口出来后汇集在一起，从冷凝器左端下部进入管程。冷凝器有四部分管道，左端下部是原料入口（由离心泵来），左端上部是原料出口，向上位置最高，在冷凝器上方转弯后离去。冷凝器底部是来自地沟的冷却上水管道，右上方是循环水出口，出来后又进入地沟。

4. 详细查明管道编号和安装尺寸

离心泵出口编号为 PL0803-65 的管道，由两泵出口向上，泵 P0811A 出口管道向上、向右与泵 P0811B 管道汇合后，向上、向右拐，再下至地面，再向后、向上，最后向右进入冷凝器左端入口。

冷凝器左端出口编号为 PL0804-65 的管道，由冷凝器左端上部出来后，向上在标高为 EL103.200m 处向后拐，再向右至冷凝器右上方，最后向前离去。

编号为 CWS0805-75 的循环上水管道从地沟出来，沿地面向后，再向上进入冷凝器底部入口。

编号为 CWR0806-75 的循环回水管道，从冷凝器上部出来向前，再向下进入地沟。

编号为 PL0802-65 的原料管道，从地沟出来向后，进入离心泵入口。

5. 了解管道上的阀门、管件、管架安装情况

两离心泵入、出口，分别安装有四个阀门，在泵出口阀门后的管道上，还有同心异径管接头。在冷凝器上水入口处，装有一个阀门。在冷凝器物料出口编号为 PL0804-65 的管道两端，有编号为 GS-02、GS-03 的通用型托架。

6. 了解仪表、采样口、分析点的安装情况

在离心泵出口处，装有流量指示仪表。在冷凝器物料出口及循环回水出口处，分别装有温度指示仪表。

7. 检查总结

将所有管道分析完后，结合管口表、综合材料表，明确各管道、管件、阀门仪表的连接方式，并检查有无错漏等问题。

第四节　管道轴测图

一、管道轴测图的内容

管道轴测图是用来表达一个设备至另一设备、或某区间一段管道的空间走向，以及管道上所附管件、阀门、仪表控制点等安装布置情况的立体图样。

由于管道轴测图能全面、清晰地反映管道布置的设计和施工细节，便于识读，还可以发现在设计中可能出现的错误，避免发生在图样上不易发现的管道碰撞等情况，有利于管道的预制和加快安装施工进度。利用计算机绘图，绘制区域较大的管段图，还可以代替模型设计。管道轴测图是设备和管道布置设计的重要方式，也是管道布置设计发展的趋势。

管道轴测图包括以下内容。

（1）图形　按轴测投影原理绘制的管道轴测图及其附属的管件、阀门等的符号和图形。

（2）尺寸及标注　标注管道编号、管道所接设备的位号及其管口序号和安置尺寸等。

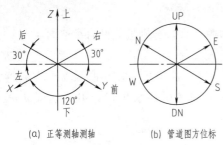

(a) 正等测轴测轴　　(b) 管道图方位标

图 7-24　管段图方位标

（3）方位标　安置方位的基准。

管道轴测图是按正等测投影绘制的，在画图之前首先确定其方向，如图 7-24（a）所示。要求其方向与管道布置图的方向标一致，如图 7-24（b）所示。并将管道轴测图的方向标绘制在图样的右上方。

（4）技术要求　有关焊接、试压等方面的要求。

（5）材料表　列表说明管道所需的材料名称、尺寸、规格、数量等。

（6）标题栏　填写图名、图号、比例、责任者等。

二、 管道轴测图的表达方法

（一）管道轴测图的画法

① 管段图反映的是个别局部管道，原则上一个管段号画一张管段图。对于复杂的管段，或长而多次改变方向的管段，可利用法兰或焊接点作为自然点断开，分别绘制几张管段图。但需用一个图号注明页数。对比较简单，物料、材质均相同的几个管段，也可画在一张图样上，并分别注出管段号。

② 绘制管段图可以不按比例，根据具体情况而定，但位置要合理整齐，图面要均匀美观，各种阀门、管件的大小及在管道中的位置、相对比例要协调。

③ 管道一律用粗实线单线绘制，管件（弯头、三通除外）、阀门、控制点则用细实线以规定的图形符号绘制，相接的设备可用细双点划线绘制，弯头可以不画成圆弧。管道与管件的连接画法，见附录中的附表 27《管件与管道连接的表示法（HG/T 20519.33—1992）》。

④ 阀门的手轮用一短线表示，短线与管道平行。阀杆中心线按所设计的方向画出。

⑤ 管道与管件、阀门连接时，注意保持线向的一致。如图 7-25 所示。

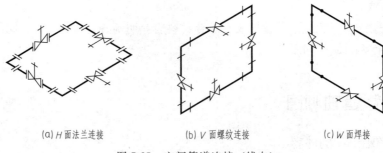

(a) H面法兰连接　　　(b) V面螺纹连接　　　(c) W面焊接

图 7-25　空间管道连接（线向）

⑥ 必要时，画出阀门上控制元件图示符号，传动结构形式适合于各种类型的阀门。如图 7-26 所示。

(a)电动式　　　　　(b)气动式　　　　　(c)液压式

图 7-26　仪表控制元件表示法

例如，根据已知一段管道的平面、立面图，绘制管段图并标注尺寸。如图 7-27 所示。

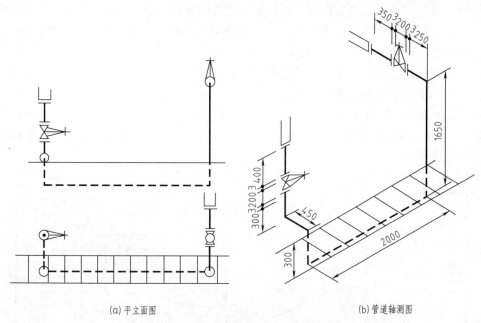

(a) 平立面图　　　　　　　　　　(b) 管道轴测图

图 7-27　绘制管段图并标注尺寸

（二）偏置管的画法

为便于安装维修和操作管理，并保证劳动场所整齐美观，一般工艺管道布置大都力求平直，使管道走向同三轴测方向一致，但有时为了避让，或由于工艺、施工的特殊要求，必须将管道倾斜布置，此时称为偏置管（offset，也称斜管）。

在平面内的偏置管，用对角平面或轴向细实线段平面表示，如图 7-28(a) 所示；对于立体偏置管，可将偏置管绘在由三个坐标组成的六面体内，如图 7-28(b) 所示。

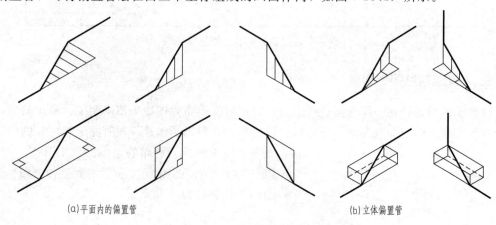

(a) 平面内的偏置管　　　　　　　　　　(b) 立体偏置管

图 7-28　空间偏置管表示法

（三）管道轴测图的尺寸与标注

① 注出管子、管件、阀门等为满足加工预制及安装所需的全部尺寸。如阀门长度、垫片厚度等细节尺寸，以免影响安装的准确性。

② 每级管道至少有一个表示流向的箭头，尽可能在流向箭头附近注出管段编号。

③ 标高的尺寸单位为 m，其余的尺寸均以 mm 为单位。

④ 尺寸界线从管件中心线，或法兰面引出，尺寸线与管道平行。

⑤ 所有垂直管道不注高度尺寸，而以水平管道的标高"EL×××.×××"表示即可。

⑥ 对于不能准确计算，或有待施工时实测修正的尺寸，加注符号"～"作为参考尺寸。对于现场焊接时确定的尺寸，只需注明"F.W"。

⑦ 注出管道所连接的设备位号及管口序号。

⑧ 列出材料表说明管段所需的材料、尺寸、规格、数量等。

在管道轴测图的顶侧及标题栏上方附有材料表。材料表综合了一个管段全部的管件、阀门、管子、法兰、垫片、螺栓和螺母的详细内容，其基本内容的表达如图7-29所示附有材料表的管道轴测图。

管段号	起止点		管道等级	设计压力/MPa	设计温度/℃	管子			法兰					垫片(PN、DN同法兰)			螺柱、螺母	
	起点	终点				名称及规格	材料	数量	PN	DN	密封形式	材料	数量	标准号或图号	代号	厚度	密封代号	数量	连接套数	特殊长度
2170						φ100	10	8	0.6	100	RF板式	Q235—A	4	HGJ/T45	1Ad	3	MF	4	16

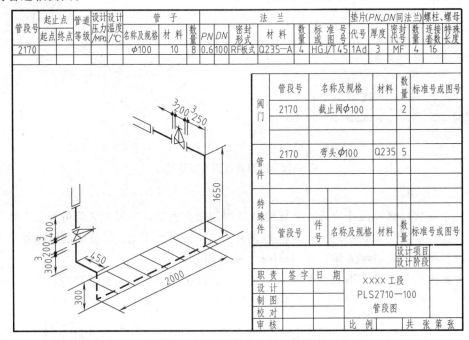

	管段号	名称及规格	材料	数量	标准号或图号
阀门	2170	截止阀φ100		2	
管件	2170	弯头φ100	Q235	5	
特殊件	管段号	件号 名称及规格	材料	数量	标准号或图号

图 7-29　附有材料表的管道轴测图

三、　管道轴测图的阅读

管道轴测图是针对一段管路进行表达的，相对管道布置图更为清晰明了，易读易懂，大多用在现场施工当中。只要结合方向标、材料表，就可以了解这一段管路上管件、阀门的规格、数量、安装形式及管路的走向。

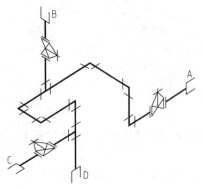

图 7-30　管道轴测图

【例 7-2】　阅读如图 7-30 所示的管道轴测图。

由图可以得知以下几点。

① 此段管道中包括三通管 2 个，弯头 6 个，法兰 2 个，阀门 3 个。

② 从管口 A 到管口 B 的管道走向是：从 A 管口开始，先向左，再向上、向后、向左、向前、向右、向下，向左可到达 C 管口。

③ 管口 A 处阀门的朝向是向上，B 处阀门的朝向是向前，C 处阀门的朝向是向后。

第八章

表面展开图

在工业生产中经常遇到用金属板材制成的设备、管接头或制件。在制造这类产品的过程中，一般是先在金属板材上画出它们的表面展开图，然后下料并加工成形，最后经焊接或铆接成制件。如图 8-1 是饲料粉碎机上的集粉筒。

把立体的表面按其实际形状和大小，依次连续地画在一个平面上，得到的图形称为表面展开图。如图 8-2(a) 为按 1∶1 画出的圆管的视图（俗称实样图），图 8-2(b) 是它的展开图（俗称放样图），图 8-2(c) 为圆管展开的示意图。

立体的表面分为可展表面和不可展表面。平面立体的表面都是多边形，均属可展表面。曲面立体的表面，若直线面的相邻两素线平行或相交时，为可展表面，如圆柱面和圆锥面。若直线面的相邻两素线是交叉两直线或表面为曲线面，则均为不可展开面，如球面、圆环面和螺旋面等。

图 8-1　集粉筒

画展开图的实质就是求表面实形，也就是按 1∶1 的比例画出立体的视图，用图解法或计算法准确地画出各表面展开在一个平面上的图样。对于不可展曲面，可采用近似方法展开。

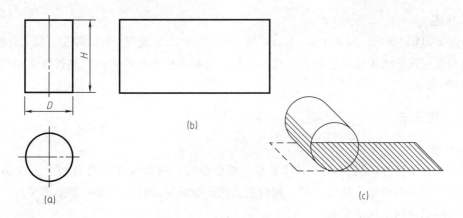

图 8-2　圆管的展开

画展开图时应注意以下两点。

① 展开图表示的是对某个形体表面或由板料制成的某种制件的展开，展开后是一个完整的平面，因而形体上的折线或棱线在展开图上应用细实线绘制。

② 展开图上所标字母或数字一律用大写。

第一节　求直线的实长

在画展开图时，经常要求出一般位置线段的实长，求线段实长可采用直角三角形法和旋转法。

一、直角三角形法

1. 分析

如图 8-3(a) 所示，AB 为一般位置直线，过 A 作 $AC /\!/ ab$，故 $BC \perp AC$，因此 $\triangle ABC$ 是一直角三角形。这个直角三角形的一条直角边 $AC = ab$，另一直角边 BC 等于线段 AB 两端点的 Z 坐标之差（$BC = Z_B - Z_A$），线段 AB 是它的斜边。因此，利用线段的水平投影 ab 和两端点 B 和 A 的 Z 坐标差（$\Delta Z = Z_B - Z_A$）作为两直角边，画出直角三角形，就可求出 AB 的实长。

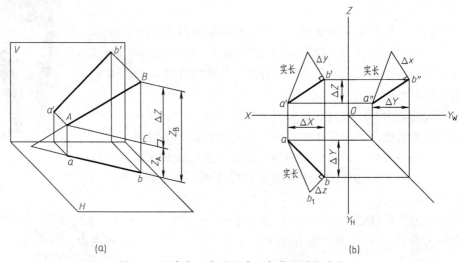

图 8-3　用直角三角形法求一般位置线段实长

2. 作图

如图 8-3(b) 所示，过 b 作 $bb_1 \perp ab$，取 $bb_1 = Z_B - Z_A$，连接 ab_1，即是直线 AB 的实长。

用直角三角形法求线段实长，由线段的任一投影为底边均可求出，其长度是相同的，如图 8-3(b) 所示。

二、旋转法

1. 分析

根据正投影特性，当一直线平行于某一投影面时，则直线在该投影面上的投影反映实长。旋转法就是利用这一特性，将一般位置直线绕旋转轴旋转到与某一投影面平行，让该直线在平行的投影面上反映实长。

如图 8-4(a) 所示，线段 AB 为一般位置直线。过端点 A 作 OO_1 轴垂直于 H 面，当 AB 绕 OO_1 轴旋转到正平线位置 AB_1 时，其正面投影 $a'b_1'$ 反映 AB 的实长。

2. 作图

① 过 A（a，a'）作 OO_1 轴垂直 H 面。

② 以 O_1 为圆心，ab 为半径画圆弧（顺时针或逆时针方向都可以）。

③ 由 a 作 X 轴的平行线与圆弧相交于 b_1，得 ab_1 即为线段 AB 旋转成正平线后的水平投影。

④ 从 b' 作 X 轴的平行线，在该线上求出 b_1'，连接 $a'b_1'$ 即得线段 AB 的实长，如图 8-4（b）所示。

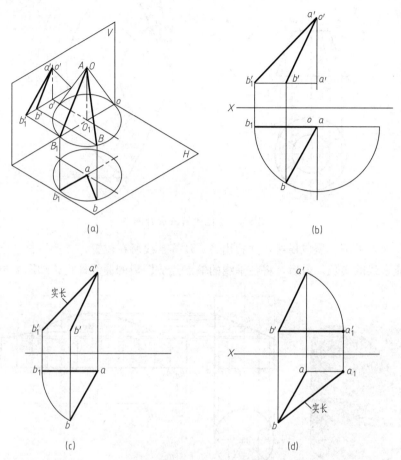

图 8-4　用旋转法求一般位置线段实长

从图 8-4（b）中可以看出，画上旋转轴 OO_1 在作图中不起任何作用。因此，只要明确直线 AB 是绕着垂直于水平面的轴线旋转，将 AB 旋转为正平线，不画出 OO_1 轴，对作图不会有任何影响，如图 8-4（c）所示。

同理，也可将直线 AB 旋转成水平线，从而求出 AB 的实长，如图 8-4（d）所示。

第二节　应用举例

【例 8-1】　画正圆锥管的展开图。

先将完整的圆锥面展开成扇形，扇形的半径等于正圆锥面母线的长度 L，扇形的弧长等于正圆锥面底圆的周长（πD）。

正圆锥管表面的展开图，就是在完整的圆锥面展开图上减去被截掉的小圆锥，如图 8-5 所示。

【例 8-2】　画斜口圆管的展开图。

斜口圆管制件如图 8-6（a）所示。为了画出斜口圆管的展开图，要在圆管表面上取若干素线，并找到它们的投影，求出它们的实长。在图 8-6(b) 示情况下，圆管素线均为铅垂线，它们的正面投影反映实长。

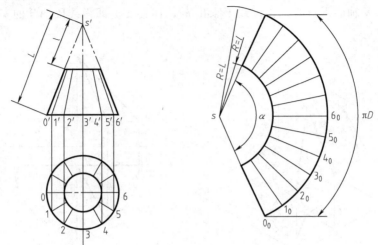

图 8-5 正圆锥管的展开图

画展开图时，将圆口展成横线，并找出 *A*、*B* 等素线所在位置；然后过这些点作垂线，相应地截取对应素线的实长；最后，将各垂线的端点连成圆滑的曲线即得。如图 8-6(b) 所示。

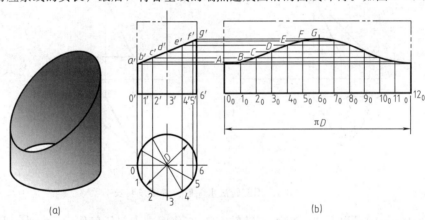

(a)   (b)

图 8-6 斜口圆管的展开

【例 8-3】 画四分之一等径直角弯管接头的展开图。

分析

可将四分之一圆环管接头分成等径斜口圆柱面代替圆环面作近似展开。为了简化作图和省料，可把该圆环管分成四段并拼成一个直圆柱管来展开。

作图

① 将四分之一圆环管分成四段，*B*、*C* 为两个整段，*A*、*D* 为两个半段。过各段圆弧作切线，将环面变为圆柱面，如图 8-7(a) 所示。

② 将 *B*、*C* 两段按轴线旋转 180° 后，与 *A*、*C* 段拼成一个直圆管，如图 8-7(b) 所示。

③ 按照斜口圆管展开图的方法与步骤（图 8-6）作出环形弯管的展开图，如图 8-7(c) 所示。

【例 8-4】 异径直角三通管的展开。

分析

　　异径三通管是由两个不同直径的圆管垂直相交而成。作展开图前，必须先在视图上准确地求出相贯线的投影，然后分别作出大圆管和小圆管的展开图。

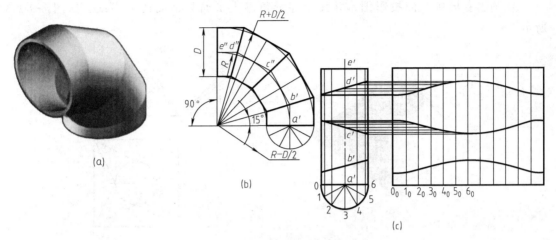

图 8-7　等径弯管接头的表面展开图

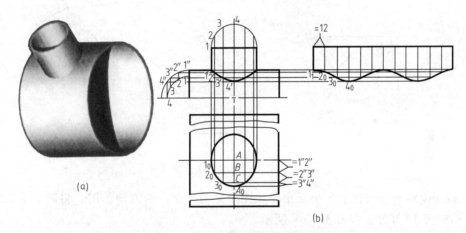

图 8-8　异径直角三通管的展开图

作图

　　① 小圆管展开与斜口圆管展开方法类似，如图 8-6(b) 所示。

　　② 大圆管展开，主要是求出相贯线展开后的图形。

　　先将大圆管展开成一个矩形，然后在铅垂的对称线上，由点 A 分别按弧长 $1''2''$、$2''3''$、$3''4''$ 量得 B、C、4_0 各点，由这些点作出水平素线，相应地从正面投影 $1'$、$2'$、$3'$、$4'$ 各点引铅垂线，与这些素线相交，得 1_0、2_0、3_0、4_0 点。依此类推再作后面各对称点，光滑连接这些点，即得相贯线展开后的图形，如图 8-8 所示。

　　在实际工作中，常只将小圆管放样，弯成圆管后，凑在大圆管上划线开口，最后把两圆管焊接起来。

　　【例 8-5】　画上圆下方变形接头的展开图。

　　分析

　　该形体 [图 8-9(a)] 是由四个等腰三角形和四个斜圆锥面组成。等腰三角形的两腰为一般位置直线，需求出实长。斜圆锥面可分成若干个小三角形，求出这些三角形的实形，即得近似展开图。这种展开方法常称为"三角形法"。

作图

① 画出变形接头的投影图，并按上述分析画出平面与锥面的分界线。如图 8-9（b）
所示。

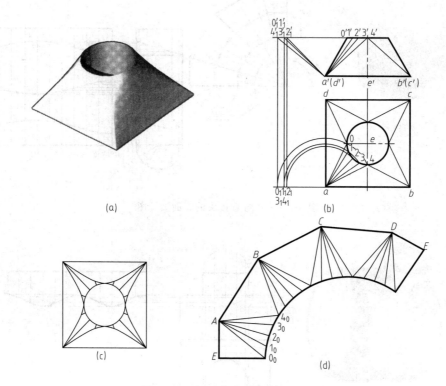

图 8-9 上圆下方变形接头的展开

② 将每个锥面分成若干个小三角形，图中分为 4 个。为方便作图，将圆口分为相应的
等分，图中为 16 等分。如图 8-9（c）所示。

③ 任作一直线 $1A = 1'a_1'$，以 1 为圆心，$1'a_1'$ 为半径画弧，再以 A 为圆心，ab 为半径画
弧，两弧相交于 B 点。依次类推得 C、D、E 各点。

④ 用光滑曲线连接各点，方口为折线，圆口为曲线，即得上圆下方变形接头的展开图，
如图 8-9（d）所示。

第三节 钣金下料的工艺性简介

本章所介绍的只是画表面展开图的基本方法，都没有考虑板料的厚度、接口形式、
余量多少、节约用料等问题。为了保证产品精度，在放样、下料过程中应考虑上述因素
的影响。

一、钣金的处理

当金属板料弯曲时，外表面受拉力而变长，内表面受压力而缩短。但在两者之间有
一层既不拉长也不缩短的中性层，如图 8-10 所示。所以在画展开图时，一般应以中性层

为依据。

二、接口形式

加工较厚的钢板制件时，要考虑焊接或铆接工艺，在展开图上应留出对接或搭接需要的接头尺寸，如图 8-11(a)、(b) 所示。

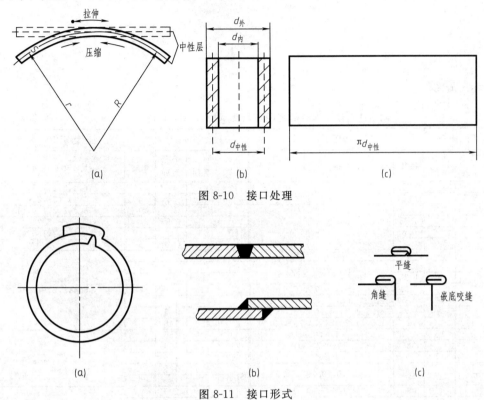

图 8-10　接口处理

图 8-11　接口形式

附录

一、螺纹

附表 1　普通螺纹的直径与螺距（摘自 GB/T 193—2003）　　　单位：mm

第一系列	第二系列	第三系列	粗牙	细牙
3			0.5	0.35
	3.5		(0.6)	
4			0.7	0.5
	4.5		(0.75)	
5			0.8	
		5.5		
6	7		1	0.75,(0.5)
8			1.25	1,0.75,(0.5)
		9	(1.25)	
10			1.5	1.25,1,0.75,(0.5)
		11	(1.5)	1,0.75,(0.5)
12			1.75	1.5,1.25,1,(0.75),(0.5)
	14		2	1.5,(1.25),1,(0.75),(0.5)
		15		1.5,(1)
16			2	1.5,1,(0.75),(0.5)
		17		1.5,(1)
20	18		2.5	2,1.5,1,(0.75),(0.5)
	22			
24			3	2,1.5,1,(0.75)
	25			2,1.5,(1)
	(26)			1.5
	27		3	2,1.5,1,(0.75)
	(28)			2,1.5,1
30			3.5	(3),2,1.5,(1),(0.75)
	(32)			2,1.5
	33		3.5	(3),2,1.5,1,(0.75)
	35			1.5
36			4	3,2,1.5,(1)
	(38)			1.5
	39		4	3,2,1.5,(1)
		40		(3),(2),1.5
42	45		4.5	(4),3,2,1.5,(1)
48			5	
		50		(3),(2),1.5
	52		5	(4),3,2,1.5,(1)
		55		(4),(3),2,1.5
56			5.5	4,3,2,1.5,(1)
		58		(4),(3),2,1.5
	60		(5.5)	4,3,2,1.5,(1)
		62		(4),(3),2,1.5
64			6	4,3,2,1.5,(1)
		65		(4),(3),2,1.5
	68		6	4,3,2,1.5,(1)
		70		(6),(4),(3),2,1.5
72				6,4,3,2,1.5,(1)
		75		(4),(3),2,1.5
		76		6,4,3,2,1.5,(1)
		(78)		2
80				6,4,3,2,1.5,(1)
		(82)		2
90	85			6,4,3,2,(1.5),1
100	95			
110	105			
125	115			
	120			
	130	135		
140	150	145		
		155		
160	170	165		6,4,3,(2)
180		175		
	190	185		
200		195		
		205		
	210	215		6,4,3
220		225		
		230		
	240	235		
250		245		
		255		
	260	265		
		270		6,4,(3)
		275		
280		285		
		290		
	300	295		
		310		
320		330		6,4
	340	350		
360		370		
400	380	390		
	420	410		
	440	430		
450	460	470		6
	480	490		
500	520	510		
550	540	530		
	560	570		
600	580	590		

注：1. 优先选用第一系列，其次是第二系列，第三系列尽可能不用。

2. M14×1.25 仅用于火花塞；M35×1.5 仅用于滚动轴承锁紧螺母。

3. 括号内的螺距应尽可能不用。

附表 2　梯形螺纹（摘自 GB/T 5796.3—2005）

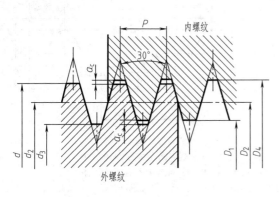

D_4—内螺纹大径　d—外螺纹大径　D_2—内螺纹中径
d_2—外螺纹中径　D_1—内螺纹小径　d_3—外螺纹小径
P—螺距　a_c—牙顶间隙

标记示例：

Tr40×7-7H

（单线梯形内螺纹，公称直径 $d=40$mm，螺距 $P=7$mm，右旋，中径公差带为 7H，中等旋合长度）

Tr60×18(P9)LH-8e-L

（双线梯形外螺纹，公称直径 $d=60$mm，导程为 18mm，螺距 $P=9$mm，左旋，中径公差带为 8e，长旋合长度）

单位：mm

公称直径 d 第一系列	公称直径 d 第二系列	螺距 P	中径 $d_2=D_2$	大径 D_4	小径 d_3	小径 D_1
8		1.5	7.25	8.30	6.20	6.50
	9	1.5	8.25	9.30	7.20	7.50
	9	2	8.00	9.50	6.50	7.00
10		1.5	9.25	10.30	8.20	8.50
10		2	9.00	10.50	7.50	8.00
	11	2	10.00	11.50	8.50	9.00
	11	3	9.50	11.50	7.50	8.00
12		2	11.00	12.50	9.50	10.00
12		3	10.50	12.50	8.50	9.00
	14	2	13.00	14.50	11.50	12.00
	14	3	12.50	14.50	10.50	11.00
16		2	15.00	16.50	13.50	14.00
16		4	14.00	16.50	11.50	12.00
	18	2	17.00	18.50	15.50	16.00
	18	4	16.00	18.50	13.50	14.00
20		2	19.00	20.50	17.50	18.00
20		4	18.00	20.50	15.50	16.00
	22	3	20.50	22.50	18.50	19.00
	22	5	19.50	22.50	16.50	17.00
	22	8	18.00	23.00	13.00	14.00
24		3	22.50	24.50	20.50	21.00
24		5	21.50	24.50	18.50	19.00
24		8	20.00	25.00	15.00	16.00
	26	3	24.5	26.50	22.50	23.00
	26	5	23.5	26.50	20.50	21.00
	26	8	22.00	27.00	17.00	18.00
28		3	26.50	28.00	24.50	25.00
28		5	25.50	28.00	22.50	23.00
28		8	24.00	29.00	19.00	20.00
30		3	28.50	30.50	26.50	27.00
30		6	27.00	31.00	23.00	24.00
30		10	25.00	31.00	19.00	20.00
32		3	30.50	32.50	28.50	29.00
32		6	29.00	33.00	25.00	26.00
32		10	27.00	33.00	21.00	22.00
34		3	32.50	34.50	30.50	31.00
34		6	31.00	35.00	27.00	28.00
34		10	29.00	35.00	23.00	24.00
36		3	34.50	36.50	32.50	33.00
36		6	33.00	37.00	29.00	30.00
36		10	31.00	37.00	25.00	26.00
38		3	36.50	38.50	34.50	35.00
38		7	34.50	39.00	30.00	31.00
38		10	33.00	39.00	27.00	28.00
40		3	38.50	40.50	36.50	37.00
40		7	36.50	41.00	32.00	33.00
40		10	35.00	41.00	29.00	30.00

注：D 为内螺纹，d 为外螺纹。

附表3 用螺纹密封的管螺纹（摘自 GB/T 7306—2005）

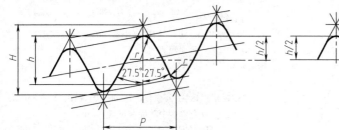

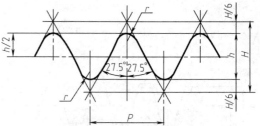

圆锥螺纹基本牙型参数：

$P = 25.4/n$

$H = 0.960237P$

$h = 0.640327P$

$r = 0.137278P$

标记示例：Rc1½（圆锥内螺纹）

　　　　R1½-LH（圆锥外螺纹，左旋）

　　　　Rp1½-LH（圆柱内螺纹，左旋）

圆柱内螺纹基本牙型参数：

$P = 25.4/n$　　$D_2 = d_2 = d - 0.610327P$

$H = 0.960491P$　$D_1 = d_1 = d - 1.280654P$

$h = 0.640327P$　$H/6 = 0.160082P$

$r = 0.137329P$

内外螺纹配合标注：Rc1½/R1½-LH（左旋配合）

　　　　　　　　Rp1½/R1½（右旋配合）

尺寸代号	每 25.4mm 内的牙数 n	螺距 P/mm	牙高 h/mm	圆弧半径 $r \approx$/mm	基准平面上的基本直径[2]			基准距离[3] /mm	有效螺纹 长度/mm
					大径（基准直径） $d = D$/mm	中径 $d_2 = D_2$/mm	小径 $d_1 = D_1$/mm		
1/16	28	0.907	0.581	0.125	7.723	7.142	6.561	4.0	6.5
1/8	28				9.728	9.147	8.566		
1/4	19	1.337	0.856	0.184	13.157	12.301	11.445	6.0	9.7
3/8	19				16.662	15.806	14.950	6.4	10.1
1/2	14	1.814	1.162	0.249	20.955	19.793	18.631	8.2	13.2
3/4	14				26.441	25.279	24.117	9.5	14.5
1	11	2.309	1.479	0.317	33.249	31.770	30.291	10.4	16.8
1¼	11				41.910	40.431	38.952	12.7	19.1
1½	11	2.309	1.479	0.317	47.803	46.324	44.845	12.7	19.1
2	11				59.614	58.135	56.656	15.9	23.4
2½	11	2.309	1.479	0.317	75.184	73.705	72.226	17.5	26.7
3	11				87.884	86.405	84.926	20.6	29.8
3½[1]	11	2.309	1.479	0.317	100.330	98.851	97.372	22.2	31.4
4	11				113.030	111.551	110.072	25.4	35.8
5	11	2.309	1.479	0.317	138.430	136.951	135.472	28.6	40.1
6	11				163.830	162.351	160.872		

① 尺寸代号为 3½ 的螺纹，限用于蒸汽机车。

② 基准平面即内螺纹的孔口端面；外螺纹的基准长度处垂直于轴线的断面。

③ 基准距离即旋合基准长度。

附表 4　55°非密封管螺纹（摘自 GB/T 7307—2001）

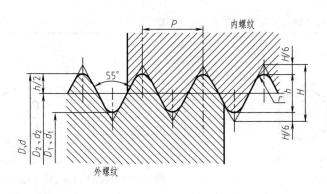

螺纹的公差等级代号：对外螺纹分 A、B 两级标记；对内螺纹则不作标记。

1½螺纹的标记示例如下：

G1½　内螺纹；

G1½A　A 级外螺纹；

G1½B　B 级外螺纹。

内外螺纹装配在一起，斜线左边表示内螺纹，右边为外螺纹，例如：

G1½/G1½A，G1½/G1½B 右旋螺纹；

G1½/G1½A-LH　左旋螺纹。

尺寸代号	每 25.4mm 中的螺纹牙数 n	螺距 P/mm	螺纹直径	
			大径 D,d/mm	小径 D_1,d_1/mm
1/8	28	0.907	9.728	8.566
1/4	19	1.337	13.157	11.445
3/8			16.662	14.950
1/2	14	1.814	20.955	18.631
5/8			22.911	20.587
3/4			26.441	24.117
7/8			30.201	27.877
1	11	2.309	33.249	30.291
1/8			37.897	34.939
1¼			41.910	38.952
1½			47.803	44.845
1¾			53.746	50.788
2			59.514	56.656
2¼			65.710	62.752
2½			75.184	72.226
2¾			81.534	78.576
3			87.884	84.926

二、 常用的标准件

附表5　六角头螺栓（摘自 GB/T 5780—2000、GB/T 5781—2000）

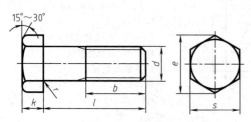

六角头螺栓　C级(GB/T 5780—2000)

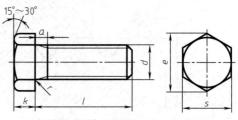

六角头螺栓 全螺纹　C级(GB/T 5781—2000)

单位：mm

螺纹规格 d		M5	M6	M8	M10	M12	M16	M20	M24	M30	M36
s(公称)		8	10	13	16	18	24	30	36	46	55
k(公称)		3.5	4	5.3	6.4	7.5	10	12.5	15	18.7	22.5
r(最小)		0.2	0.25	0.4			0.6		0.8		1
e(最小)		8.6	10.9	14.2	17.6	19.9	26.2	33	39.6	50.9	60.8
a(最大)		2.4	3	4	4.5	5.3	6	7.5	7.5	10.5	12
b 参考	$l \leqslant 125$	16	18	22	26	30	38	46	54	66	78
	$125 < l \leqslant 200$	—	—	28	32	36	44	52	60	72	84
	$l > 200$	—	—	—	—	—	57	65	73	85	97
l(公称) GB/T 5780—2000		25~50	30~60	40~80	45~100	55~120	65~160	80~120	100~240	120~300	140~360
全螺纹长度 l GB/T 5781—2000		10~50	12~60	16~80	20~100	25~120	35~160	40~200	50~240	60~300	70~360
100mm 长质量/kg		0.013	0.20	0.037	0.063	0.090	0.172	0.282	0.424	0.721	1.100
l 系列(公称)											

l 系列(公称)：10,12,16,20,25,30,35,40,45,50,55,60,65,70,80,90,100,110,120,130,140,150,160,180,200,220,240,260,280,300,320,340,360,380,400,420,440,460,480,500

注：1. 螺纹公差：GB/T 5780—2000 和 GB/T 5781—2000 均为 8g；
2. GB/T 5780—2000 增加了短规格，推荐采用 GB/T 5781—2000 全螺纹螺栓。

附表 6　双头螺柱

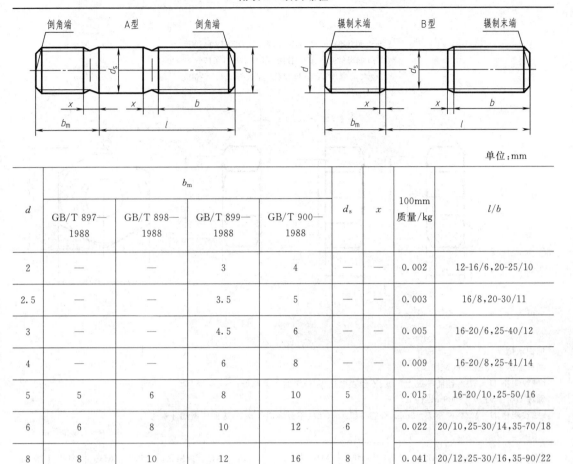

单位:mm

d	b_m				d_s	x	100mm 质量/kg	l/b
	GB/T 897—1988	GB/T 898—1988	GB/T 899—1988	GB/T 900—1988				
2	—	—	3	4	—	—	0.002	12-16/6,20-25/10
2.5	—	—	3.5	5	—	—	0.003	16/8,20-30/11
3	—	—	4.5	6	—	—	0.005	16-20/6,25-40/12
4	—	—	6	8	—	—	0.009	16-20/8,25-41/14
5	5	6	8	10	5		0.015	16-20/10,25-50/16
6	6	8	10	12	6		0.022	20/10,25-30/14,35-70/18
8	8	10	12	16	8		0.041	20/12,25-30/16,35-90/22
10	10	12	15	20	10		0.065	25/14,30-35/16,35-90/22
12	12	15	18	24	12		0.096	25-30/16,35-40/20,45-120/30,130-180/36
16	16	20	24	32	16	1.5P	0.183	30-35/20,40-55/30,60-120/38,130-200/44
20	20	25	30	40	20		0.301	35-40/25,45-65/35,70-120/46,130-200/52
24	24	30	36	48	24		0.454	45-50/30,55-75/45,80-120/54,130-200/52
30	30	38	45	60	30		0.766	60-65/40,70-90/50,95-120/66,130-200/72,210-250/85

l 系列	12,16,20,25,30,35,40,45,50,(55),60,70,(75),80,(85),90,(95),100,110,120,130,140,150,160,170,180,190,200,210,220,230,240,250,260,280,300

注：1. P——粗牙螺距;

　　2. 当 $(b-b_m) \leqslant 5$mm 时，紧固端应制成倒圆。

附表7 1型六角螺母

1型六角螺母-A 和 B 级(摘自 GB/T 6170—2000)
1型六角螺母-细牙-A 和 B 级(摘自 GB/T 6171—2000)
1型六角螺母-A 和 B 级(摘自 GB/T 41—2000)

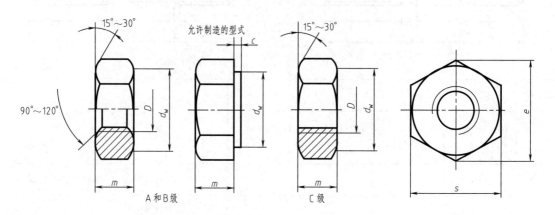

标记示例:

螺母 GB/T 41—2000 M12

(螺纹规格 D=M12、性能等级为 5 级、不经表面处理、C 级的 1 型螺母)

螺母 GB/T 6170—2000 M24×1

(螺纹规格 D=M24、螺距 P=2mm、性能等级为 10 级、不经表面处理、B 级的 1 型细牙螺母)

单位:mm

螺纹规格 D	D	M4	M24	M24	M24	M10	M12	M16	M20	M24	M30	M36	M42	M48
	$D\times P$	—	—	—	M8×1	M10×1	M12×1.5	M16×1.5	M20×2	M24×2	M30×2	M36×3	M42×3	M48×3
c		0.4	0.5		0.6			0.8					1	
s_{max}		7	8	10	13	16	18	24	30	36	46	55	65	75
s_{min}	A、B 级	7.66	8.79	11.05	14.38	17.77	20.03	26.75	32.95	39.55	50.58	60.79	72.02	82.6
	C 级	—	8.63	10.89	14.2	17.59	19.85	26.17	32.95	39.55	50.85	60.79	72.02	82.6
m_{max}	A、B 级	3.2	4.7	5.2	6.8	8.4	10.8	14.8	18	21.5	25.6	31	34	38
	C 级	—	5.6	6.1	7.9	9.5	12.2	15.9	18.7	22.3	26.4	31.5	34.9	38.9
d_{wmin}	A、B 级	5.9	6.9	8.9	11.6	14.6	16.6	22.5	27.7	33.2	42.7	51.1	60.6	69.4
	C 级	—	6.9	8.7	11.5	14.5	16.5	22	27.7	33.2	42.7	51.1	60.6	69.4

注:1. P 为螺距。

2. A 级用于 $D\leqslant16$mm 的螺母;B 级用于 $D>16$mm 的螺母;C 级用于 $D\geqslant5$mm 的螺母。

3. 螺纹公差:A、B 级为 6H,C 级为 7H。力学性能等级:A、B 级为 6、8、10 级,C 级为 4、5 级。

附表 8　垫圈

小平垫圈-A 级 （摘自 GB/T 848—2002）　　　平垫圈-A 级 （摘自 GB/T 97.1—2002）　　　平垫圈倒角型-A 型 （摘自 GB/T 97.2—1985）

平垫圈-C 级 （摘自 GB/T 97.1—2002）　　　大垫圈-A 和 C 级 （摘自 GB/T 96—1985）　　　特大垫圈 C 级 （摘自 GB/T 5287—1985）

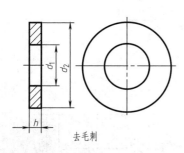
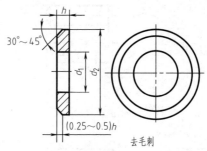

去毛刺　　　　　　　　　　　　　　去毛刺

单位:mm

公称尺寸 （螺纹规格 d）		2	2.5	3	4	5	6	8	10	12	16	20	24	30	36
d_1(min)	GB/T 848—2002	2.2	2.7	3.2	4.3	5.3	6.4	8.4	10.5	13	17	21	25	31	37
	GB/T 97.1—2002														
	GB/T 97.2—2002	—	—	—	—										
d_2(max)	GB/T 848—2002	4.5	5	6	8	9	11	15	18	20	28	34	39	50	60
	GB/T 97.1—2002	5	6	7	9	10	12	16	20	24	30	37	44	56	66
	GB/T 97.2—2002	—	—	—	—										
h	GB/T 848—2002	0.3	0.5	0.5	0.5	1	1.6	1.6	1.6	2	2.5	3	4	4	5
	GB/T 97.1—2002				0.8				2	2.5	3				
	GB/T 97.2—2002	—	—	—											

标准型弹簧垫圈(摘自 GB/T 93—1987)

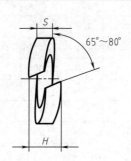
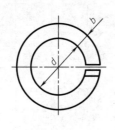
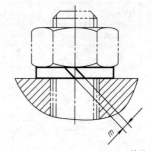

单位:mm

公称尺寸 （螺纹大径）	3	4	5	6	8	10	12	(14)	16	(18)	20	(22)	24	(27)	30
d(min)	3.1	4.1	5.1	6.1	8.1	10.2	12.2	14.2	16.2	18.2	20.2	22.5	24.5	27.5	30.5
H(max)	2	2.75	3.25	4	5.25	6.5	7.75	9	10.25	11.25	12.5	13.75	15	17	18.75
$S(b)$(公称)	0.8	1.1	1.3	1.6	2.1	2.6	3.1	3.6	4.1	4.5	5	5.5	6	6.8	7.5
$m\leqslant$	0.4	0.55	0.65	0.8	1.05	1.3	1.55	1.8	2.05	2.25	2.5	2.75	3	3.4	3.75

注：1. 括号的规格尽量不采用；

2. m 应大于零。

附表 9　销

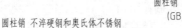

圆柱销　淬硬钢和马氏体不锈钢
(GB/T 119.2—2000)

末端形状由制造者确定
允许倒圆或凹穴

圆柱销　不淬硬钢和奥氏体不锈钢
(GB/T 119.1—2000)

(a) 圆柱销

A型(磨削)　　　B型(切削或冷镦)

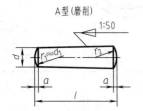

(b) 圆锥销

(c) 开口销

允许制造的型式

单位：mm

圆锥销 (GB/T 117 —2000)	d(h10)	1	1.2	1.5	2	2.5	3	4	5	6	8	10	12
	$a\approx$	0.12	0.16	0.2	0.25	0.3	0.4	0.5	0.63	0.8	1.0	1.2	1.6
	l(规格)	6～16	6～20	8～24	10～35	10～35	12～45	14～55	18～60	22～90	22～120	26～160	32～180
圆柱销 (GB/T 119 —2000)	d(m6/h8)	1	1.2	1.5	2	2.5	3	4	5	6	8	10	12
	$c\approx$	0.2	0.25	0.3	0.35	0.4	0.5	0.63	0.8	1.2	1.6	2	2.5
	l(规格)	4～10	4～12	4～16	6～20	6～24	8～30	8～40	10～50	12～60	14～80	18～95	22～140
形口销 (GB/T 91 —2000)	规格	0.8	1	1.2	1.6	2	2.5	3.2	4	5	6.3	8	13
	d(max)	0.7	0.9	1.0	1.4	1.8	2.3	2.9	3.7	4.6	5.9	7.5	12.4
	d(min)	0.6	0.8	0.9	1.3	1.7	2.1	2.7	3.5	4.4	5.7	7.3	12.1
	$b\approx$	2.4	3.0	3.0	3.2	4.0	5.0	6.4	8.0	10	12.6	16.0	26.0
	a(max)	1.6			2.5			3.2			4		6.3
	c(max)	1.4	1.8	2.0	2.8	3.6	4.6	5.8	7.4	9.2	11.8	15	24.8
	l(规格)	5～16	6～20	8～25	8～32	10～40	12～50	14～63	18～80	22～100	32～125	40～160	71～250
(GB/T 117 —2000) (GB/T 119 —2000)	l(系列)	2,3,4,5,6,8,10,12,14,16,18,20,22,24,26,28,30,32,35,40,45,50, 55,60,65,70,75,80,85,95,100,120,140,160,180,200											
(GB/T 91 —2000)		5,6,8,10,12,14,16,18,20,22,25,28,32,36,40,45,50,56,63,71, 80,90,100,112,125,140,160,180,200,224,250,280											

注：1. 圆锥销、圆柱销的其他公差由供需双方协议；

2. 开口销的规格等于开口销孔直径，对销孔直径推荐的公差为规格≤1.2（H13），规格＞1.2（H14）；

3. 根据供需双方的协议，允许采用规格为 3mm、6mm 和 12mm 的开口销；

4. 圆锥销的 $r_2=\dfrac{a}{2}+d+\dfrac{(0.02l)^2}{8a}$。

附表 10　平键和键槽的剖面尺寸（摘自 GB/T 1095～1096～1097～1098～1099.1—2003）

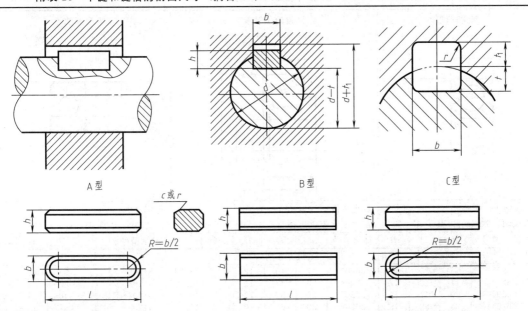

A 型　　　　　　　　　　　　B 型　　　　　　　　　　　　C 型

标记示例：

键　16×100　GB/T 1096—2003(圆头普通平键 A 型，b＝16mm、h＝10mm、L＝100mm)

键　B16×100　GB/T 1096—2003(平头普通平键 B 型，b＝16mm、h＝10mm、L＝100mm)

键　C16×100　GB/T 1096—2003(单圆头普通平键 C 型，b＝16mm、h＝10mm、L＝100mm)

单位:mm

轴	键			键　槽										
				宽　度　b					深　度				半径 r	
公称直径 d	公称尺寸 b×h	长度 L	公称尺寸 b	偏　差					轴 t		毂 t₁			
				较松键联结		一般键联结		较紧键联结	公称	偏差	公称	偏差	最小	最大
				轴 H9	毂 D10	轴 N9	毂 JS9	轴和毂						
10～12	4×4	8～45	4	+0.030　0	+0.078　+0.030	0　−0.030	±0.015	−0.012　−0.042	2.5	+0.1　0	1.8	+0.1　0	0.08	0.16
12～17	5×5	10～56	5						3.0		2.3			
17～22	6×6	14～70	6						3.5		2.8		0.16	0.25
22～30	8×7	18～90	8	+0.036　0	+0.098　+0.040	0　−0.036	±0.018	−0.015　−0.051	4.0		3.3			
30～38	10×8	22～110	10						5.0		3.3			
38～44	12×8	28～140	12	+0.043　0	+0.120　+0.050	0　−0.043	±0.0215	−0.018　−0.061	5.0		3.3		0.25	0.40
44～50	14×9	36～160	14						5.5		3.8			
50～58	16×10	45～180	16						6.0	+0.2　0	4.3	+0.2　0		
58～65	18×11	50～200	18						7.0		4.4			
65～75	20×12	56～220	20	+0.052　0	+0.149　+0.065	0　−0.052	±0.026	−0.022　−0.074	7.5		4.9			
75～85	22×14	63×250	22						9.0		5.4		0.40	0.60
85～95	25×14	70～280	25						9.0		5.4			
95～110	28×16	80～320	28						10.0		6.4			

注：1. (d−t) 和 (d−t₁) 两组组合尺寸的偏差按相应的 t 和 t₁ 的偏听偏差选取，但 (d−t) 偏差的值应取负号（−）。

2. L 系列：6～22 (2 进位)、25、28、32、36、40、45、50、56、63、70、80、90、100、110、125、140、160、180、200、220、250、280、320、360、400、450、500。

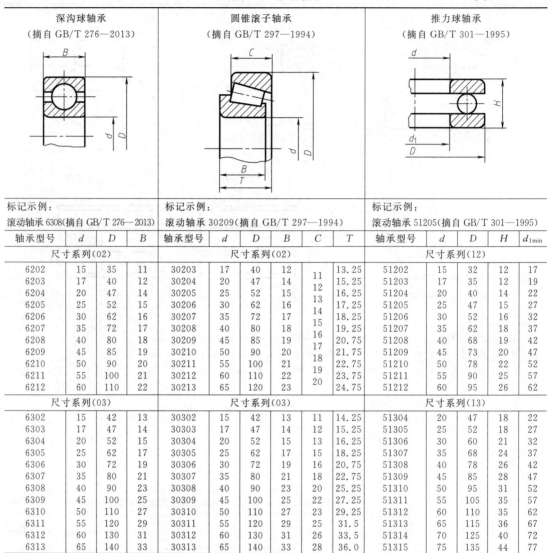

附表 11 滚动轴承 单位：mm

深沟球轴承	圆锥滚子轴承	推力球轴承
（摘自 GB/T 276—2013）	（摘自 GB/T 297—1994）	（摘自 GB/T 301—1995）

标记示例：

滚动轴承 6308(摘自 GB/T 276—2013) | 滚动轴承 30209(摘自 GB/T 297—1994) | 滚动轴承 51205(摘自 GB/T 301—1995)

轴承型号	d	D	B	轴承型号	d	D	B	C	T	轴承型号	d	D	H	d_{1min}
尺寸系列(02)				尺寸系列(02)						尺寸系列(12)				
6202	15	35	11	30203	17	40	12	11	13.25	51202	15	32	12	17
6203	17	40	12	30204	20	47	14	12	15.25	51203	17	35	12	19
6204	20	47	14	30205	25	52	15	13	16.25	51204	20	40	14	22
6205	25	52	15	30206	30	62	16	14	17.25	51205	25	47	15	27
6206	30	62	16	30207	35	72	17	15	18.25	51206	30	52	16	32
6207	35	72	17	30208	40	80	18	16	19.25	51207	35	62	18	37
6208	40	80	18	30209	45	85	19	17	20.75	51208	40	68	19	42
6209	45	85	19	30210	50	90	20	18	21.75	51209	45	73	20	47
6210	50	90	20	30211	55	100	21	19	22.75	51210	50	78	22	52
6211	55	100	21	30212	60	110	22	20	23.75	51211	55	90	25	57
6212	60	110	22	30213	65	120	23		24.75	51212	60	95	26	62
尺寸系列(03)				尺寸系列(03)						尺寸系列(13)				
6302	15	42	13	30302	15	42	13	11	14.25	51304	20	47	18	22
6303	17	47	14	30303	17	47	14	12	15.25	51305	25	52	18	27
6304	20	52	15	30304	20	52	15	13	16.25	51306	30	60	21	32
6305	25	62	17	30305	25	62	17	15	18.25	51307	35	68	24	37
6306	30	72	19	30306	30	72	19	16	20.75	51308	40	78	26	42
6307	35	80	21	30307	35	80	21	18	22.75	51309	45	85	28	47
6308	40	90	23	30308	40	90	23	20	25.25	51310	50	95	31	52
6309	45	100	25	30309	45	100	25	22	27.25	51311	55	105	35	57
6310	50	110	27	30310	50	110	27	23	29.25	51312	60	110	35	62
6311	55	120	29	30311	55	120	29	25	31.5	51313	65	115	36	67
6312	60	130	31	30312	60	130	31	26	33.5	51314	70	125	40	72
6313	65	140	33	30313	65	140	33	28	36.0	51315	75	135	44	77

三、 极限与配合

附表 12 基本尺寸小于 500mm 的标准公差 单位：μm

基本尺寸 /mm	标 准 公 差 等 级																		
	IT01	IT0	IT1	IT2	IT3	IT4	IT5	IT6	IT7	IT8	IT9	IT10	IT11	IT12	IT13	IT14	IT15	IT16	IT17	IT18
≤3	0.3	0.5	0.8	1.2	2	3	4	6	10	14	25	40	60	100	140	250	400	600	1000	1400
3～6	0.4	0.6	1	1.5	2.5	4	5	8	12	18	30	48	75	120	180	300	480	750	1200	1800
6～10	0.4	0.6	1	1.5	2.5	4	6	9	15	22	36	58	90	150	220	360	580	900	1500	2200
10～18	0.5	0.8	1.2	2	3	5	8	11	18	27	43	70	110	180	270	430	700	1100	1800	2700
18～30	0.6	1	1.5	2.5	4	6	9	13	21	33	52	84	130	210	330	520	840	1300	2100	3300
30～50	0.7	1	1.5	2.5	4	7	11	16	25	39	62	100	160	250	390	620	1000	1600	2500	3900
50～80	0.8	1.2	2	3	5	8	13	19	30	46	74	120	190	300	460	740	1200	1900	3000	4600
80～120	1	1.5	2.5	4	6	10	15	22	35	54	87	140	220	350	540	870	1400	2200	3500	5400
120～180	1.2	2	3.5	5	8	12	18	25	40	63	100	160	250	400	630	1000	1600	2500	4000	6300
180～250	2	3	4.5	7	10	14	20	29	46	72	115	185	290	460	720	1150	1850	2900	4600	7200
250～315	2.5	4	6	8	12	16	23	32	52	81	130	210	320	520	810	1300	2100	3200	5200	8100
315～400	3	5	7	9	13	18	25	36	57	89	140	230	360	570	890	1400	2300	3600	5700	8900
400～500	4	6	8	10	15	20	27	40	68	97	155	250	400	630	970	1550	2500	4000	6300	9700

附表 13　轴的极限偏差（摘自 GB/T 800.2—2009）　　　　单位：μm

基本尺寸/mm 大于	至	a 11	b 11	b 12	c 9	c 10	c 11	d 8	d 9	d 10	d 11	e 7	e 8	e 9
—	3	-270/-330	-140/-200	-140/-240	-60/-85	-60/-100	-60/-120	-20/-34	-20/-45	-20/-60	-20/-80	-14/-24	-14/-28	-14/-39
3	6	-270/-345	-140/-215	-140/-260	-70/-100	-70/-118	-70/-145	-30/-48	-30/-60	-30/-78	-30/-105	-20/-32	-20/-38	-20/-50
6	10	-280/-370	-150/-240	-150/-300	-80/-116	-80/-138	-80/-170	-40/-62	-40/-79	-40/-98	-40/-130	-25/-40	-25/-47	-25/-61
10	14	-290/-400	-150/-260	-150/-300	-95/-165	-95/-165	-95/-205	-50/-77	-50/-93	-50/-120	-50/-160	-32/-50	-32/-59	-32/-75
14	18	-290/-400	-150/-260	-150/-300	-95/-165	-95/-165	-95/-205	-50/-77	-50/-93	-50/-120	-50/-160	-32/-50	-32/-59	-32/-75
18	24	-300/-430	-160/-290	-160/-370	-110/-162	-110/-194	-110/-240	-65/-98	-65/-117	-65/-149	-65/-195	-40/-61	-40/-73	-40/-92
24	30	-300/-430	-160/-290	-160/-370	-110/-162	-110/-194	-110/-240	-65/-98	-65/-117	-65/-149	-65/-195	-40/-61	-40/-73	-40/-92
30	40	-310/-470	-170/-330	-170/-420	-120/-182	-120/-220	-120/-280	-80/-119	-80/-142	-80/-180	-80/-240	-50/-75	-50/-89	-50/-112
40	50	-320/-480	-180/-340	-180/-430	-130/-192	-130/-230	-130/-290	-80/-119	-80/-142	-80/-180	-80/-240	-50/-75	-50/-89	-50/-112
50	65	-340/-530	-190/-380	-190/-490	-140/-214	-140/-260	-140/-330	-100/-146	-100/-174	-100/-220	-100/-290	-60/-90	-60/-106	-60/-134
65	80	-360/-550	-200/-390	-200/-500	-150/-224	-150/-270	-150/-340	-100/-146	-100/-174	-100/-220	-100/-290	-60/-90	-60/-106	-60/-134
80	100	-380/-600	-200/-440	-220/-570	-170/-257	-170/-310	-170/-399	-120/-174	-120/-207	-120/-260	-120/-340	-72/-109	-72/-126	-72/-159
100	120	-410/-630	-240/-460	-240/-590	-180/-267	-180/-320	-180/-400	-120/-174	-120/-207	-120/-260	-120/-340	-72/-109	-72/-126	-72/-159
120	140	-520/-710	-260/-510	-260/-660	-200/-300	-200/-360	-200/-450	-145/-208	-145/-245	-145/-305	-145/-395	-85/-125	-85/-148	-85/-185
140	160	-460/-770	-280/-530	-280/-680	-210/-310	-210/-370	-210/-460	-145/-208	-145/-245	-145/-305	-145/-395	-85/-125	-85/-148	-85/-185
160	180	-580/-830	-100/-560	-310/-710	-230/-330	-230/-390	-230/-480	-145/-208	-145/-245	-145/-305	-145/-395	-85/-125	-85/-148	-85/-185
180	200	-660/-950	-340/-630	-340/-800	-240/-355	-240/-425	-240/-530	-170/-242	-170/-285	-170/-355	-170/-460	-100/-146	-100/-172	-100/-215
200	225	-740/-1030	-380/-670	-380/-840	-260/-375	-260/-445	-260/-550	-170/-242	-170/-285	-170/-355	-170/-460	-100/-146	-100/-172	-100/-215
225	250	-820/-1110	-420/-710	-420/-880	-280/-395	-280/-465	-280/-570	-170/-242	-170/-285	-170/-355	-170/-460	-100/-146	-100/-172	-100/-215
250	280	-920/-1240	-480/-800	-480/-1000	-300/-430	-300/-510	-300/-620	-190/-271	-190/-320	-190/-400	-190/-510	-110/-162	-110/-191	-110/-240
280	315	-1050/-1370	-540/-860	-540/-1060	-330/-460	-330/-540	-330/-650	-190/-271	-190/-320	-190/-400	-190/-510	-110/-162	-110/-191	-110/-240
315	355	-1200/-1560	-600/-960	-800/-1170	-360/-500	-360/-590	-360/-720	-210/-299	-210/-350	-210/-440	-210/-570	-125/-182	-125/-214	-125/-265
355	400	-1350/-1710	-680/-1040	-680/-1250	-400/-540	-400/-630	-400/-760	-210/-299	-210/-350	-210/-440	-210/-570	-125/-182	-125/-214	-125/-265

续表

基本尺寸 /mm		常用公差带														
		f					g			h							
大于	至	5	6	7	8	9	5	6	7	5	6	7	8	9	10	11	12
—	3	−6 −10	−6 −12	−6 −16	−6 −20	−6 −31	−2 −6	−2 −8	−2 −12	0 −4	0 −6	0 −10	0 −14	0 −25	0 −40	0 −60	0 −100
3	6	−10 −15	−10 −18	−10 −22	−10 −28	−10 −40	−4 −9	−4 −12	−4 −16	0 −5	0 −8	0 −12	0 −18	0 −30	0 −48	0 −75	0 −120
6	10	−13 −19	−13 −22	−13 −28	−13 −35	−13 −49	−5 −11	−5 −14	−5 −20	0 −6	0 −9	0 −15	0 −22	0 −36	0 −58	0 −90	0 −150
10	14	−16 −24	−16 −27	−16 −34	−16 −43	−16 −59	−6 −14	−6 −17	−6 −24	0 −8	0 −11	0 −18	0 −27	0 −43	0 −70	0 −110	0 −180
14	18																
18	24	−20 −29	−20 −33	−20 −41	−20 −53	−20 −72	−7 −16	−7 −20	−7 −28	0 −9	0 −13	0 −21	0 −33	0 −52	0 −84	0 −130	0 −210
24	30																
30	40	−25 −36	−25 −41	−25 −50	−25 −64	−25 −87	−9 −20	−9 −25	−9 −34	0 −11	0 −16	0 −25	0 −39	0 −62	0 −100	0 −160	0 −300
40	50																
50	65	−30 −43	−30 −49	−30 −60	−30 −76	−30 −104	−10 −23	−10 −29	−10 −40	0 −13	0 −19	0 −30	0 −46	0 −74	0 −120	0 −190	0 −300
65	80																
80	100	−36 −51	−36 −58	−36 −71	−36 −90	−36 −123	−12 −27	−12 −34	−12 −47	0 −15	0 −22	0 −35	0 −54	0 −87	0 −140	0 −220	0 −350
100	120																
120	140	−43 −61	−43 −68	−43 −85	−43 −106	−43 −143	−14 −32	−14 −39	−14 −54	0 −18	0 −25	0 −40	0 −63	0 −100	0 −160	0 −250	0 −400
140	160																
160	180																
180	200	−50 −70	−50 −79	−50 −96	−50 −122	−50 −165	−15 −35	−15 −44	−15 −61	0 −20	0 −29	0 −46	0 −72	0 −115	0 −185	0 −290	0 −460
200	225																
225	250																
250	280	−56 −79	−56 −88	−56 −108	−56 −137	−56 −186	−17 −40	−17 −49	−17 −69	0 −23	0 −32	0 −52	0 −81	0 −130	0 −210	0 −320	0 −520
280	315																
315	355	−62 −87	−62 −98	−62 −119	−62 −151	−62 −202	−18 −43	−18 −54	−18 −75	0 −25	0 −36	0 −57	0 −89	0 −140	0 −230	0 −360	0 −570
355	400																

续表

基本尺寸/mm		常用公差带															
		js			k			m			n			p			
大于	至	5	6	7	5	6	7	5	6	7	5	6	7	5	6	7	
—	3	±2	±3	±5	+4 / 0	+6 / 0	+10 / 0	+6 / +2	+8 / +2	+12 / +2	+8 / +4	+10 / +4	+14 / +4	+10 / +6	+12 / +6	+16 / +6	
3	6	±2.5	±4	±6	+6 / +1	+9 / +1	+13 / +1	+9 / +4	+12 / +4	+16 / +4	+13 / +8	+16 / +8	+20 / +8	+17 / +12	+20 / +12	+24 / +12	
6	10	±3	±4.5	±7	+7 / +1	+10 / +1	+16 / +1	+12 / +6	+15 / +6	+21 / +6	+16 / +10	+19 / +10	+25 / +10	+21 / +15	+24 / +15	+30 / +15	
10	14	±4	±5.5	±9	+9 / +1	+12 / +1	+19 / +1	+15 / +7	+18 / +7	+25 / +7	+20 / +12	+23 / +12	+30 / +12	+26 / +18	+29 / +18	+36 / +18	
14	18	±4	±5.5	±9	+9 / +1	+12 / +1	+19 / +1	+15 / +7	+18 / +7	+25 / +7	+20 / +12	+23 / +12	+30 / +12	+26 / +18	+29 / +18	+36 / +18	
18	24	±4.5	±6.5	±10	+11 / +2	+15 / +2	+23 / +2	+17 / +8	+21 / +8	+29 / +8	+24 / +15	+28 / +15	+36 / +15	+31 / +22	+35 / +22	+43 / +22	
24	30	±4.5	±6.5	±10	+11 / +2	+15 / +2	+23 / +2	+17 / +8	+21 / +8	+29 / +8	+24 / +15	+28 / +15	+36 / +15	+31 / +22	+35 / +22	+43 / +22	
30	40	±5.5	±8	±12	+13 / +2	+18 / +2	+27 / +2	+20 / +9	+25 / +9	+34 / +9	+28 / +17	+33 / +17	+42 / +17	+37 / +26	+42 / +26	+51 / +26	
40	50	±5.5	±8	±12	+13 / +2	+18 / +2	+27 / +2	+20 / +9	+25 / +9	+34 / +9	+28 / +17	+33 / +17	+42 / +17	+37 / +26	+42 / +26	+51 / +26	
50	65	±6.5	±9.5	±15	+15 / +2	+21 / +2	+32 / +2	+24 / +11	+30 / +11	+41 / +11	+33 / +20	+39 / +20	+50 / +20	+45 / +32	+51 / +32	+62 / +32	
65	80	±6.5	±9.5	±15	+15 / +2	+21 / +2	+32 / +2	+24 / +11	+30 / +11	+41 / +11	+33 / +20	+39 / +20	+50 / +20	+45 / +32	+51 / +32	+62 / +32	
80	100	±7.5	±11	±17	+18 / +3	+25 / +3	+38 / +3	+28 / +13	+35 / +13	+48 / +13	+38 / +23	+45 / +23	+58 / +23	+52 / +37	+59 / +37	+72 / +37	
100	120	±7.5	±11	±17	+18 / +3	+25 / +3	+38 / +3	+28 / +13	+35 / +13	+48 / +13	+38 / +23	+45 / +23	+58 / +23	+52 / +37	+59 / +37	+72 / +37	
120	140	±9	±12.5	±20	+21 / +3	+28 / +3	+43 / +3	+33 / +15	+40 / +15	+55 / +15	+45 / +27	+52 / +27	+67 / +27	+61 / +43	+68 / +43	+82 / +43	
140	160	±9	±12.5	±20	+21 / +3	+28 / +3	+43 / +3	+33 / +15	+40 / +15	+55 / +15	+45 / +27	+52 / +27	+67 / +27	+61 / +43	+68 / +43	+82 / +43	
160	180	±9	±12.5	±20	+21 / +3	+28 / +3	+43 / +3	+33 / +15	+40 / +15	+55 / +15	+45 / +27	+52 / +27	+67 / +27	+61 / +43	+68 / +43	+82 / +43	
180	200	±10	±14.5	±23	+24 / +4	+33 / +4	+50 / +4	+37 / +17	+46 / +17	+63 / +17	+51 / +31	+60 / +31	+77 / +31	+70 / +50	+79 / +50	+96 / +50	
200	225	±10	±14.5	±23	+24 / +4	+33 / +4	+50 / +4	+37 / +17	+46 / +17	+63 / +17	+51 / +31	+60 / +31	+77 / +31	+70 / +50	+79 / +50	+96 / +50	
225	250	±10	±14.5	±23	+24 / +4	+33 / +4	+50 / +4	+37 / +17	+46 / +17	+63 / +17	+51 / +31	+60 / +31	+77 / +31	+70 / +50	+79 / +50	+96 / +50	
250	280	±11.5	±16	±26	+27 / +4	+36 / +4	+56 / +4	+43 / +20	+52 / +20	+72 / +20	+57 / +34	+66 / +34	+86 / +34	+79 / +56	+88 / +56	+108 / +56	
280	315	±11.5	±16	±26	+27 / +4	+36 / +4	+56 / +4	+43 / +20	+52 / +20	+72 / +20	+57 / +34	+66 / +34	+86 / +34	+79 / +56	+88 / +56	+108 / +56	
315	355	±12.5	±18	±28	+29 / +4	+40 / +4	+61 / +4	+46 / +21	+57 / +21	+78 / +21	+62 / +37	+73 / +37	+94 / +37	+87 / +62	+98 / +62	+119 / +62	
355	400	±12.5	±18	±28	+29 / +4	+40 / +4	+61 / +4	+46 / +21	+57 / +21	+78 / +21	+62 / +37	+73 / +37	+94 / +37	+87 / +62	+98 / +62	+119 / +62	

续表

基本尺寸 /mm		常用公差带														
		r			s			t			u		v	x	y	z
大于	至	5	6	7	5	6	7	5	6	7	6	7	6	6	6	6
—	3	+14 +10	+16 +10	+20 +10	+18 +14	+20 +14	+24 +14	—	—	—	+24 +18	+28 +18	—	+26 +20	—	+32 +26
3	6	+20 +15	+23 +15	+27 +15	+24 +19	+27 +19	+31 +19	—	—	—	+31 +23	+35 +23	—	+36 +28	—	+43 +35
6	10	+25 +19	+28 +19	+34 +19	+29 +23	+32 +23	+28 +23	—	—	—	+37 +28	+43 +28	—	+43 +34	—	+51 +42
10	14	+31 +23	+34 +23	+41 +23	+36 +28	+39 +28	+46 +28	—	—	—	+44 +33	+51 +33	—	+51 +40	—	+61 +50
14	18	+31 +23	+34 +23	+41 +23	+36 +28	+39 +28	+46 +28	—	—	—	+44 +33	+51 +33	+50 +39	+56 +45	—	+71 +60
18	24	+37 +28	+41 +28	+49 +28	+44 +35	+48 +35	+56 +35	—	—	—	+54 +41	+62 +41	+60 +47	+67 +54	+76 +63	+86 +73
24	30	+37 +28	+41 +28	+49 +28	+44 +35	+48 +35	+56 +35	+50 +41	+54 +41	+62 +41	+61 +48	+69 +48	+68 +55	+77 +64	+88 +75	+101 +88
30	40	+45 +34	+50 +34	+59 +34	+54 +43	+59 +43	+68 +43	+59 +48	+64 +48	+73 +48	+76 +60	+85 +60	+84 +68	+96 +80	+110 +94	+128 +112
40	50	+45 +34	+50 +34	+59 +34	+54 +43	+59 +43	+68 +43	+65 +54	+70 +54	+79 +54	+86 +70	+95 +70	+97 +81	+113 +97	+130 +114	+152 +136
50	65	+54 +41	+60 +41	+71 +41	+66 +53	+72 +53	+83 +53	+79 +66	+85 +66	+96 +66	+106 +87	+117 +87	+121 +102	+141 +122	+163 +144	+191 +172
65	80	+56 +43	+62 +43	+73 +43	+72 +59	+78 +59	+89 +59	+88 +75	+94 +75	+105 +75	+121 +102	+132 +102	+139 +120	+165 +146	+193 +174	+229 +210
80	100	+66 +51	+72 +51	+86 +51	+86 +71	+93 +71	+106 +91	+106 +91	+113 +91	+126 +91	+146 +124	+159 +124	+168 +146	+200 +178	+236 +214	+280 +258
100	120	+69 +54	+76 +54	+89 +54	+94 +79	+101 +79	+114 +79	+110 +104	+126 +104	+136 +104	+166 +144	+179 +144	+194 +172	+232 +210	+276 +254	+332 +310
120	140	+81 +63	+88 +63	+103 +63	+110 +92	+117 +92	+132 +92	+140 +122	+147 +122	+162 +122	+195 +170	+210 +170	+227 +202	+273 +248	+325 +300	+390 +365
140	160	+83 +65	+90 +65	+105 +65	+118 +100	+125 +100	+140 +100	+152 +134	+159 +134	+174 +134	+215 +190	+230 +190	+253 +228	+305 +280	+365 +340	+440 +415
160	180	+86 +68	+93 +68	+108 +68	+126 +108	+133 +108	+148 +108	+164 +146	+171 +146	+186 +146	+235 +210	+250 +210	+277 +252	+335 +310	+405 +380	+490 +465
180	200	+97 +77	+106 +77	+123 +77	+142 +122	+151 +122	+168 +122	+185 +166	+194 +166	+212 +166	+265 +236	+282 +236	+313 +284	+379 +350	+454 +425	+549 +520
200	225	+100 +80	+109 +80	+126 +80	+150 +130	+159 +130	+176 +130	+200 +180	+209 +180	+226 +180	+287 +258	+304 +258	+339 +310	+414 +385	+499 +470	+604 +575
225	250	+104 +84	+113 +84	+130 +84	+160 +140	+169 +140	+186 +140	+216 +196	+225 +196	+242 +196	+313 +284	+330 +284	+369 +340	+454 +425	+549 +520	+669 +640
250	280	+117 +94	+126 +94	+146 +94	+181 +158	+190 +158	+210 +158	+241 +218	+250 +218	+270 +218	+347 +315	+367 +315	+417 +385	+507 +475	+612 +580	+742 +710
280	315	+121 +98	+130 +98	+150 +98	+193 +170	+202 +170	+222 +170	+263 +240	+272 +240	+292 +240	+382 +350	+402 +350	+457 +425	+557 +525	+682 +650	+822 +790
315	355	+133 +108	+144 +108	+165 +108	+215 +190	+226 +190	+247 +190	+293 +268	+304 +268	+325 +268	+426 +390	+447 +390	+511 +475	+626 +590	+766 +730	+936 +900
355	400	+139 +114	+150 +114	+171 +114	+233 +208	+244 +208	+265 +208	+319 +294	+330 +294	+351 +294	+471 +435	+492 +435	+566 +530	+696 +660	+856 +820	+1036 +1000

附表14　孔的极限偏差　　　　　　　　　　　　　　　单位：μm

基本尺寸/mm 大于	至	A11	B11	C12	C11	D8	D9	D10	D11	E8	E9	F6	F7	F8	F9
—	3	+330/+270	+200/+140	+240/+140	+120/+60	+34/+20	+45/+20	+60/+20	+80/+20	+28/+14	+39/+14	+12/+6	+16/+6	+20/+6	+31/+6
3	6	+345/+270	+215/+140	+260/+140	+145/+70	+48/+30	+60/+30	+78/+30	+105/+30	+38/+20	+50/+20	+18/+10	+22/+10	+28/+10	+40/+10
6	10	+370/+280	+240/+150	+300/+150	+170/+80	+62/+40	+76/+40	+98/+40	+170/+40	+47/+25	+61/+25	+22/+13	+28/+13	+35/+13	+49/+13
10	14	+400/+290	+260/+150	+330/+150	+205/+95	+77/+50	+93/+50	+120/+50	+160/+50	+59/+32	+75/+32	+27/+16	+34/+16	+43/+16	+59/+16
14	18	+400/+290	+260/+150	+330/+150	+205/+95	+77/+50	+93/+50	+120/+50	+160/+50	+59/+32	+75/+32	+27/+16	+34/+16	+43/+16	+59/+16
18	24	+430/+300	+290/+160	+370/+160	+240/+110	+98/+65	+117/+65	+149/+65	+195/+65	+73/+40	+92/+40	+33/+20	+41/+20	+53/+20	+72/+20
24	30	+430/+300	+290/+160	+370/+160	+240/+110	+98/+65	+117/+65	+149/+65	+195/+65	+73/+40	+92/+40	+33/+20	+41/+20	+53/+20	+72/+20
30	40	+470/+310	+330/+170	+420/+170	+280/+170	+119/+80	+142/+80	+180/+80	+240/+80	+89/+50	+112/+50	+41/+25	+50/+25	+64/+25	+87/+25
40	50	+480/+320	+340/+180	+430/+180	+290/+180	+119/+80	+142/+80	+180/+80	+240/+80	+89/+50	+112/+50	+41/+25	+50/+25	+64/+25	+87/+25
50	65	+530/+340	+389/+190	+490/+190	+330/+140	+146/+100	+170/+100	+220/+100	+290/+100	+106/+60	+134/+80	+49/+30	+60/+30	+76/+30	+104/+30
65	80	+550/+360	+330/+200	+500/+200	+340/+150	+146/+100	+170/+100	+220/+100	+290/+100	+106/+60	+134/+80	+49/+30	+60/+30	+76/+30	+104/+30
80	100	+600/+380	+440/+220	+570/+220	+390/+170	+174/+120	+207/+120	+260/+120	+340/+120	+126/+72	+159/+72	+58/+36	+71/+36	+90/+36	+123/+36
100	120	+630/+410	+460/+240	+590/+240	+400/+180	+174/+120	+207/+120	+260/+120	+340/+120	+126/+72	+159/+72	+58/+36	+71/+36	+90/+36	+123/+36
120	140	+710/+460	+510/+260	+660/+260	+450/+200	+208/+145	+245/+145	+305/+145	+395/+145	+148/+85	+185/+85	+68/+43	+83/+43	+106/+43	+143/+43
140	160	+770/+520	+530/+280	+680/+280	+460/+210	+208/+145	+245/+145	+305/+145	+395/+145	+148/+85	+185/+85	+68/+43	+83/+43	+106/+43	+143/+43
160	180	+830/+580	+560/+310	+710/+310	+480/+230	+208/+145	+245/+145	+305/+145	+395/+145	+148/+85	+185/+85	+68/+43	+83/+43	+106/+43	+143/+43
180	200	+950/+660	+630/+340	+800/+340	+530/+240	+242/+170	+285/+170	+355/+170	+460/+170	+172/+100	+215/+100	+79/+50	+96/+50	+122/+50	+165/+50
200	225	+1030/+740	+670/+380	+840/+380	+550/+260	+242/+170	+285/+170	+355/+170	+460/+170	+172/+100	+215/+100	+79/+50	+96/+50	+122/+50	+165/+50
225	250	+1110/+820	+710/+420	+880/+420	+570/+280	+242/+170	+285/+170	+355/+170	+460/+170	+172/+100	+215/+100	+79/+50	+96/+50	+122/+50	+165/+50
250	280	+1240/+920	+800/+480	+1000/+480	+620/+300	+271/+190	+320/+190	+400/+190	+510/+190	+191/+110	+240/+110	+88/+56	+108/+56	+137/+56	+186/+56
280	315	+1375/+1050	+860/+540	+1060/+540	+650/+330	+271/+190	+320/+190	+400/+190	+510/+190	+191/+110	+240/+110	+88/+56	+108/+56	+137/+56	+186/+56
315	355	+1560/+1200	+960/+600	+1170/+600	+720/+360	+299/+210	+350/+210	+440/+210	+570/+210	+214/+125	+265/+125	+98/+62	+119/+62	+151/+62	+202/+62
355	400	+1710/+1350	+1040/+680	+1250/+680	+760/+400	+299/+210	+350/+210	+440/+210	+570/+210	+214/+125	+265/+125	+98/+62	+119/+62	+151/+62	+202/+62

基本尺寸/mm		常用公差带																	
		G		H							JS			K			M		
大于	至	6	7	6	7	8	9	10	11	12	6	7	8	6	7	8	6	7	8
—	3	+8 +2	+12 +2	+6 0	+10 0	+14 0	+25 0	+40 0	+60 0	+100 0	±3	±5	±7	0 −6	0 −10	0 −11	−2 −8	−2 −12	−2 −16
3	6	+12 +4	+16 +4	+8 0	+12 0	+18 0	+30 0	+48 0	+75 0	+120 0	±4	±6	±9	+2 −6	+3 −9	+5 −13	−1 −9	0 −12	+2 −16
6	10	+14 +5	+20 +5	+9 0	+15 0	+22 0	+36 0	+58 0	+90 0	+150 0	±4.5	±7	±11	+2 −7	+5 −10	+6 −16	−3 −12	0 −15	+1 −21
10	14	+17 +6	+24 +6	+11 0	+18 0	+27 0	+43 0	+70 0	+110 0	+180 0	±5.5	±9	±13	+2 −9	+6 −12	+8 −19	−4 −15	0 −18	+2 −25
14	18																		
18	24	+20 +7	+28 +7	+13 0	+21 0	+33 0	+52 0	+84 0	+130 0	+210 0	±6.5	±10	±16	+2 −11	+6 −15	+10 −22	−4 −17	0 −21	+4 −29
24	30																		
30	40	+25 +9	+34 +9	+16 0	+25 0	+39 0	+62 0	+100 0	+160 0	+250 0	±8	±12	±19	+3 −13	+7 −18	+12 −27	−4 −20	0 −25	+5 −34
40	50																		
50	65	+29 +10	+40 +10	+19 0	+30 0	+46 0	+74 0	+120 0	+190 0	+300 0	±9.5	±15	±23	+4 −15	+9 −21	+14 −32	−5 −24	0 −30	+5 −41
65	80																		
80	100	+34 +12	+47 +12	+22 0	+35 0	+54 0	+87 0	+140 0	+220 0	+350 0	±11	±17	±27	+4 −18	+10 −25	+16 −33	−6 −28	0 −35	+6 −43
100	120																		
120	140	+39 +14	+54 +14	+25 0	+40 0	+63 0	+100 0	+160 0	+250 0	+400 0	±12.5	±20	±31	+4 −21	+12 −28	+20 −43	−8 −33	0 −40	+8 −55
140	160																		
160	180																		
180	200	+44 +15	+61 +15	+29 0	+46 0	+72 0	+115 0	+185 0	+290 0	+460 0	±14.5	±23	±36	+5 −24	+13 −33	+22 −50	−8 −37	0 −46	+9 −63
200	225																		
225	250																		
250	280	+49 +17	+69 +17	+32 0	+52 0	+81 0	+130 0	+210 0	+320 0	+520 0	±16	±26	±40	+5 −27	+16 −36	+25 −56	−9 −41	0 −52	+9 −72
280	315																		
315	355	+54 +18	+75 +18	+36 0	+57 0	+89 0	+140 0	+230 0	+360 0	+570 0	±18	±28	±44	+7 −29	+17 −40	+28 −61	−10 −46	0 −57	+11 −78
355	400																		

续表

基本尺寸/mm		常用公差带											
		N			P		R		S		T		U
大于	至	6	7	8	6	7	6	7	6	7	6	7	7
—	3	−4 −10	−4 −14	−4 −18	−6 −12	−6 −16	−10 −16	−10 −20	−14 −20	−14 −24	—	—	−18 −28
3	6	−5 −13	−4 −16	−2 −20	−9 −17	−8 −20	−12 −20	−11 −23	−16 −24	−15 −27	—	—	−19 −31
6	10	−7 −16	−4 −19	−3 −25	−12 −21	−9 −24	−16 −25	−13 −28	−20 −29	−17 −32	—	—	−22 −37
10	14	−9 −20	−5 −23	−3 −30	−15 −26	−11 −29	−20 −31	−16 −34	−25 −36	−21 −39	—	—	−26 −44
14	18												
18	24	−11 −24	−7 −28	−3 −36	−18 −31	−14 −35	−24 −37	−20 −41	−31 −44	−27 −48	—	—	−33 −54
24	30										−37 −50	−33 −54	−40 −61
30	40	−12 −28	−8 −33	−3 −42	−21 −37	−17 −42	−29 −45	−25 −50	−38 −54	−34 −59	−43 −59	−39 −64	−51 −76
40	50										−49 −65	−45 −70	−61 −76
50	65	−14 −33	−9 −39	−4 −50	−26 −45	−21 −51	−35 −54	−30 −60	−47 −66	−42 −72	−60 −79	−55 −85	−86 −106
65	80						−37 −56	−32 −62	−53 −72	−48 −78	−69 −88	−64 −94	−91 −121
80	100	−16 −38	−10 −45	−4 −58	−30 −52	−24 −59	−44 −66	−38 −73	−64 −86	−58 −93	−84 −106	−78 −113	−111 −146
100	120						−47 −69	−41 −76	−72 −94	−66 −101	−97 −119	−91 −126	−131 −166
120	140	−20 −45	−12 −52	−4 −67	−36 −61	−28 −68	−56 −81	−48 −88	−85 −110	−77 −117	−115 −140	−107 −147	−155 −195
140	160						−58 −83	−50 −90	−93 −118	−85 −125	−137 −152	−110 −159	−175 −215
160	180						−61 −86	−53 −93	−101 −126	−93 −133	−139 −164	−131 −171	−195 −235
180	200	−22 −51	−14 −60	−5 −77	−41 −70	−33 −79	−68 −97	−60 −106	−113 −142	−101 −155	−157 −186	−149 −195	−219 −265
200	225						−71 −100	−63 −109	−121 −150	−113 −159	−171 −200	−163 −209	−241 −287
225	250						−75 −104	−67 −113	−131 −160	−123 −169	−187 −216	−179 −225	−317 −263
250	280	−25 −57	−14 −66	−5 −86	−47 −79	−36 −88	−85 −117	−74 −126	−149 −181	−138 −190	−209 −241	−198 −250	−295 −347
280	315						−89 −121	−78 −130	−161 −193	−150 −202	−231 −263	−220 −272	−330 −382
315	355	−26 −62	−16 −73	−5 −94	−51 −87	−41 −98	−97 −133	−87 −144	−179 −215	−169 −226	−257 −293	−247 −304	−369 −426
355	400						−103 −139	−93 −150	−197 −233	−187 −244	−283 −319	−273 −330	−414 −471

四、 常用的金属与非金属材料

附表 15　常用材料

(一)钢

标准	名称	钢　号	应　用　举　例	说　明
GB/T 700—2006	碳素结构钢	Q195	受轻载荷机件、铆钉、螺钉、垫片、外壳、焊件	"Q"为钢屈服点的"屈"字汉语拼音首位字母,数字为屈服点数值(单位为 MPa)
		Q215	受力不大的铆钉、螺钉、轴、轮轴、凸轮、焊件、渗碳件	
		Q235	螺栓、螺母、拉杆、钩、连杆、楔、轴、焊件	
		Q255	金属构造物中一般机件、拉杆、轴、焊件	
		Q275	重要的螺钉、拉杆、钩、楔、连杆、轴、销、齿轮	
GB/T 699—1999	优质碳素结构钢	08F	可塑性好的零件:管子、垫片、渗碳件、氰化件	数字为以平均万分数表示的钢中碳的质量分数。例如:"45"表示碳的质量分数为 0.45%　序号表示抗拉强度、硬度依次增加,伸长率依次降低
		10	拉杆、卡头、垫片、焊件	
		15	渗碳件、紧固件、冲模锻件、化工储器	
		20	杠杆、轴套、钩、螺钉、渗碳件与氰化件	
		25	轴、辊子、连接器、紧固件中的螺栓、螺母	
		30	曲轴、转轴、轴销、连杆、横梁、星轮	
		35	曲轴、摇杆、拉杆、键、销、螺栓	
		40	齿轮、齿条、链轮、凸轮、轧辊、曲柄轴	
		45	齿轮、轴、联轴器、衬套、活塞销、链轮	
		50	活塞杆、轮轴、齿轮、不重要的弹簧	
		55	齿轮、连杆、扁弹簧、轧辊、偏心轮、轮圈、轮缘	
		60	叶片、弹簧	
		30Mn	螺栓、杠杆、制动板	锰的质量分数为 0.7%～1.2%的优质碳素钢
		40Mn	用于承受疲劳载荷零件:轴、曲轴、万向联轴器	
		50Mn	用于高负荷下耐磨的热处理零件:齿轮、凸轮、摩擦片	
		60Mn	弹簧、发条	
GB/T 3077—1999	合金结构钢	15Cr	渗碳齿轮、凸轮、活塞销、离合器	1. 合金结构钢前面两位数字表示以平均万分数表示的钢中碳的质量分数　2. 合金元素以化学符号表示　3. 合金元素的质量分数小于 1.5%时仅注出元素符号
		20Cr	较重要的渗碳件	
		30Cr	重要的调质零件:齿轮、轮轴、摇杆、螺栓	
		40Cr	较重要的调质零件:齿轮、进气阀、辊子、轴	
		45Cr	强度及耐磨性高的轴、齿轮、螺栓	
		20CrTnMi	汽车上重要的渗碳件:齿轮	
		30CrTnMi	汽车、拖拉机上强度特高的渗碳齿轮	
		40CrTnMi	强度高并耐磨性高的大齿轮、主轴	
GB/T 11352—2009	铸钢	ZG230-450	机座、箱体、支架	"ZG"表示铸钢,第一组数字表示屈服强度、第二组为抗拉强度(单位为 MPa)
		ZG310-570	齿轮、飞轮、机架	

(二)铸铁

1. 灰铸铁

标准	名称	牌　号	特性及应用举例	说　明
GB/T 9439—2010	灰铸铁	HT100	低强度铸铁:盖、手轮、支架	"HT"表示灰铸铁,后面的数字表示抗拉强度(单位为 MPa)
		HT150	中强度铸铁:底座、刀架、轴承座、胶带轮端盖	
		HT200	高强度铸铁:床身、机座、齿轮、凸轮、汽缸泵体、联轴器	
		HT250		
		HT300	高强度耐磨铸铁:齿轮、凸轮、重载荷床身、高压泵、阀壳体、锻模、冷冲压模	
		HT350		

续表

2. 球墨铸铁

标准	名称	牌 号	特性及应用举例	说　明
GB/T 1348 —2009	球墨铸铁	QT800-2 QT700-2 QT600-2	具有较高强度,但塑性低:曲轴、凸轮轴、齿轮、汽缸、缸套、轧辊、水泵轴、活塞环、摩擦片	"QT"表示球墨铸铁,其后的第一组数字表示抗拉强度(单位为 MPa)第二组表示断后伸长率(%)
		QT500-7 QT450-10 QT400-15	具有较高的塑性和适当的强度,用于承受冲击负荷的零件	

3. 可锻铸铁

标准	名称	牌 号	特性及应用举例	说　明
GB/T 9440 —2010	可锻铸铁	KTH300-06① KTH330-08② KTH350-10 KTH370-12②	黑心可锻铸铁:用于承受冲击振动的零件,如汽车、拖拉机、农机铸铁	"KT"表示可锻铸铁,"H"表示黑心,"B"表示白心,第一组数字表示抗拉强度(单位为 MPa),第二组表示断后伸长率(%)
		KTB350-04 KTH380-12 KTH400-05 KTH450-07	白心可锻铸铁:韧性较低,但强度高,耐磨性、加工性好。可代替低碳钢、中碳钢及低合金钢的重要零件,如曲轴、连杆、机床附件	

① KTH300-06 适用于气密性零件。

② 为推荐牌号。

(三)有色金属及合金

标准	名称	牌 号	特性及应用举例	说　明
GB/T 13808 —1992	普通黄铜	H62	散热器、垫圈、弹簧、螺钉等	"H"表示黄铜,后面数字表示铜的平均质量百分数
GB/T 8737 —1988	铸造黄铜	ZCuZn38Mn2Pb2	轴瓦、轴套及其他耐磨零件	牌号的数字表示元素的平均质量分数
	铸造锡青铜	ZCuSn5Pb5Zn5	用于承受摩擦的零件,如轴承	
	铸造铝青铜	ZCuAl9Mn2	强度高、减磨性、耐蚀性、铸造性良好,可用于制造涡轮、衬套和防锈零件	
GB/T 1173 —2013	铸造铝合金	ZL201 ZL301 ZL401	载荷不大的薄壁零件,受中等载荷的零件,需保持固定尺寸的零件	"L"表示铝,后面的数字表示顺序号
	硬铝	LY13	适用于中等强度的零件,焊接性能好	

(四)非金属材料

材料名称	牌号	用　途	材料名称	牌号	用　途
耐酸碱橡胶板	2023 2040	用作冲制密封性能好的垫圈	耐油橡胶石棉板		耐油密封衬垫材料
耐油橡胶板	3001 3002	适用冲制各种形状的垫圈	油浸石棉盘根	YS450	适用于回转轴、往复运动或阀杆上的密封材料
耐热橡胶板	4001 4002	用作冲制各种垫圈和隔热垫板	橡胶石棉盘根	XS450	适用于回转轴、往复运动或阀杆上的密封材料
酚醛层压板	3302-1 3302-2	用作结构材料及用以制造各种机械零件	毛毡		用作密封、防漏油、防震、缓冲衬垫
布质酚醛层压板	3305-1 3305-2	用作轧钢机轴瓦	软钢板纸		用作密封连接处垫片
			聚四氟乙烯	SFL-4-13	用于腐蚀介质中的垫片
尼龙 66 尼龙 1010		用以制作机械零件	有机玻璃板		适用于耐腐蚀和需要透明的零件

附表 16 常用热处理和表面处理

名称	代号及标注举例	说　明	目　的
退火	5111	加热—保温—随炉冷却	用来消除铸、锻、焊零件的内应力，降低硬度，以利切削加工，细化晶粒、改善组织，增加韧性
正火	5121	加热—保温—空气冷却	用于处理低碳钢、中碳结构钢及渗碳零件，细化晶粒、增加强度与韧性，减少内应力，改善切削性能
淬火	5131	加热—保温—急冷	提高机件的强度和耐磨性。但淬火后引起内应力，使钢变脆，所以淬火后必须回火
调质	5151	淬火—高温回火	提高韧性及强度。重要的齿轮、轴及丝杆等零件需调质
高频感应加热淬火	5132	用高频电流将零件表面加热—急速冷却	提高机件表面的硬度及耐磨性，而心部保持一定的韧性，使零件既耐磨又能承受冲击，常用来处理齿轮
渗碳及直接淬火	5311g	将零件在渗碳剂中加热，使碳渗入钢的表面后，再淬火回火	提高机件表面的硬度、耐磨性、抗拉强度等。适用于低碳、中碳（$w_C < 0.40\%$）结构钢的中小型零件
渗氮	5330	将零件放入氨气中加热，使氮原子渗入钢表面	提高机件的表面硬度、耐磨性、疲劳强度和抗蚀能力。适用于合金钢、碳钢、铸铁件，如机床的主轴、丝杆、重要的液压系统中的零件
液体碳氮共渗	5320	钢件在碳、氮中加热，使碳、氮原子同时渗入钢表面	提高表面硬度耐磨性、疲劳强度和耐蚀性，用于要求硬度高且耐磨的中小型、薄片零件及刀具等
时效处理	时效	机件精加工前，加热到 $100\sim150\text{℃}$ 后，保温 $5\sim20\text{h}$—空气冷却，铸件可天然时效（露天放一年以上）	消除内应力，稳定机件的形状和尺寸，常用于处理精密机件，如精密轴承、精密丝杆等
发蓝发黑	发蓝或发黑	将零件置于氧化剂内加热氧化，使表面形成一层氧化铁保护膜	防腐蚀、美化，如用于螺纹连接件
镀镍	镀镍	用电解方法，在钢件表面镀一层镍	防腐蚀、美化
镀铬	镀铬	用电解方法，在钢件表面镀一层铬	提高表面硬度、耐磨性和抗蚀能力，也用于修复零件上磨损了的表面
硬度	HB（布氏硬度）HRC（洛氏硬度）HV（维氏硬度）	材料抵抗硬物压入其表面的能力，按测量的方法不同而有布氏、洛氏、维氏等几种	检验材料经热处理后的力学性能。硬度 HB 用于退火、正火、调质的零件和铸件。硬度 HRC 用于经淬火、回火及表面渗氮等处理的零件。HV 用于薄层硬化零件

附表 17 钢管

单位：mm

低压流体输送用焊接钢管（摘自 GB/T 3091—2008）							
公称口径	外　径	普通管壁厚	加厚管壁厚	公称口径	外　径	普通管壁厚	加厚管壁厚
6	10.0	2.00	2.50	40	48.0	3.50	4.25
8	13.5	2.25	2.75	50	60.0	3.50	4.50
10	17.0	2.25	2.75	65	75.5	3.75	4.50
15	21.3	2.75	3.25	80	88.5	4.00	4.75
20	26.8	2.75	3.50	100	114.0	4.00	5.00
25	33.5	3.25	4.00	125	140.0	4.00	5.50
32	42.3	3.25	4.00	150	165.0	4.50	5.50

低、中压锅炉用钢管（摘自 GB 3087—2008）

外径	壁厚	外径	壁厚	外径	壁厚	外径	壁厚	外径	壁厚	外径	壁厚	外径	壁厚	外径	壁厚
10	1.5~2.5	19	2~3	30	2.5~4	45	2.5~5	70	3~6	114	4~12	194	4.5~26	426	11~26
12	1.5~2.5	20	2~3	32	2.5~4	48	2.5~5	76	3.5~8	121	4~12	219	6~26	—	—
14	2~3	22	2~4	35	2.5~4	51	2.5~5	83	3.5~8	127	4~12	245	6~26	—	—
16	2~3	24	2~4	38	2.5~4	57	3~5	89	4~8	133	4~18	273	7~26	—	—
17	2~3	25	2~4	40	2.5~4	60	3~5	102	4~12	159	4.5~26	325	8~26	—	—
18	2~3	29	2.5~4	42	2.5~5	63.5	3~5	108	4~12	168	4.5~26	377	10~26	—	—

壁厚尺寸系列	1.5,2,2.5,3,3.5,4,4.5,5,6,7,8,9,10,11,12,13,14,15,16,17,18,19,20,21,22,23,24,25,26

高压锅炉用无缝钢管（摘自 GB 5310—2008）

外径	壁厚	外径	壁厚	外径	壁厚	外径	壁厚	外径	壁厚	外径	壁厚	外径	壁厚	外径	壁厚
22	2~3.2	42	2.8~6	76	3.5~19	121	5~26	194	7~45	325	13~60	480	14~70	—	—
25	2~3.5	48	2.8~7	83	4~20	133	5~32	219	7.5~50	351	13~60	500	14~70	—	—
28	2.5~3.5	51	2.8~9	89	4~20	146	6~36	245	9~50	377	13~70	530	14~70	—	—
32	2.8~5	57	3.5~12	102	4.5~20	159	6~36	273	9~50	426	14~70	—	—	—	—
38	2.8~5.5	60	3.5~12	108	4.5~26	168	6.5~40	299	9~60	450	14~70	—	—	—	—

壁厚尺寸系列	2,2.5,2.8,3,3.2,3.5,4,4.5,5,5.5,6,(6.5),7,(7.5),8,9,10,11,12,13,14,(15),16,(17),18,(19),20,22,(24),25,26,28,30,32,(34),36,38,40,(42),45,(48),50,56,60,63,(65),70

注：1. 括号内的尺寸不推荐使用。

2. GB/T 3091 适用于常压容器，但用作工业用水及煤气输送等用途时，可用于≤0.6MPa的场合。

3. GB 3087 用于设计压力≤10MPa的受压元件；GB 5310 用于设计压力≥10MPa的受压元件。

五、化工设备标准零部件

附表18　内压筒体壁厚（经验数据）

公称直径(DN)/mm；筒体壁厚/mm

材料	工作压力/MPa	300	(350)	400	(450)	500	(550)	600	(650)	700	800	900	1000	(1100)	1200	1300	1400	(1500)	1600	(1700)	1800	(1900)	2000	(2100)	2200	(2300)	2400	2600	2800	3000
Q235-A Q235-A·F	≤0.3	3				3	3	3	4	4	4	4				5	5	5	5	5	5	6	6	6	6	6	6	8	8	8
	≤0.4	3	3	3	3			4	4				5	5	5															
	≤0.6	3			4	4	4				4.5	4.5					6	6	6	6	8	8	8	8	8	10	10	10	10	10
	≤1.0			4	4	4.5	4.5	5	6	6	6	6	6	8	8	8	10	10	10	10	12	12	12	12	12	14	14	14	16	16
	≤1.6	4.5	5	6	6	8	8	8	8	8	10	10	10	12	12	12	14	14	16	16	16	18	18	18	20	20	22	24	24	
不锈钢	≤0.3	3	3	3					4	4	4	4	5	5	5	5	5	5									5	7	7	7
	≤0.4	3	3	3	3	3	3	3	3	3	3	4	4														7			
	≤0.6	3	3	3							5	5	5	5	5	5	5	6	6	7	7	7						8	9	10
	≤1.0					4	4	4	5	5	5	6	6	7	7	8	8	9	10	10	12	12	12	14	14	16				
	≤1.6			4	4	5	5	6	6	7	7	7	8	9	10	12	12	12	14	14	14	16	16	18	18	18	20	22	24	

附表 19　椭圆形封头（摘自 GB/T 25198—2010）

以内径为公称直径的封头　　　　以外径为公称直径的封头

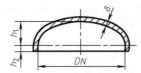 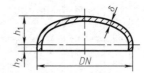

以内径为公称直径的封头　　　　　　　　　　　　单位：mm

公称直径（DN）	曲面高度（h_1）	直边高度（h_2）	厚度（δ）
300	75	25	4～8
350	88		
400	100	25	4～8
		40	10～16
450	112	25	4～8
		40	10～18
500	125	25	4～8
		40	10～18
		50	20
550	137	25	4～8
		40	10～18
		50	20～22
600	150	25	4～8
		40	10～18
		50	20～24
650	162	25	4～8
		40	10～18
		50	20～24
700	175	25	4～8
		40	10～18
		50	20～24
750	188	25	4～8
		40	10～18
		50	20～26
800	200	25	4～8
		40	10～18
		50	20～26
900	225	25	4～8
		40	10～18
		50	20～28

公称直径（DN）	曲面高度（h_1）	直边高度（h_2）	厚度（δ）
1600	400	25	6～8
		40	10～18
		50	20～42
1700	425	25	8
		40	10～18
		50	20～24
1800	450	25	8
		40	10～18
		50	20～50
1900	475	25	8
		40	10～18
2000	500	25	8
		40	10～18
		50	20～50
2100	525	40	10～14
2200	550	25	8,9
		40	10～18
		50	20～50
2300	575	40	10～14
2400	600	40	10～18
		50	20～50
2500	625	40	12～18
		50	20～50
2600	650	40	12～18
		50	20～50
2800	700	40	12～18
		50	20～50
3000	750	40	12～18
		50	20～46
3200	800	40	14～18

续表

以内径为公称直径的封头

公称直径 （DN）	曲面高度 （h_1）	直边高度 （h_2）	厚度 （δ）	公称直径 （DN）	曲面高度 （h_1）	直边高度 （h_2）	厚度 （δ）
1000	250	25	4～8	3200	800	50	20～42
		40	10～18				
		50	20～30	3400	850	50	20～36
1100	275	25	6～8	3500	875	50	12～38
		40	10～18	3600	900	50	20～36
		50	20～24	3800	950		
1200	300	25	6～8	4000	1000	50	12～38
		40	10～18	4200	1050		
		50	20～34	4400	1100		
1300	325	25	6～8	4500	1125		
		40	10～18	4600	1150		
		50	20～24	4800	1200		
1400	350	25	6～8	5000	1250	50	20～38
		40	10～18	5200	1300		
		50	20～38	5400	1350		
1500	375	25	6～8	5500	1375		
		40	10～18	5600	1400		
				5800	1450		
		50	20～24	6000	1500		

以外径为公称直径的封头

159	40	25	4～8	325	81	25	8
219	55					40	10～12
273	68	25	4～8	377	94	40	10～14
		40	10～12	426	106		

注：厚度 δ 系列 4～50 之间 2 进位。

附表 20　管路法兰及垫片

凸面板式平焊钢制管法兰　　　　管路法兰用石棉橡胶垫片

（摘自 JB/T 4701—2000）　　　　（摘自 JB/T 4704—2000）

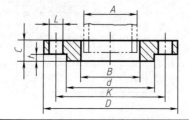 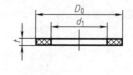

凸面板式平焊钢制管法兰/mm

PN/MPa	公称通径 DN	10	15	20	25	32	40	50	65	80	100	120	150	200	250	300
						直径/mm										
0.25 0.6 1.0 1.6	管子外径 A	14	18	25	32	38	45	57	73	89	108	133	159	219	273	325
	法兰内径 B	15	19	26	33	39	46	59	75	91	110	135	161	222	276	328
	密封面厚度 t	2	2	2	2	2	3	3	3	3	3	3	3	3	3	4
0.25 0.6	法兰外径 D	75	80	90	100	120	130	140	160	190	210	240	265	320	375	440
	螺栓中心直径 K	50	55	65	75	90	100	110	130	150	170	200	225	280	335	395
	密封面直径 d	32	40	50	60	70	80	90	110	125	145	175	200	255	310	362
1.0 1.6	法兰外径 D	90	95	105	115	140	150	165	185	200	220	250	285	340	395	445
	螺栓中心直径 K	60	65	75	85	100	110	125	145	460	480	210	240	295	350	400
	密封面直径 d	40	45	55	65	78	85	100	120	135	155	185	210	265	320	368
						厚度/mm										
0.25		10	10	12	12	12	12	12	14	14	14	14	16	18	22	22
0.6	法兰厚度 C	12	12	14	14	16	16	16	16	18	18	20	20	22	24	24
1.0							18	18	20	20	22	24	24	24	26	28
1.6		14	14	16	18	18	20	22	24	24	26	28	28	30	32	32
						螺栓										
0.25、0.6										4	4			8		
0.6	螺栓数量 n	4	4	4	4	4	4	4	4	4	8	8	8	8	12	12
1.6										8	8			12		
0.25 0.6	螺栓孔直径 L/mm	12	12	12	12	14	14	14	14	18	18	18	18	18	18	23
	螺栓规格	M10	M10	M10	M10	M12	M12	M12	M12	M16	M16	M16	M16	M16	M16	M20
1.0	螺栓孔直径 L/mm	14	14	14	14	18	18	18	18	18	18	18	23	23	23	23
	螺栓规格	M12	M12	M12	M12	M16	M16	M16	M16	M16	M16	M16	M20	M20	M20	M20
1.6	螺栓孔直径 L/mm	14	14	14	14	18	18	18	18	18	18	18	23	23	26	26
	螺栓规格	M12	M12	M12	M12	M16	M16	M16	M16	M16	M16	M16	M20	M20	M24	M24
					管路法兰用石棉橡胶垫片/mm											
0.25、0.6		38	43	53	63	76	86	96	116	132	152	182	207	262	317	372
1.0	垫片外径 D_0	46	51	61	71	82	92	107	127	142	462	492	217	272	327	377
1.6															330	385
	垫片内径 d_i	14	18	25	32	38	45	57	76	89	108	133	159	219	273	325
	垫片厚度 t	2														

附表 21 设备法兰及垫片

甲型平焊法兰(平密封面)　　　　　非金属密封垫片

（摘自 JB/T 4071—2000）　　　　　（摘自 GB/T 27971—2011）

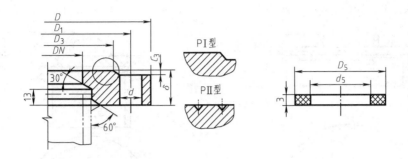

公称直径 DN /mm	甲型平焊法兰/mm					非金属垫片/mm		螺　柱	
	D	D_1	D_3	δ	d	D_5	d_5	规格	数量
PN=0.25MPa									
700	815	780	740	36		739	703		28
800	915	880	840	36	18	839	803	M16	32
900	1015	980	940	40		939	903		36
1000	1030	1090	1045	40		1044	1004		32
1200	1330	1290	1241	44		1240	1200		36
1400	1530	1490	1441	46	23	1440	1400	M20	40
1600	1730	1690	1641	50		1640	1600		48
1800	1930	1890	1841	56		1840	1800		52
2000	2130	2090	2041	60		2040	2000		60
PN=0.6MPa									
500	615	580	540	30	18	539	503	M16	20
600	715	680	640	32		639	603		24
700	830	790	745	36		744	704		24
800	930	890	845	40		844	804		24
900	1030	990	945	44	23	944	904	M20	32
1000	1130	1090	1045	48		1044	1004		36
1200	1330	1290	1241	60		1240	1200		52
PN=1.0MPa									
300	415	380	340	26	18	339	303	M16	16
400	515	480	440	30		439	403		20
500	630	590	545	34		544	504		20
600	730	690	645	40		644	604		24
700	830	790	745	46	23	744	704	M20	32
800	930	890	945	54		844	804		40
900	1030	990	845	60		944	904		48
PN=1.6MPa									
300	430	390	345	30		344	304		16
400	530	490	445	36	23	444	404	M20	20
500	630	590	545	44		544	504		28
600	730	690	645	54		644	604		40

附表 22 人孔与手孔

常压人孔(摘自 HG/T 21515—2005)

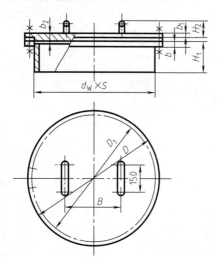

平盖手孔(摘自 HG/T 21518—2005)

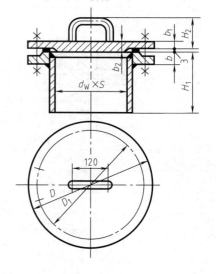

常 压 人 孔

公称压力 /MPa	公称直径 DN /mm	$d_W \times S$ /mm	D /mm	D_1 /mm	b /mm	b_1 /mm	b_2 /mm	H_1 /mm	H_2 /mm	B /mm	螺 栓	
											数量	规格/mm
常 压	(400)	426×6	515	480				150		250	16	
	450	480×6	570	535	14	10	12	160	90		20	M16×50
	500	530×6	620	585						300		
	600	630×6	720	685	16	12	14	180	92		24	

平 盖 手 孔

	150	159×4.5	280	240	24	16	18	160	82	—	8	M20×65
1.0	250	273×8	390	350	26	18	20	190	84	—	12	M20×70
1.6	150	159×6	280	240	28	18	20	170	84	—	18	M20×70
	250	273×8	405	355	32	24	26	200	90	—	12	M22×85

注：尽量不采用带括号的公称直径。

附表 23 鞍式支座（摘自 JB/T 4712.1—2007）　　　　　单位：mm

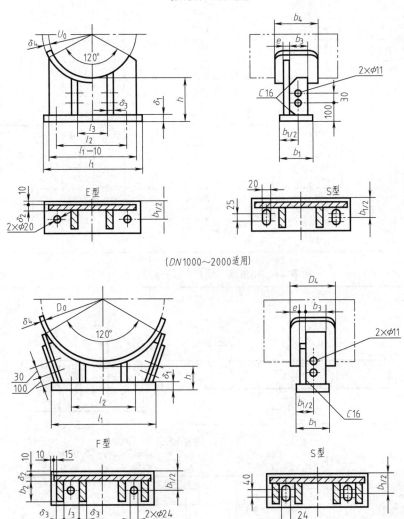

（DN500～900 适用）

（DN1000～2000 适用）

形式特征	公称直径 DN	鞍座高度 h	底　板			腹板 δ_2	肋　板				垫　板				螺栓间距 l_2
			l_1	b_1	δ_1		l_3	b_2	b_3	δ_3	弧长	b_4	δ_4	e	
DN500～900 120°包角 重型带垫板	500	200	460	150	10	8	250	120		8	590	200	6	36	330
	550		510				275				650				360
	600		550				300				710				400
	650		590				325				770				430
	700		640				350				830				460
	800		720			10	400			12	940				530
	900		810				450				1060				590

续表

形式特征	公称直径 DN	鞍座高度 h	底板 l₁	底板 b₁	底板 δ₁	腹板 δ₂	肋板 l₃	肋板 b₂	肋板 b₃	肋板 δ₃	垫板 弧长	垫板 b₄	垫板 δ₄	e	螺栓间距 l₂
DN1000～2000 120°包角重型 带垫板或 不带垫板	1000	200	760	170	12	8	170	140	180	8	1180	270	80	40	600
	1100		820				185				1290				660
	1200		880				200				1410				720
	1300		940			10	215			10	1520				780
	1400		1000				230				1640				840
	1500	250	1060	200	16	12	242	170	230	12	1760	320	10		900
	1600		1120				257				1870				960
	1700		1200				277				1990				1040
	1800		1280				296				2100				1120
	1900		1360	220		14	316	190	260		2220	350			1200
	2000		1420				331				2330				1260

附表 24　补强圈（摘自 JB/T 4736—2002）　　　　　单位：mm

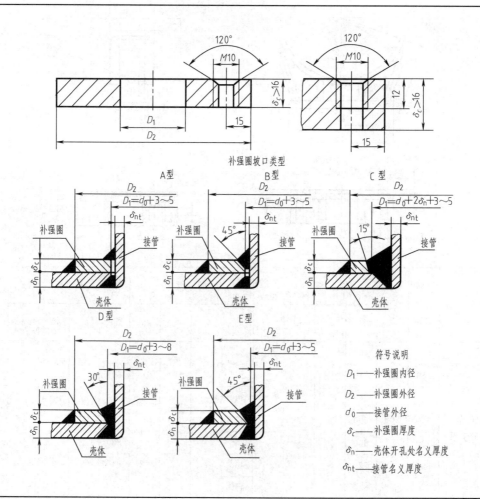

补强圈坡口类型

符号说明

D_1——补强圈内径
D_2——补强圈外径
d_0——接管外径
δ_c——补强圈厚度
δ_n——壳体开孔处名义厚度
δ_{nt}——接管名义厚度

接管公称 直径 DN	50	65	80	100	125	150	175	200	225	250	300	350	400	450	500	600
外径 D_2	130	160	180	200	250	300	350	400	440	480	550	620	680	760	840	980
内径 D_1	按补强圈坡口类型确定															
厚度系列 δ_c	4, 6, 8, 10, 12, 14, 16, 18, 20, 22, 24, 26, 28															

附表 25 管道及仪表流程图中的设备、机器图例（摘自 HG/T 20519.31—1992）

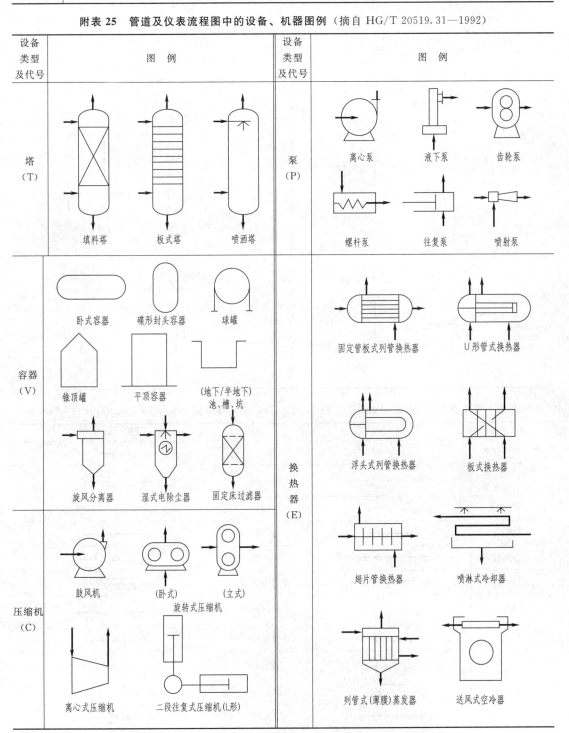

续表

设备类型及代号	图 例	设备类型及代号	图 例
反应器(R)	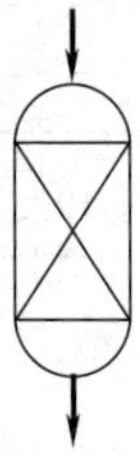 固定床式反应器 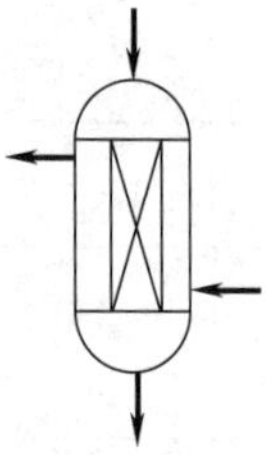　列管式反应器 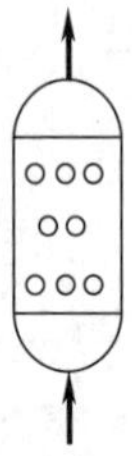 硫化床式反应器 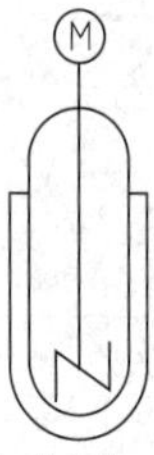　反应釜(带搅拌、夹套)	其他机械(M)	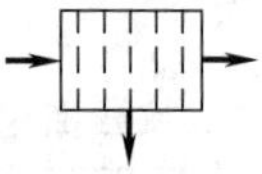 压滤机 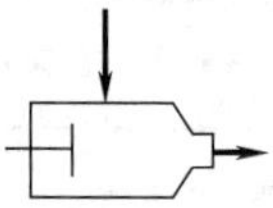　挤压机 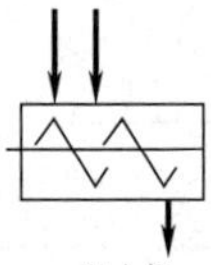　混合机
		动力机(M、E、S、D)	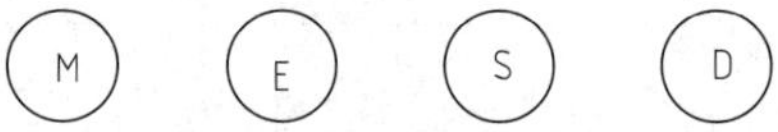 电动机　内燃机、燃气机　汽轮机　其他动力机 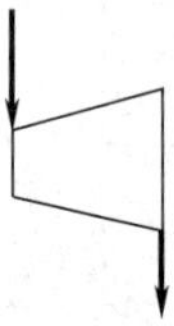 离心式膨胀机 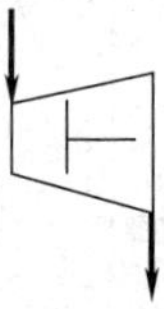　活塞式膨胀机
工业炉(F)	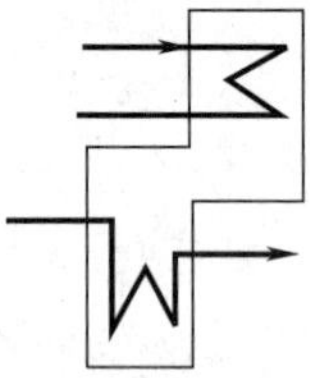 箱式炉 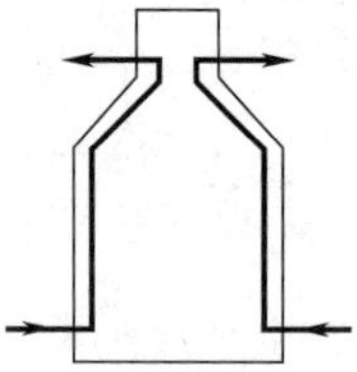　圆筒炉	火炬烟囱(S)	 火炬 　烟囱

附表 26　管道及仪表流程图中的管子、管件、阀门及管道附件图例（摘自 HG/T 20519.33—1992）

名　称	图　例	名　称	图　例
主要物料管道		闸阀	
辅助物料及公用系统管道		截止阀	
原有管道		球阀	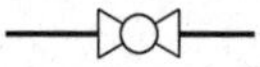
可拆短管		翅片管	
蒸汽伴热管道		文氏管	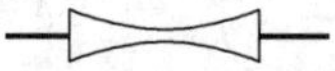
电伴热管道		管道隔热层	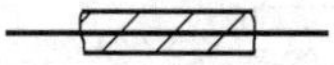
柔性管		夹套管	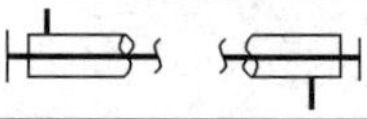
喷淋管		旋塞阀	
放空管		隔膜阀	
敞口漏斗	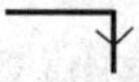	减压阀	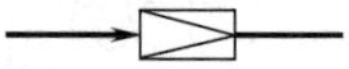
异径管		节流阀	

附表 27 管件与管路连接的表示法（摘自 HG/T 20519.33—1992）

名称	连接方式	螺纹或承插焊	对 焊 单线	对 焊 双线	法 兰 式 单线	法 兰 式 双线
90°弯头	主视图	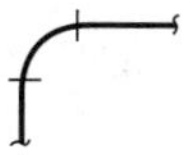	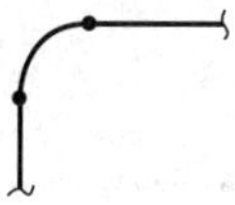	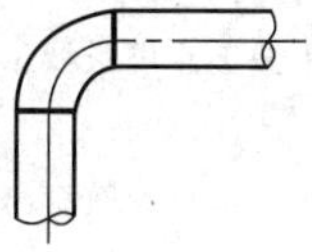	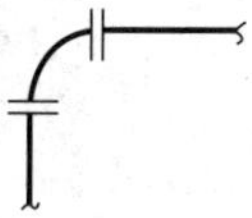	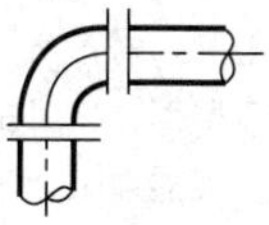
	俯视图			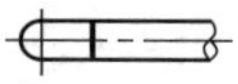		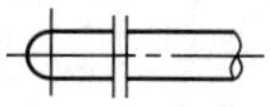
	轴测图	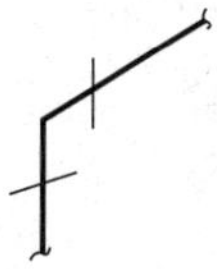			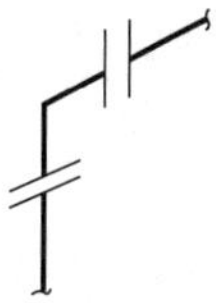	
三通管	主视图	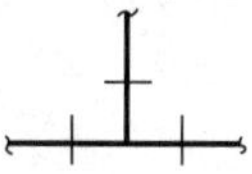	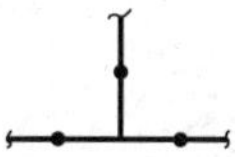	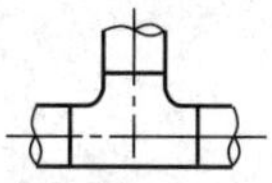	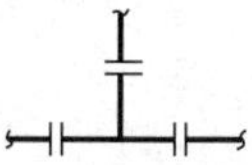	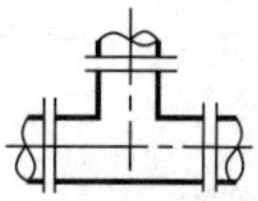
	俯视图	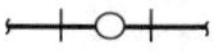	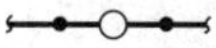	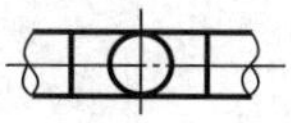	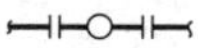	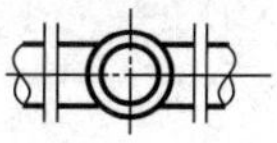
	轴测图	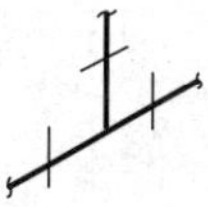	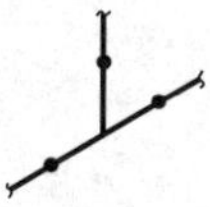		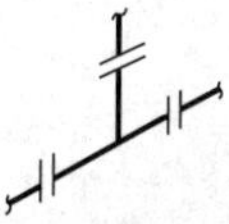	
偏心异径管	主视图	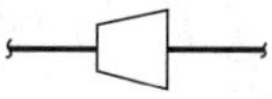	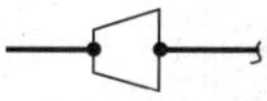	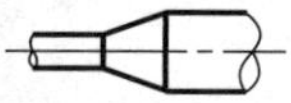	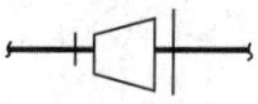	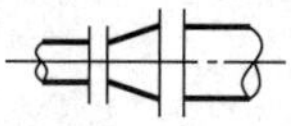
	俯视图	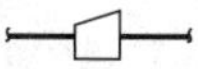	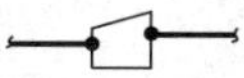	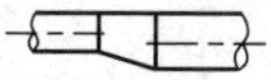	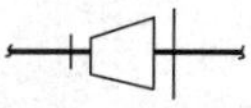	
	轴测图	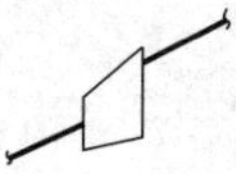	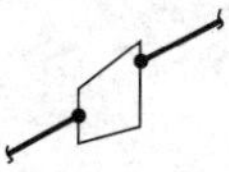		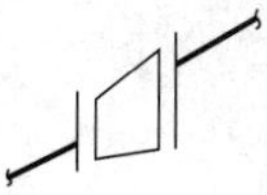	

参 考 文 献

[1] 张小建. 国家职业技能鉴定教程. 北京：中央广播电视大学出版社，2003.

[2] 江会保. 机械制图. 北京：机械工业出版社，2005.

[3] 赵大兴，李天宝. 工程图学. 北京：机械工业出版社，2001.

[4] 邸镇. 化工制图. 北京：高等教育出版社，1993.

[5] 大连理工大学. 机械制图. 第 6 版. 北京：高等教育出版社，2007.

[6] 林大均. 化工制图. 北京：高等教育出版社，2007.